Kohlhammer

Michael Benedum

Vermisstensuche

Aufbau, Planung, Einsatz

Verlag W. Kohlhammer

Dieses Werk einschließlich aller seiner Teile ist urheberrechtlich geschützt. Jede Verwendung außerhalb der engen Grenzen des Urheberrechts ist ohne Zustimmung des Verlags unzulässig und strafbar. Das gilt insbesondere für Vervielfältigungen, Übersetzungen, Mikroverfilmungen und für die Einspeicherung und Verarbeitung in elektronischen Systemen.
Die Wiedergabe von Warenbezeichnungen, Handelsnamen und sonstigen Kennzeichen in diesem Buch berechtigt nicht zu der Annahme, dass diese von jedermann frei benutzt werden dürfen. Vielmehr kann es sich auch dann um eingetragene Warenzeichen oder sonstige geschützte Kennzeichen handeln, wenn sie nicht eigens als solche gekennzeichnet sind.

Die Abbildungen stammen – soweit nicht anders angegeben – vom Autor.

1. Auflage 2021

Alle Rechte vorbehalten
© W. Kohlhammer GmbH, Stuttgart
Gesamtherstellung: W. Kohlhammer GmbH, Stuttgart

Print:
ISBN 978-3-17-035428-9

E-Book-Formate:
pdf: ISBN 978-3-17-035430-2
epub: ISBN 978-3-17-035431-9
mobi: ISBN 978-3-17-035432-6

Für den Inhalt abgedruckter oder verlinkter Websites ist ausschließlich der jeweilige Betreiber verantwortlich. Die W. Kohlhammer GmbH hat keinen Einfluss auf die verknüpften Seiten und übernimmt hierfür keinerlei Haftung.

Vorwort

Die Feuerwehr hat bei der Erfüllung ihrer Hoheitlichen Aufgaben ein breites Spektrum an Gefahren und Notlagen abzuwenden. Feuerwehreinsätze umfassen eben nicht nur – wie oft von Außenstehenden angenommen – die klassische Brandbekämpfung oder Technische Hilfeleistung bei Verkehrsunfällen, sondern eine Vielzahl von unterschiedlichen Einsatzsituationen, selbst für die kleinsten Feuerwehren.

Durch den demographischen Wandel in der Bevölkerung werden in der Zukunft Einsätze mit dem Stichwort »Vermisste Person« oder »Personensuche« vermehrt vorkommen, da ältere verwirrte Menschen für die meisten Alarmierungen in der Vermisstensuche verantwortlich sind. Die bessere medizinische Versorgung und eine gesündere Lebensweise bedingen eine längere Lebensspanne des Menschen. Viele dieser älteren Mitmenschen leiden jedoch an Alters- oder Alzheimer-Demenz. Dadurch kann es sein, dass sie ihr vermeintlich gewohntes Umfeld verlassen und nicht wieder zurückfinden. Zudem sind in den letzten Jahren die Einsätze von suizidalen Personen gestiegen. Der Stress, Berufs- und Privatleben »unter einen Hut« zu bekommen, scheint zugenommen zu haben. Hinzu kommen Einsätze mit vermissten Kindern, die vielleicht einfach nur beim Spielen die Zeit vergessen haben oder erkrankte vermisste Menschen, die medikamentöse Hilfe benötigen und nach einem Spaziergang nicht wie gewohnt nach Hause gekommen sind.

Den konkreten Einsatzbeispielen und der Aussicht, dass in Zukunft Einsätze mit vermissten Personen wahrscheinlich noch weiter zunehmen werden, steht der eklatante Mangel an Aus- und Weiterbildung zu dieser Thematik gegenüber. Bei der Vielzahl von Einsätzen im ganzen Land in der Vermisstensuche, sind die örtlichen Feuerwehren meist mit einem seltenen und eher unbekannten Einsatz konfrontiert. Hier sind klare Defizite in der Einsatzbewältigung erkennbar. Dieses Buch soll Abhilfe schaffen und den Einheitsführer und Einsatzleiter dabei unterstützen, Einsätze durch eine frühzeitig eingeleitete Systematik effektiv, effizient und positiv zu bewältigen. Außerdem soll das Buch ein solides Basiswissen für alle Feuerwehrangehörigen und andere Hilfsorganisationen bieten und die Informationen wiedergeben, die notwendig sind, um im Ernstfall wirkungsvoll tätig zu werden.

Die Ausführung in diesem Buch richtet sich somit nicht ausdrücklich an angehende oder ausgebildete Führungskräfte. Ziel ist vielmehr, auch allen anderen interessierten Einsatzkräften und mitwirkenden Hilfsorganisationen sowie außenstehenden Privatpersonen oder gar Betroffenen zu erläutern, was um sie herum bei einem Vermisstensucheinsatz der Feuerwehr abläuft. Daher wird bei manchen

Vorwort

Kapiteln das Grundbasiswissen der Feuerwehr auf ein Minimum reduziert wiedergegeben, um nachfolgende Kapitel nachvollziehbar zu machen. Dadurch soll ein besseres Verständnis für die Verhaltensweisen, Handlungen, Einsatzabläufe und Entscheidungen der Feuerwehr erreicht werden.

Dieses Buch soll eine allgemeine Hilfestellung bei Personensuchen geben und erhebt nicht den Anspruch einer wissenschaftlichen Abhandlung. Es gibt keine Standardregeln für das Vorgehen bei einer Vermisstensuche, keine Einsatzsituation gleicht der anderen, aber die Informationen und Hinweise im Buch können das Einsatzgeschehen positiv beeinflussen.

 Der Homepage www.feuerwehr-vermisstensuche.de, Stand Oktober 2020, können weitere Informationen entnommen werden (z. B. zu Lehrgängen, Flächensuchübungen, Mitunterstützung der Statistiktabellen etc.).

Hinweis:
Die Funktionsbezeichnungen und personenbezogenen Begriffe gelten sowohl für weibliche als auch für männliche Feuerwehrangehörige sowie andere mitwirkende Einsatzkräfte.

Inhaltsverzeichnis

Vorwort **5**

1 Zuständigkeit bei einer vermissten Person **11**
    1.1 Formen der Zuständigkeit 11
    1.2 Originäre Aufgabe der Vermisstensuche in der Ordnungsbehörde 12
    1.3 Mögliche originäre Zuständigkeit der Feuerwehr in der Vermisstensuche 14
    1.4 Zuständigkeit der Feuerwehr aufgrund ihrer technischen Einsatzmittel 17
    1.5 Zuständigkeit bei suizidgefährdeten Personen 19
    1.6 Keine Zuständigkeit der Feuerwehr 20
    1.7 Zusammenarbeit mit Polizei, Hilfsorganisationen und anderen an der Suche beteiligten Stellen 21

2 Amtshilfe **22**
    2.1 Die Bundeswehr im Rahmen der Amtshilfe 23

3 Allgemeines Rechtswissen bei einem Vermisstensucheinsatz **25**
    3.1 Das Recht auf Leben und körperliche Unversehrtheit 26
    3.2 Verwaltungsakt und Realakt 26
    3.3 Eingriff in das Recht der Freiheit der Person von Dritten ... 28
    3.4 Betreten von Grundstücken und Gebäuden 28
    3.5 Zugang zur Wohnung des Vermissten und unbeteiligter Dritte . 29
    3.6 Hinzuziehen von Eigentum 31
    3.7 Festhalten von vermissten Personen 31

4 Einheiten im Flächensucheinsatz **34**
    4.1 Taktische Einheiten der Feuerwehr 35
    4.2 Taktische Rettungshundeeinheiten (RHOT) der Feuerwehr 38
    4.3 Schutzausrüstung in der Vermisstensuche 42
    4.4 Ordnung des Raumes 50
    4.5 Einsatzwert 51
    4.6 Einsatzgrundsätze in der Vermisstensuche 52

Inhaltsverzeichnis

5 Suchtechniken in der Vermisstensuche **55**
    5.1 Flächensuchtechniken 55
    5.2 Einsatz und Einteilung der Rettungshunde in der Vermissten-
        suche 68
    5.3 Suchmaßnahmen am Wasser mit Einsatzkräften oder
        Rettungshunden 74
    5.4 Planung der Suchtechniken 74
    5.5 Wiederholbare Suchmaßnahmen 88
    5.6 Einsatztabelle für Rettungshunde und Einsatzkräfte 90

6 Einsatzmittel: biologische Ortung **94**
    6.1 Flächensuchhund 94
    6.2 Trümmersuchhund 99
    6.3 Fährtensuchhund 100
    6.4 Vermisstenspürhund 103
    6.5 Wassersuchhund und Wasserrettungshund 109

7 Einsatzmittel: technische Ortung **112**
    7.1 Wärmebildkamera 112
    7.2 Copter 113
    7.3 Nachtsichtgerät 117
    7.4 Bodenhorchgeräte 118
    7.5 SearchCam 120
    7.6 Sonargeräte 121
    7.7 Beleuchtungsmittel 122
    7.8 Fernglas 123
    7.9 Akustische technische Ortungsgeräte 123

8 Statistiken in der Vermisstensuche **125**
    8.1 Vermisstenstatistiken für den Einsatzleiter der Feuerwehr 125
    8.2 Der letzte bekannte Aufenthaltsort (lbA) und der mögliche
        Auffindeort (mAo) 126
    8.3 Trierer Erhebung der Vermisstenfälle 128
    8.4 Vergleich der amerikanischen und deutschen Statistik 138

Inhaltsverzeichnis

9 Das Verhalten von vermissten Personen **139**
    9.1 Mögliches Verhalten, erweiterte profilbezogene Fragen,
        erweiterte profilbezogene Maßnahmen 139

10 Einsatzvorbereitung und Einsatzplanung **163**
    10.1 Alarmplan 164
    10.2 Alarm- und Ausrückeordnung sowie Ausrückefolge 168
    10.3 Aus- und Fortbildung in der Vermisstensuche 172
    10.4 Befehlsstelle, Bereitstellungsraum und Unterkunft 174
    10.5 Beschaffung und Instandhaltung der Einsatzmittel 175
    10.6 Einsatzleiterhandbuch 176
    10.7 Funkkonzept 177
    10.8 Kartenmaterial 178
    10.9 Ortskunde 187

11 Führungssystem **188**
    11.1 Führungsorganisation 188
    11.2 Führungsvorgang 205
    11.3 Führungsmittel 213

12 4-Phasenkonzept in der Vermisstensuche **216**
    12.1 Phase 1: Ersterkundung und Sofortmaßnahmen 218
    12.2 Phase 2a: Erweiterte Suchmaßnahmen und Aufenthalts-
        erkundungen 222
    12.3 Phase 3a: Strukturierte Suchmaßnahmen und Aufenthalts-
        erkundungen 225
    12.4 Phase 2b: Erweiterte gezielte Suchmaßnahmen 229
    12.5 Phase 3b: Strukturierte gezielte Suchmaßnahmen 231
    12.6 Phase 4: Abschlussmaßnahmen 234

13 Auffinden von vermissten Personen **236**
    13.1 Maßnahmen beim Auffinden der vermissten Person 236
    13.2 Erste-Hilfe-Maßnahmen 240
    13.3 Erste-Hilfe-Ausrüstung 243
    13.4 Auffinden von verstorbenen Menschen 244

Inhaltsverzeichnis

14 Gefahren an der Einsatzstelle in der Vermisstensuche **246**

15 Die Bedeutung der Leitstelle in der Vermisstensuche **254**

16 Die Polizei im Vermisstensucheinsatz **256**
    16.1 Hintergründe des Vermisstenfalls aus Polizeisicht 257
    16.2 Möglichkeiten der Polizei bei einer Vermisstensuche 261

17 Mitwirkende Rettungshund-(Hilfs)organisationen **268**
    17.1 Öffentliche rechtliche Rettungshundeeinheiten 270
    17.2 Paritätische Rettungshundeeinheiten 272
    17.3 Private Rettungshundeeinheiten 273

18 Einsatz von freiwilligen Helfern bei der Vermisstensuche **276**

19 Mythen und Legenden rund um die Vermisstensuche **278**

Fazit **282**

Literaturverzeichnis **283**

Anhang **285**
    Tabellen für die Vermisstensuche 285

1 Zuständigkeit bei einer vermissten Person

Die Zuständigkeit bei einer Vermisstensuche und die damit verbundenen Maßnahmen sind in den einzelnen Bundesländern unterschiedlich geregelt. In einigen Bundesländern ist die Zuordnung deutlich reglementiert oder durch ein Gerichtsurteil festgelegt worden, in anderen Ländern ist die Zuständigkeit nicht immer eindeutig geregelt. Daher ist es zwingend notwendig, nicht nur Kenntnisse über die eigenen Brandschutzgesetze zu haben, sondern sich mit den jeweiligen allgemeinen Ordnungsbehörden- und Polizeigesetzen sowie den relevanten Gerichtsurteilen zu beschäftigen.

Grundsätzlich hat der Staat die Pflichtaufgabe das Recht auf Leben und körperliche Unversehrtheit für jedermann zu garantieren (Art. 2 Abs. 2 Satz 1 GG). Daher gilt es, bei einem Vermisstenfall, wenn es um Gefahr für Leib und Leben (= schwere Verletzungen drohen bis hin zum Tod) oder Gefahr in Verzug (= unmittelbares Bevorstehen eines Schadens, falls nicht sofort gehandelt wird) geht, schnellstmöglich zu handeln.

Im Bereich der Vermisstensuche sind die einzelnen Brandschutzgesetze, Polizei- und Ordnungsbehördengesetze sowie weitere wesentliche Gesetze relevant. Daher treffen unter Umständen mehrere Behörden bei der nichtpolizeilichen Gefahrenabwehr mit einem eigenen Zuständigkeitsbereich aufeinander. Es würde das Ausmaß dieses Buches sprengen, auf alle dieser (drei) genannten Gesetze für jedes Bundesland einzugehen. Vielmehr soll dieses Kapitel der Führungskraft oder dem Interessierten Leser einen Einblick und Anreiz geben, die eigene Zuständigkeit zu prüfen und zu durchleuchten. Auf vereinzelte Beispiele soll aber trotzdem hingewiesen werden.

1.1 Formen der Zuständigkeit

Es gibt verschiedene Formen der Zuständigkeit für eine Behörde. Sie werden in drei Bereiche unterschieden:

1. **sachliche Zuständigkeit**
   Die Feuerwehr ist in der Vermisstensuche nur dann sachlich zuständig, wenn ihr durch ein Gesetz die Zuständigkeit zugewiesen wurde.
2. **örtliche Zuständigkeit**
   Durch das Örtlichkeitsprinzip ist die Feuerwehr zuständig, in dem Bereich, in dem die gesuchte Person vermisst wird. Dies bedeutet, dass der letzte

1 Zuständigkeit bei einer vermissten Person

bekannte oder vermutete Aufenthaltsort der vermissten Person als Zuständigkeitsbereich für die örtliche Feuerwehr gilt und somit nicht die eigentliche Wohnadresse. Das schließt aber nicht aus, dass die Feuerwehr an der Heimatadresse über den Vermisstensucheinsatz informiert werden sollte. So kann es passieren, dass eine Reisegruppe aus einer entfernten Stadt A zu Besuch in einer anderen Stadt B ist. Wird die gesuchte Person in der Stadt B als vermisst gemeldet, kann die Stadt A nicht zuständig sein und die passenden Maßnahmen durchführen.

3. **instanzielle Zuständigkeit**
   Die instanzielle Zuständigkeit beschreibt nur die grundsätzliche Zuständigkeit innerhalb einer Behörde. Üblicherweise wird bei einem dreistufigen Verwaltungsaufbau zwischen der unteren, oberen und obersten Verwaltungsbehörde unterschieden.

Die Stadtverwaltung (Sitz der Ordnungsbehörde) kann beispielsweise auch Zuständigkeiten in der Vermisstensuche innerhalb ihres Aufbaus direkt an die Feuerwehr weiterdelegieren. Insbesondere dann, wenn die Ordnungsbehörden nicht besetzt ist (z. B. Wochenende), kann sie eine verantwortliche Person (z. B. Bürgermeister) bestimmen, die die politische Gesamtverantwortung trägt sowie eine ernannte Person (z. B. Kreisfeuerwehrinspektor), die für die operativ taktische Komponente (z. B. Einsatzleitung der Feuerwehr) zuständig ist.

1.2 Originäre Aufgabe der Vermisstensuche in der Ordnungsbehörde

Die Ordnungsbehörde (in Bayern: Sicherheitsbehörde), beispielsweise untergebracht in den kreisfreien Städten oder Landkreisen, ist die unterste Verwaltungsebene und bei den Gemeinden angesiedelt. Im Bereich der allgemeinen Gefahrenabwehr liegt in den meisten Bundesländern eine Zuständigkeit bei den Ordnungsbehörden (Ortspolizeibehörde) vor. Grundsätzlich obliegt also primär der Ordnungsbehörde die Zuständigkeit bei einer allgemeinen Vermisstensuche, es sei denn die Polizei hat ausdrücklich vom Gesetz eine Zuständigkeit zugewiesen bekommen.

Gibt es Parallelzuständigkeiten im Bereich der allgemeinen Gefahrenabwehr, muss eine Zuständigkeitsabgrenzung vorgenommen werden. Durch solch eine Zuordnung können Kompetenzgerangel und Doppelarbeiten vermieden werden. Die Zuständigkeiten sind in den jeweiligen Polizeigesetzen (Zuständigkeitskatalog in

1.2 Originäre Aufgabe der Vermisstensuche in der Ordnungsbehörde

den Polizeigesetzen) der Bundesländer geregelt. Hier erfolgt in den meisten Ländern eine Trennung zwischen der Ordnungsbehörde und der Polizei. Somit hat also die Ordnungsbehörde die Aufgabe, Gefahren für die öffentliche Sicherheit oder Ordnung abzuwehren mit all ihren zur Verfügung stehenden Mittel, einschließlich, wenn nötig, der Gemeindezugehörigen Feuerwehr.

Beispiel RLP

»*Die allgemeinen Ordnungsbehörden und die Polizei haben die Aufgabe, Gefahren für die öffentliche Sicherheit oder Ordnung abzuwehren.*«
§ 1 Abs. 1 Satz 1 Aufgaben der allgemeinen Ordnungsbehörden und der Polizei – Polizei- und Ordnungsbehördengesetz (POG) Rheinland-Pfalz

Die Polizei (Polizeivollzugsdienst) wird schließlich erst dann tätig, falls nicht anders geregelt, wenn sie unmittelbar handeln muss, da Gefahr in Verzug droht oder ein sofortiges Eingreifen nötig ist (Eilkompetenz). Des Weiteren muss die Polizei handeln, wenn aufgrund ihrer Beurteilung, die Abwehr der Gefahr (vermisste Person) durch eine andere Behörde nicht möglich ist oder zeitlich nicht rechtzeitig möglich erscheint (Insbesondere in ländlichen Gegenden ist nachts oder am Wochenende die Ordnungsbehörde nicht immer besetzt). Jedoch bleibt die Zuständigkeit (hier als Beispiel bei einer Vermisstensuche) trotzdem bei der Ordnungsbehörde, obwohl die Polizei handelt. Daher ist die Polizei verpflichtet, die Ordnungsbehörde über alle bedeutsamen Vorgänge und Maßnahmen, die für die Vermisstensuche relevant sind, zu unterrichten.

»*Im Übrigen wird die Polizei tätig, soweit die Abwehr der Gefahr durch eine andere Behörde nicht oder nicht rechtzeitig möglich erscheint. Sie unterrichtet die anderen Behörden unverzüglich von allen Vorgängen, deren Kenntnis für die Aufgabenerfüllung dieser Behörden bedeutsam ist; die Befugnis zur Übermittlung personenbezogener Daten bleibt davon unberührt. Die zuständige Behörde kann die getroffenen Maßnahmen aufheben oder abändern.*«
§ 1 Abs. 6 Aufgaben der allgemeinen Ordnungsbehörden und der Polizei – Polizei- und Ordnungsbehördengesetz (POG) Rheinland-Pfalz

In einem Artikel der Fachzeitschrift Brandhilfe Ausgabe 12/2011 bezieht sich Gerd Gräff, Ministerialrat im Ministerium des Innern und für Sport Rheinland-Pfalz, auf die Zuständigkeit bei einer Vermisstensuche. Er führt an, dass nicht davon auszugehen ist, die Polizei sei allein dazu in der Lage, eine Vermisstensuche durchzuführen. Der

1 Zuständigkeit bei einer vermissten Person

Ordnungsbehörde sei zuzumuten, zur Gewährleistung der gefahrenabwehrenden Maßnahmen auch alle ihre Möglichkeiten einzusetzen. Dazu gehöre auch der Einsatz der Feuerwehr als Gemeindeeinrichtung, wenn schnelles Handeln geboten ist. Er ist weiterführend der Meinung, dass je nach Situation, eine Suchaktion mit allen verfügbaren Ressourcen der Gemeindeverwaltung und die damit verbundenen kurzfristigen zahlreichen gemeindlichen Einsatzkräfte (z. B. der Feuerwehr einschließlich der Rettungshundestaffeln) zur Suche eingesetzt werden können.

Denn bis die Polizei – ggf. mit Unterstützung durch die Bereitschaftspolizei oder den Bundesgrenzschutz – genügend Kräfte für ein weiträumiges Absuchen eines größeren Waldgebiets zusammenzieht, kann bereits viel Zeit vergangen sein. Auch weist er auf die mögliche fehlende Ortskenntnis hin, wodurch die Einsatzkräfte unter Umständen erst noch eingewiesen werden müssten. Eine zu lange Vorlaufzeit kann – insbesondere bei verirrten Kindern oder verwirrten Personen – zu einer erheblichen Gesundheits- oder Lebensgefahr führen. Gräff schreibt in seinem Artikel, dass die Feuerwehren flächendeckend und relativ kurzfristig größere, gut organisierte Einheiten einsetzen können. So sei beispielsweise für das Absuchen eines Waldgebietes nach einer vermissten Person, in der innerhalb kurzer Zeit zahlreiche Kräfte benötigt werden, die Feuerwehr in der Regel schneller als die Polizei dazu in der Lage.

1.3 Mögliche originäre Zuständigkeit der Feuerwehr in der Vermisstensuche

Die öffentliche Feuerwehr ist eine kommunale Einrichtung, ist genauso wie die Ordnungsbehörde in den Gemeinden angesiedelt und handelt nach den einzelnen Brandschutzgesetzen der jeweiligen Länder. Die Feuerwehr ist allgemein für die Gefahrenabwehr zuständig, wenn eine Gefahr für die öffentliche Sicherheit besteht und diese mit den taktischen Einheiten (Mannschaft und Einsatzmittel) abgewehrt werden kann. Dies bedeutet, dass ohne das Eingreifen der Feuerwehr, nach einer unbestimmten Zeit, ein Schaden für die öffentliche Sicherheit und der Ordnung entstehen könnte. Dabei braucht die eigentliche Gefahr erstmal nicht sicher bzw. bestätigt zu sein. Auf Grundlage von wissenschaftlichen Erkenntnissen oder Erfahrungswerten genügt die Annahme, dass eine Gefahr vorhanden ist, für das Handeln der Feuerwehr. Anschließend kommt es ganz auf die Erkundungsergebnisse des Einsatzleiters an, ob in seinen Augen eine Gefahr besteht und ein Schaden eintreten könnte. Die Voraussetzung dafür ist möglicherweise gegeben, wenn es bei einem Vermisstensucheinsatz zur Abwehr von Gesundheits- oder Lebensgefahr und/oder in

1.3 Mögliche originäre Zuständigkeit der Feuerwehr

kurzer Zeit gehandelt werden muss. Dabei kann es zu einer Parallelzuständigkeit sowohl zwischen den Ordnungsbehörden, Polizei- und den einzelnen Brandschutzgesetzen der jeweiligen Bundesländer kommen.

Beispiel RLP
Die Feuerwehr wird bei einem Vermisstensucheinsatz tätig, bei dem unmittelbar gehandelt werden muss, da Gefahr in Verzug und Gefahr für Leib und Leben besteht hierbei im Rahmen der allgemeinen Hilfe nach § 1 Abs. 1 Nr. 2 Landes- und Brandschutzgesetz Rheinland-Pfalz in Verbindung mit § 8 Abs. 2,3 LBKG RLP.

»§ 1 Zweck und Anwendungsbereich
(1) Zweck dieses Gesetzes ist die Gewährleistung vorbeugender und abwehrender Maßnahmen [...]
2. gegen andere Gefahren (allgemeine Hilfe) [...]

§ 8 Mitwirkung und Aufgaben der Feuerwehren [...]
(2) Die Feuerwehren haben nach pflichtgemäßem Ermessen die erforderlichen Maßnahmen zu treffen, um Brandgefahren oder andere Gefahren abzuwehren.
(3) Die Feuerwehren sollen im Rahmen ihrer Möglichkeiten auch außerhalb der Gefahrenabwehr bei anderen Ereignissen Hilfe leisten.«

Bevor sich die Frage der eigenen Zuständigkeit in der Vermisstensuche für die Feuerwehr stellt, sollte grundsätzlich geklärt werden, wann für die Feuerwehr eine Person als vermisst gilt.

> **Merke:**
> Eine Person gilt im Sinne der Feuerwehr als vermisst, wenn sie sich nicht mehr im gewohnten Umfeld aufhält, eine physische und/oder psychische Erkrankung vorliegt und eine »Hilflose Lage« vermutet werden kann oder eine Gefahr für Leib und Leben und somit Gefahr in Verzug vorliegt.

Denkbare Einsätze für die Feuerwehr mit eigenem Zuständigkeitsbereich wären zum Beispiel:

- verwirrte oder demente Personen, die aufgrund ihrer Erkrankung als hilflos gelten,
- Personen, die gesundheitlich beeinträchtigt sind (z. B. Diabetes mellitus) und ggf. Medikamente benötigen,

1 Zuständigkeit bei einer vermissten Person

- ältere Personen, die aufgrund der Wettersituation (z. B. Kälte, Schneefall) und/oder Erschöpfung Hilfe brauchen,
- Kinder, die sich verlaufen haben, orientierungslos im Gelände umherirren und ohne schnelles Handeln gesundheitliche Probleme erleiden können (z. B. schnelles Auskühlen aufgrund der anatomischen Begebenheiten). Bei vermisst gemeldeten Personen unter 18 Jahren (Minderjährige), die ihr gewohntes Umfeld verlassen haben und deren momentaner Aufenthaltsort den Sorgeberichtigten (i. d. R. die Eltern) unbekannt ist, muss grundsätzlich von einer Gefahr für das Leben und die körperliche Unversehrtheit ausgegangen werden. Laut Gesetz (§ 1631 Abs. 1 BGB) dürfen sie ihren Aufenthaltsort nicht selbst bestimmen,
- Personen, die in einen Fluss gestürzt sind und durch schnelles Eingreifen der Feuerwehr oder anderen Hilfsorganisationen (z. B. Deutschen Lebens-Rettungs-Gesellschaft) möglicherweise noch gerettet werden können,
- geistig oder körperlich benachteiligte Menschen, die eine kontinuierliche Versorgung für ihre Gesundheit benötigen.

Das POG RLP mit Kommentar von Roos/Lenz beschreibt die Aufgaben und Befugnisse der Feuerwehr in ihrem Buch auf Seite 29 wie folgt:

»Die Feuerwehr kann überhaupt nur nach den Aufgaben und Befugnissen des LBKG tätig werden, wonach § 8 Abs. 2 LBKG die Aufgaben für sie beschreibt. Danach beschränkt sich die Feuerwehr auf die Abwehr von Brandgefahren, anderen Gefahren und den Katastrophenschutz. Außerdem soll sie außerhalb der Brandgefahr bei anderen Ereignissen Hilfe leisten.
Beispiel:
Eine ältere, geistig verwirrte Person wird in einem Altenheim vermisst, in dem sie untergebracht ist. Nach ihr soll in einem benachbarten Wald gesucht werden. Die zuständige Ordnungsbehörde ist der Ansicht, hierfür sei allein die Polizei zuständig und alarmiert die Feuerwehr erst nach Zusage der Kostenübernahme durch die Polizei.
Eine Suchaktion nach einer vermissten Person, für die Lebensgefahr besteht, ist aber eine Aufgabe im Rahmen der allgemeinen Hilfeleistung nach § 1 Abs. 1 Nr. 2 LBKG. Gewährleistung von Maßnahmen bedeutet eigene tätige Hilfe und nicht nur Veranlassung von Hilfsmaßnahmen. Zur Erfüllung dieser Aufgabe können die Gemeinden die Feuerwehren und bei Bedarf auch andere Hilfsorganisationen einsetzen. Zu diesem Zweck werden u. a. auch die Rettungshundestaffeln der Feuerwehr bereitgehalten.«

Des Weiteren beschreibt das POG RLP mit Kommentar von Rühle/Suhr auf Seite 26, dass die Gemeinden und Landkreise nach § 1 Abs. 1 LBKG nicht nur Aufgabenträger (§ 2 LBKG) für die Abwehr von Brandgefahren, sondern auch für andere Gefahren (allgemeine Hilfe) und Gefahren größeren Umfangs (Katastrophen) zuständig sind. Diese Darstellung ist aber nicht korrekt, da die Gemeinden lediglich für den Brandschutz und die allgemeine Hilfe zuständig sind und der Landkreis (mehrere Verbandsgemeinden) für den überörtlichen Brandschutz und die überörtliche allgemeine Hilfe. Der Aufgabenträger beim Katastrophenschutz sind neben den Landkreisen auch die kreisfreien Städte. Jedoch spielt der Katastrophenschutz für den Vermisstenfall keine Rolle. Die Ausweitung eines Vermisstensucheinsatzes umfasst in der Regel einen Einsatzraum von höchstens mehreren Gemeinden. Rühle und Suhr beschreiben den Beginn der originären Zuständigkeit der Feuerwehr somit folgendermaßen: Sobald ein Brand ausgebrochen, eine Katastrophe eingetreten, Gefahren für des Einzelnen oder der Allgemeinheit für Leben sowie Gesundheit oder eine vergleichbare Gefahr entstanden ist, die eine unmittelbare Hilfe für die Betroffenen erfordert. Deshalb handelt es sich bei »anderen Gefahren« (also allgemeine Hilfe) i. S. d. § 1 Abs. 1 Nr. 2 nur um solche, die wie bereits im vorigen Absatz aufgezählt und vergleichbar sind und für die andererseits die Feuerwehr die speziellere Ausbildung und Ausrüstung besitzt, »wie z. B. die Suche nach vermissten Personen (Kinder, die sich im Wald verlaufen haben)« (Rühle/Suhr, 2012, S. 26). Ab dann haben, laut dem Kommentar des POG RLP, die Institutionen auch die Gesamtleitung über die Art und Weise, wie die Gefahren bekämpft werden.

1.4 Zuständigkeit der Feuerwehr aufgrund ihrer technischen Einsatzmittel

Eine weitere Zuständigkeit für die Feuerwehr kann vorliegen, wenn die allgemeine Ordnungsbehörde oder die Polizei technisch nicht in der Lage ist, die Gefahr abzuwehren. Die Vielzahl von unterschiedlichen technischen Einsatzmitteln in Verbindung mit den geschulten Einsatzkräften ermöglicht der Feuerwehr, ein breites Spektrum an Einsatzszenarien abwickeln zu können. Ob eine eigene Zuständigkeit der Feuerwehren vorliegt oder die Polizei über die allgemeine Ordnungsbehörde ein Amtshilfeersuchen stellen muss, ist in einigen Fällen nicht klar abzugrenzen. Ein konkretes Beispiel einer technischen Überlegenheit der Feuerwehr könnte eine abgestürzte vermisste Person an einem Felsabgrund sein (auch wenn diese ver-

1 Zuständigkeit bei einer vermissten Person

storben ist). Hier hat die Feuerwehr die Möglichkeit ihre Höhenretter mit ihren Einsatzmitteln einzusetzen.

Bild 1: *Höhenretter mit Rettungshund*

Abschließend wird auch hier auf den Artikel in der Zeitschrift Brandhilfe Ausgabe 12/2011 von Herr Gerd Gräff Ministerialrat im Ministerium des Inneren und für Sport Rheinland-Pfalz verwiesen. Dieser könnte auch für andere Bundesländer interessant sein. Dort wird erwähnt, dass die »allgemeine Hilfe« ausdrücklich Aufgabe der Gemeinde nach dem Landesgesetz ist und somit im Gegensatz zum Technischen Hilfswerk (oder der Bundeswehr) keine Amtshilfe ist. So käme es bei der allgemeinen Hilfe für eine eigene Zuständigkeit der Feuerwehr nur darauf an, ob die Gefahrenabwehr durch andere Rechtsvorschriften gewährleistet ist oder ein Einsatz der

1.5 Zuständigkeit bei suizidgefährdeten Personen

Feuerwehr – nicht nur wegen ihrer technischen Möglichkeiten, sondern auch aufgrund ihrer Organisation, Funkausrüstung usw. – geeignet ist, die konkrete Gefahr für Leben und Gesundheit von Menschen abzuwehren.

Dies wäre für Gräff beispielsweise beim Absuchen eines bestimmten Gebietes nach Vermissten in der Regel gegeben (z. B. Kinder, ältere oder verwirrte Personen, die sich verlaufen haben). Laut Gräff ist in Ausnahmefällen auch eine Parallelzuständigkeit von Polizei und Feuerwehr vereinbar, um schnelle und wirksame Hilfe zu leisten. So nehme der Gesetzgeber derartige Parallelzuständigkeiten zur Gewährleistung einer wirksamen Gefahrenabwehr bewusst in Kauf. Bei einer originären Zuständigkeit für die Feuerwehr werden Tätigkeiten anderer Behörden nicht berührt. Diese können aber ebenfalls Maßnahmen ergreifen, ohne in die originäre Aufgabe der Feuerwehr einzugreifen.

1.5 Zuständigkeit bei suizidgefährdeten Personen

Bei suizidgefährdeten Personen scheint die allgemeine Rechtslage nicht ganz eindeutig zu sein. So wird ein Selbstmordversuch entweder zwischen einer Störung der öffentlichen Sicherheit oder der öffentlichen Ordnung unterschieden. Ein Eingreifen seitens Polizei oder anderer Ordnungsbehörden wird spätestens notwendig, wenn weitere Personen (bspw. wenn der Vermisste ein Messer bei sich trägt, um damit nicht nur sich, sondern auch andere in Gefahr zu bringen) gefährdet werden. Hier liegt eine Gefahr der öffentlichen Sicherheit vor. Zudem kann die suizidgefährdete Person ggf. auch (z. B. aufgrund psychischer Probleme oder unter Drogeneinfluss) die Auswirkungen ihres Handelns nicht richtig einschätzen. In diesem Fall befindet sich die Person in einer hilflosen Lage, sodass auch hier die Polizei oder die Ordnungsbehörde einschreiten muss.

Wenn der Suizidversuch nach außen in Erscheinung tritt und sich somit die Person für die Allgemeinheit sichtbar in eine Situation begibt, die zu ihrem Tod führen kann, ist dies ein Verstoß gegen die Ordnung des öffentlichen Interesses. Durch einen öffentlichen Suizidversuch (beispielsweise Aufhängen im Wald an einem Spazierweg) sind also die Polizei und – im Rahmen ihrer Möglichkeiten – auch die allgemeinen Ordnungsbehörden zum Einschreiten verpflichtet. Es liegt eine Störung der öffentlichen Ordnung vor (Kommentar LBKG). Der Kommentar des LBKG von Gerd Gräff führt zu der Frage der Zuständigkeit folgendes an:

1 Zuständigkeit bei einer vermissten Person

»Zuständige Behörden für die Einleitung und Durchführung des Unterbringungsverfahrens ist nach § 13 Abs. 1 Satz 1 PsychKG die Kreisverwaltung, in kreisfreien Städten die Stadtverwaltung. Wenn die allgemeine Ordnungsbehörde oder die Polizei im Zusammenhang mit dem Einschreiten bei einem Selbstmordversuch Anhaltspunkte für ein selbst- oder fremdgefährdendes krankheitsbedingtes Verhalten feststellt, benachrichtigt sie unverzüglich die zuständige Unterbringungsbehörde. Soweit Zuständigkeiten der allgemeinen Ordnungsbehörden, der Polizei oder anderer Behörden gegeben sind und durch deren Maßnahmen die Abwehr der Gefahren gewährleistet ist, besteht keine Zuständigkeit der Feuerwehr nach dem LBKG. Die Feuerwehr kann in diesen Fällen nicht in die Aufgabenbereiche anderer Behörden eingreifen.
Die Feuerwehr leistet bei Bedarf Amtshilfe, beispielsweise wenn der Einsatz technischer Geräte – etwa eine Drehleiter oder eines Sprungretters – erforderlich ist.«

Hier wird demnach die Feuerwehr in erster Linie unterstützend (Amtshilfe) angefordert, wenn die technische Ausrüstung der primär zuständigen Behörden (allgemeine Ordnungsbehörde, Polizei etc.) nicht ausreicht, um den Einsatz nach Möglichkeit ohne Gefährdung weiterer Zivilpersonen und Einsatzkräfte durchzuführen.

1.6 Keine Zuständigkeit der Feuerwehr

Grundsätzlich sind Gefahren, die von einem Verhalten einer Person ausgehen (z. B. Suizidversuch mit der Annahme nicht nur einer Eigen-, sondern auch Fremdgefährdung durch Mitnahme einer Waffe etc.) Teil der polizeilichen Gefahrenabwehr und somit ein Aufgabenbereich der Polizei. Ausnahme hierbei kann aber das unmittelbare Eingreifen durch die Feuerwehr bei Personen sein, die aufgrund ihres psychischen Zustandes ein selbstgefährdetes Verhalten vorweisen. Ein denkbarer Einsatz wäre die vermisste Person, die beim Auffinden ihre suizidalen Absichten durchführen will (beispielsweise drohender Sprung von einer Brücke). Hier kann und muss die Feuerwehr, wenn es der Eigenschutz zulässt, eingreifen.

Nicht möglich ist dies bei der polizeilichen Gefahrenabwehr. Bei der Verfolgung von Straftätern muss davon ausgegangen werden, dass der Vermisste sich mit Gewalt zu Wehr setzen wird. Dies bedeutet eine zu große Gefahr für die Einsatzkräfte der Feuerwehr, die für einen solchen Rahmen weder die Ausrüstung noch die Ausbildung besitzen.

1.7 Zusammenarbeit mit anderen an der Suche beteiligten Stellen

Sobald andere Gesetze bestimmte Zuständigkeiten ausdrücklich zuweisen, ist die Feuerwehr dadurch auch automatisch nicht mehr zuständig, kann aber durch die zuständige Behörde um Amtshilfe ersucht werden.

Eine weitere fehlende Zuständigkeit der Feuerwehr ist dann gegeben, wenn es sicher ist, dass die vermisste Person verstorben ist. Mögliche Suchmaßnahmen oder Bergungen (beispielsweise eine vermisste Person wurde nach Tagen in einem Felsvorsprung entdeckt und soll durch die Feuerwehr geborgen werden) erfolgen nun unter einem Amtshilferersuchen (siehe dazu Kapitel 2).

1.7 Zusammenarbeit mit Polizei, Hilfsorganisationen und anderen an der Suche beteiligten Stellen

Bei den Vermisstensucheinsätzen arbeiten Feuerwehr, Polizei und Hilfsorganisationen oftmals eng miteinander. Dabei sollte die Zusammenarbeit, wie es auch bei vergangenen Einsätzen normalerweise umgesetzt wurde, unterstützend sein. Nur wenn alle beteiligten Stellen vertrauensvoll zusammenwirken, können alle einsatztaktischen Möglichkeiten sinnvoll eingesetzt werden. Zuständigkeitsgerangel oder Organisationsegoismen müssen zum Wohle der gesuchten Person vermieden werden und finden gerade bei einem Einsatzgeschehen keinen Platz.

Eine Gesamteinsatzleitung nur durch die Feuerwehr wie im Kapitel 1.3 von Rühle/Suhr beschrieben, soll es nicht geben. Eine gemeinsame Einsatzleitung mit der Feuerwehr und der Polizei sollte angestrebt werden.

Merke:
Es ist zu empfehlen, mit allen beteiligten (und zuständigen) Behörden kollegial und gut zusammenzuarbeiten. Damit keine unnötigen Doppelarbeiten durchgeführt werden und zum Wohl der vermissten Person, müssen alle unterschiedlichen Möglichkeiten effektiv und effizient genutzt werden, um das einzige Ziel, das Auffinden der Person, zu erreichen.

2   Amtshilfe

Die Amtshilfe ist in Deutschland im Art. 35 GG und § 4 VwVFG geregelt und beschreibt eine Hilfeleistung einer Behörde für eine andere Behörde. Geleistete »Amtshilfe« innerhalb einer Behörde ist keine Amtshilfe.

»*Alle Behörden des Bundes und der Länder leisten sich gegenseitig Rechts- und Amtshilfe*«
Art. 35 Abs. 1 Rechts- und Amtshilfe – Grundgesetz für die Bundesrepublik Deutschland (GG)

Eine Behörde ist jede Stelle, die Aufgaben der öffentlichen Verwaltung wahrnimmt (§ 1 Abs. 4 VwVfG). Die Feuerwehr als Abteilung oder Amt innerhalb einer Behörde, deren Tätigkeit nach außen der Gesamtbehörde zugerechnet wird, gilt nicht als Behörde im Sinne des § 1 Abs. 4 VwVfG. Daher leistet nicht die Feuerwehr bei einer Anforderung einer anderen Behörde (z. B. Polizei) Amtshilfe, sondern die Gemeinde. Ebenso leistet die Feuerwehr keine Amtshilfe gegenüber dem eigenen Amt der Gemeinde. So wäre das bei einer Zuständigkeit der Ordnungsbehörde bei einer Vermisstensuche der Fall, wenn die Feuerwehr zur angeblichen »Amtshilfe« hinzugezogen wurde.

»*Jede Behörde leistet anderen Behörden auf Ersuchen ergänzende Hilfe (Amtshilfe).*
Abs. 2
Amtshilfe liegt nicht vor, wenn, Behörden einander innerhalb eines bestehenden Weisungsverhältnisses Hilfe leisten; die Hilfeleistung in Handlungen besteht, die der ersuchten Behörde als eigene Aufgabe obliegen.«
§ 4 Abs. 1 Amtshilfepflicht – Verwaltungsverfahrensgesetz (VwVfG)

Amtshilfe wird insbesondere dann angefordert, wenn die ersuchende Behörde beispielsweise die Maßnahmen nicht selbst durchführen kann, weil ihr Einsatzmittel oder Einsatzkräfte fehlen (unter Umständen kann aber die Feuerwehr, gerade aus diesem genannten Grund zuständig werden; siehe Kapitel 1.4). So kann die Polizei bei einem Vermisstensucheinsatz Flächensuchhunde der Feuerwehr anfordern, die es in ihren Reihen nicht gibt, aber für die Suchmaßnahmen benötigt werden. Ein Amtshilfeersuchen seitens der Polizei kann auch direkt an die Feuerwehr erfolgen, ohne die übergeordnete Ordnungsbehörde darüber zu informieren. Das ist oftmals dann erforderlich, wenn es aufgrund einer Eilbedürftigkeit notwendig ist oder die Ordnungsbehörde nicht besetzt ist.

Amtshilfe kann auch von der ersuchten Behörde abgelehnt werden, wenn sie beispielsweise die Hilfe nur mit einem unverhältnismäßigen Aufwand oder eine andere Behörde diese Hilfe mit wesentlich geringerem Aufwand leisten könnte. So kann beispielsweise das Amtshilfeersuchen von einer anderen Behörde bei einer Flächensuche abgelehnt werden (§ 5 Abs. 3 VwVfG), wenn die zuständige Landespolizei nicht ihre kompletten Möglichkeiten, z. B. das Hinzuziehen der Bereitschaftspolizei, umgesetzt hat.

Amtshilfe innerhalb einer Behörde ist allgemein kostenlos (§ 8 Abs. 1 VwVfG). Da die allgemeine Ordnungsbehörde in der Regel eine eigene Zuständigkeit in der Vermisstensuche hat und die Feuerwehr als gleiche Gemeindeeinrichtung nicht der Polizei, sondern der Ordnungsbehörde Amtshilfe leistet, sollte ein Kostenersatz für den Einsatz überdacht werden. Bei eigener Zuständigkeit der Feuerwehr in einem Vermisstensucheinsatz ist dieser grundsätzlich nach den Brandschutzgesetzen der jeweiligen Bundesländer kostenfrei.

Auch bei einer Amtshilfe liegt für die Feuerwehr ein hoheitliches Handeln vor. Sie unterstellt sich der zuständigen Einsatzleitung der anderen Behörde. Trotzdem werden Führungsebenen nicht übersprungen (siehe dazu Kapitel 11.1.9). Die Amtshilfe ist nur eine ergänzende Hilfe und beinhaltet keinesfalls eine vollständige Übernahme der Verwaltungsaufgaben. Auch ein regelmäßiges Hinzuziehen der Feuerwehr aufgrund fehlender oder unzureichender personeller oder technischer Ausstattung darf nicht durch das Amtshilfeersuchen kompensiert werden (So besitzt die Polizei in manchen Bundesländern eigene Suchhunde (Personenspürhunde) auch für die Vermisstensuche).

2.1 Die Bundeswehr im Rahmen der Amtshilfe

Die Bundeswehr ist die militärische Verteidigungsarmee der Bundesrepublik Deutschland und liegt im Geschäftsbereich des Bundesministeriums der Verteidigung. Innerhalb des Bundesgebietes kann sie außerhalb eines Verteidigungsfalls oder während eines unmittelbar bevorstehenden Verteidigungsfalls, auch im Rahmen des Art. 35 Abs. 1,2 GG eingesetzt werden. Diese zivil-militärische Zusammenarbeit mit der Feuerwehr ist selten und wird in der Praxis meist bei Hochwassereinsätzen oder ähnlich großen Naturkatastrophen oder schweren Unglücken praktiziert. In der Vermisstensuche ist das Hinzuziehen der Bundeswehr dem Autor nicht bekannt, trotzdem wären Einsätze denkbar, gerade dann, wenn große Gebiete abgesucht

2 Amtshilfe

werden müssen. Allgemein leistet die Bundeswehr dabei aber nur (solange) Hilfe, bis zivile Hilfeleistung ausreichend vorhanden ist.

»(1) Hilfeleistungen im Innern sind Verwendungen der Streitkräfte im Rahmen der Amtshilfe oder bei einer Naturkatastrophe oder einem besonders schweren Unglücksfall nach Artikel 35 Grundgesetzes […].«
§ 63 Hilfeleistungen im Innern SG (Soldatengesetz)

Die Einsatzleitung verbleibt bei einer Anforderung durch die Feuerwehr bei der Feuerwehr. Diese erteilt die Aufträge (Unterstützungsauftrag) an den in der Einsatzleitung anwesenden zuständigen Verbindungsmann der Bundeswehr (Offizier). Da die Bundeswehrangehörigen nur dem zuständigen Bundeswehreinheitsführer unterstehen, bekommen sie von Ihm den Auftrag, um diesen nach pflichtgemäßem Ermessen auszuführen.

Gerichtsurteil zum Thema Vermisstensucheinsätze mit der Feuerwehr

Ob die Mithilfe der Feuerwehr bei der Vermisstensuche zur Amtshilfe zählt ist leider nicht immer eindeutig geklärt und wurde durch verschiedene Verwaltungsgerichte unterschiedlich beurteilt. Im Januar 2007 entschied der Bayrische Verwaltungsgerichthof (Az.: 4 BV 05.2002 und 4 BV 04.3156), dass die Mithilfe der Feuerwehr bei Vermisstensuchen keine Amtshilfe ist.

Im Dezember 2006 suchten über 300 Einsatzkräfte von Polizei, Feuerwehr und THW in insgesamt 2 631 Einsatzstunden gemeinsam nach dem den 14-jährigen Felix von Quistrop. Bei einem Kostensatz von 20 Euro pro Stunde (gemittelter Pauschalsatz für freiwillige Feuerwehrdienstleistende) ergeben sich Kosten von 52 000 Euro, für welche nun die Kommune aufkommen muss, da der gemeindliche Kostenanspruch für Amtshilfehandlungen nach der geltenden Kostenersatzvorschrift nicht gilt. Amtshilfe ist ergänzende Hilfe zwischen zwei Behörden. Die Feuerwehr ist jedoch keine eigene Behörde, sondern nur eine unselbstständige Dienststelle der Gemeindeverwaltung, so die Erklärung des bayrischen Verwaltungsgerichtshofes. Des Weiteren sei mit dem Verschwinden der vermissten Person die Wahrscheinlichkeit eine Gefahr für Leben bzw. Gesundheit ausreichend anzunehmen, sodass damit ein Aufgabenbereich sowohl für die Gemeinde als auch für die Polizei eröffnet gewesen sei. Die Vermisstensuche durch die gemeindliche Feuerwehr erfolgt daher in Erfüllung einer eigenen Aufgabe der Gemeinde als Sicherheitsbehörde.

3 Allgemeines Rechtswissen bei einem Vermisstensucheinsatz

Es ist unmöglich auf alle Brandschutzgesetze der einzelnen Länder oder der einzelnen gerichtlichen Entscheidungen in diesem Buch einzugehen. Für eine detaillierte Auskunft, speziell auch für das eigene Bundesland möchte ich auf eigene Fachbücher verweisen. Trotzdem soll in diesem Kapitel auf mögliche Rechtsfragen eingegangen werden, die in einem Vermisstensucheinsatz auftreten könnten.

Literaturtipp:

Ralf Fischer: Rechtsfragen beim Feuerwehreinsatz, 4., erweiterte und überarbeitete Auflage, Die Roten Hefte 68, W. Kohlhammer Verlag 2017.

Es muss darauf hingewiesen werden, dass Fehler nicht ausgeschlossen werden können und sich Gesetze und Vorschriften laufend ändern. Daher übernimmt der Autor keinerlei Haftung oder Gewähr über die im Buch enthaltenen Angaben.

Bei der Vermisstensuche sind grundlegende Rechtskenntnisse unabdingbar, da vereinzelt in Rechte der vermissten Person oder unbeteiligter Dritte eingegriffen werden könnte. Damit dies möglich ist, besitzt der hauptamtliche Angehörige der Feuerwehr den Beamtenstatus oder die Führungskräfte der Freiwilligen Feuerwehr stehen im Ehrenbeamtenverhältnis.

Art. 33 Staatsbürgerliche Rechte und Pflichten, Zugang zu öffentlichen Ämtern, öffentlicher Dienst) – Grundgesetz für die Bundesrepublik Deutschland

Abs. 4–5
(4) Die Ausübung hoheitsrechtlicher Befugnisse ist als ständige Aufgabe in der Regel Angehörigen des öffentlichen Dienstes zu übertragen, die in einem öffentlich-rechtlichen Dienst- und Treueverhältnis stehen.
(5) Das Recht des öffentlichen Dienstes ist unter Berücksichtigung der hergebrachten Grundsätze des Berufsbeamtentums zu regeln und fortzuentwickeln.

3 Allgemeines Rechtswissen bei einem Vermisstensucheinsatz

3.1 Das Recht auf Leben und körperliche Unversehrtheit

Der Staat ist mit allen zur Verfügung stehenden Mitteln verpflichtet, das Recht auf Leben und körperlicher Unversehrtheit zu garantieren (Art. 2 Abs. 2 Satz 1 GG). Dafür wurden in den einzelnen Bundesländern Befugnisse an die Polizei- und Ordnungsbehörden sowie durch andere Gesetze übertragen.

Art. 30 Hoheitsrechte der Länder – Grundgesetz für die Bundesrepublik Deutschland

Die Ausübung der staatlichen Befugnisse und die Erfüllung der staatlichen Aufgaben ist Sache der Länder, soweit dieses Grundgesetz keine andere Regelung trifft oder zulässt.

3.2 Verwaltungsakt und Realakt

Im Vermisstensucheinsatz ist es unvermeidlich, dass die Feuerwehr durch ihr Handeln oder Anordnungen in die Rechte andere eingreift. Eine Entscheidung (oder eine andere hoheitliche Maßnahme), die einen Einzelfall des öffentlichen Rechts regelt und die eine unmittelbare Rechtwirkung nach außen hat, nennt man **Verwaltungsakt** (§ 35 VVfG Verwaltungsakt). Dabei muss aber für den betroffenen Empfänger eines Verwaltungsakts durch die Feuerwehr klar erkennbar sein, was von ihm gewollt wird. Das Handeln muss dabei selbstverständlich verhältnis- und rechtmäßig sein. Die Feuerwehr handelt auf Grundlage der Brandschutzgesetze der einzelnen Länder in der Regel im Einsatz grundsätzlich hoheitlich.

> **Beispiel: Auskunft zu einer vermissten Person**
> Ein älterer Herr aus einem Seniorenheim wird seit dem Nachmittag vermisst. Der Mann leidet unter Demenz, sodass von einer Eigengefährdung ausgegangen werden kann. Der Einsatzleiter befragt den Sohn des Vermissten hinsichtlich dessen Gewohnheiten, um ggf. Hinweise auf den möglichen Aufenthaltsort zu erhalten. Da der Mann sich nicht selbst orientieren kann, ist ein schnelles Handeln erforderlich. Der anwesende Verwandte der vermissten Person muss der hoheitlichen Anordnung durch den Einsatzleiter nachkommen und beispielsweise Auskunft über die möglichen Gewohnheiten des Vermissten geben, wenn wie in diesem Fall Eile geboten ist und keine anderen vergleichbaren Möglichkeiten der Informationsgewinnung zur Verfügung stehen.

3.2 Verwaltungsakt und Realakt

Ein Verwaltungsakt kann aber auch jederzeit zurückgenommen werden, wenn beispielsweise Hilfskräfte für die Suchmaßnahmen hinzugezogen worden sind und diese aber während des laufenden Einsatzes nicht mehr gebraucht werden. Sollten diese Hilfskräfte trotz Erklärung durch den Einsatzleiter, »sie sollen die Suchmaßnahmen einstellen«, weitersuchen, können sie für die weiterführende Tätigkeit keine finanzielle Entschädigung nach den verschiedenen Brandschutzgesetzen des Landes einfordern. Die Feuerwehr ist ebenso in der Lage ihre Anordnungen zwangsweise durchzusetzen, wenn es sich um einen Fall handelt, in dem ein sofortiges Handeln im öffentlichen Interesse liegt. Wenn möglich sollte aber hierfür die Polizei im Rahmen der Vollzugshilfe in Anspruch genommen werden.

> **Beispiel: Durchsetzung der Anordnung mit Zwangsmitteln**
> Ein Copter der Feuerwehr hat eine vermisste Person auf einem fremden Nachbargartengrundstück ausfindig gemacht. Der Eigentümer des Grundstücks verweigert jedoch den Zugang zu seiner Gartenanlage. In diesem Fall kann die Feuerwehr die Anordnung (Zugang zum Gartenstück mit der vermissten Person) auch mit Zwangsmitteln (Vollstreckung nach den Vorschriften der Verwaltungsvollstreckungsgesetze der Länder) durchsetzen.

Die Feuerwehr handelt aber im Rahmen der Gefahrenabwehr überwiegend durch unmittelbar umgesetzte »Taten« (Tathandlungen) und somit in so genannten **Realakten**. Realakte sind getroffene Maßnahmen durch den Entschluss des Einsatzleiters, in denen aufgrund der Eilbedürftigkeit Betroffene nicht informiert werden oder informiert werden können und somit in das Recht von Dritten eingriffen wird. Auch hier muss das Handeln verhältnis- und rechtmäßig sein. Realakte werden in einem Vermissteneinsatz oftmals angewendet. Wird wie in dem oben genannten Beispiel durch den Einsatz des Copters die vermisste Person liegend auf dem eingezäunten Nachbargrundstück entdeckt, wird auf Grundlage der Eilbedürftigkeit eines Realaktes das mögliche abgeschlossene Schloss des Tores aufgebrochen, um Zugang zum Gartenbereich zu bekommen.

Ist der Anwohner jedoch anwesend, dann muss der Einsatzleiter ihm gegenüber anordnen, das Tor zu öffnen. Hierbei handelt es sich wieder um einen Verwaltungsakt. Sobald der Betroffene aber über die unmittelbare Ausführung der Maßnahme informiert und wegen der Eilbedürftigkeit direkt durch die Feuerwehr durchgeführt wird, handelt sie durch einen vollzogenen Verwaltungsakt. Sollte der Anwohner sich weigern, das Schloss zu öffnen, handelt die Feuerwehr nach Androhung und bricht das Schloss schließlich auf.

3 Allgemeines Rechtswissen bei einem Vermisstensucheinsatz

3.3 Eingriff in das Recht der Freiheit der Person von Dritten

»Jeder hat das Recht auf Leben und körperliche Unversehrtheit. Die Freiheit der Person ist unverletzlich. In diese Rechte darf nur auf Grund eines Gesetzes eingegriffen werden.«
Art. 2 Abs. 2 Freiheit der Person – Grundgesetz für die Bundesrepublik Deutschland

Die Feuerwehr kann in die Freiheit der Person eingreifen, indem sie bestimmte Personen in den Personensucheinsatz involviert, wenn sie die gegenwärtige Gefahr nicht durch eigene Einsatzkräften oder nicht rechtzeitig abwehren kann. Dafür kann sie geeignete Dritte heranziehen, die den Einsatzverlauf entscheidend positiv beeinflussen können. Dritte können beispielsweise durch ihre besonderen Kenntnisse/ Fähigkeiten (Ortskenntnis o. ä.) bei Suchmaßnahmen mitwirken oder unterstützend für die Einsatzleitung tätig werden.

Dabei ist aber die Verhältnismäßigkeit zu prüfen, mit der der Herangezogene beauftragt wurde. Außerdem ist selbstverständlich dafür Sorge zu tragen, dass ihm die Aufgaben und Maßnahme zugemutet werden kann und sich der Helfende dadurch nicht selbst in Gefahr bringt.

3.4 Betreten von Grundstücken und Gebäuden

Das Betreten von Grundstücken und Gebäuden ist bei jedem Vermisstensucheinsatz erforderlich. Dabei genießen Grundstücke und Gebäude nicht den Schutz von Wohnungen nach Art. 13 GG. Trotzdem bedeutet dies nicht, dass sie ohne die Einwilligung des Besitzers oder des Eigentümers einfach so betreten werden dürfen.

Info: (§ 858 Abs. 1 Verbotene Eigenmacht BGB (Bürgerliches Gesetzbuch))
Wer dem Besitzer ohne dessen Willen den Besitz entzieht oder ihn im Besitz stört, handelt, sofern nicht das Gesetz die Entziehung oder die Störung gestattet, widerrechtlich (verbotene Eigenmacht).

Ausnahme bilden die öffentlichen Verkehrsflächen (z. B. Bürgersteige,). Diese könnten sich zwar auch im privaten Besitz befinden, stehen aber in der Regel der Öffentlichkeit zur Verfügung. Trotzdem sind Feuerwehren auf Grundlage der jeweiligen Brandschutzgesetze der Länder bei einer bestimmten Gefahrenlage ermächtigt, diese Grundstücke oder Gebäude zu betreten (siehe dazu Kapitel 3.5).

3.5 Zugang zur Wohnung des Vermissten und unbeteiligter Dritte

Ein häufiges Szenario ist das Betreten der Wohnung einer vermissten Person. Denn die Wohnung des Vermissten ist ein wichtiger Punkt in der Erkundungsphase (Innenansicht) und kann wertvolle Hinweise über die Bewegungsrichtung, das Bewegungsziel, die Bewegungsmittel und die Beweggründe liefern. Daher ist ein Zugang in die Wohnung für den Einsatzleiter unverzichtbar. Des Weiteren gilt die Wohnung auch als möglicher Auffindeort des Vermissten und muss gegebenenfalls von Einsatzkräften durchsucht werden. Zur Wohnung des Betroffenen können neben dem eigentlichen Wohnraum auch klar erkennbare räumlich abgeschirmte Bereiche oder Örtlichkeiten gehören, die unmittelbar an der Wohnung bzw. dem Gebäude angrenzen (beispielsweise die Garage).

Art. 13 Unverletzlichkeit der Wohnung – Grundgesetz für die Bundesrepublik Deutschland

(1) Die Wohnung ist unverletzlich.
(2) Durchsuchungen dürfen nur durch den Richter, bei Gefahr im Verzuge auch durch die den Gesetzen vorgesehenen anderen Organe angeordnet und nur in der dort vorgeschriebenen Form durchgeführt werden
[…]
(7) Eingriffe und Beschränkungen dürfen im Übrigen nur zur Abwehr einer gemeinen Gefahr oder einer Lebensgefahr für einzelne Personen, auf Grund eines Gesetzes auch zur Verhütung dringender Gefahren für die öffentliche Sicherheit und Ordnung, […] vorgenommen werden.

Ein Absuchen von fremden Gartenanlagen oder anderen Wohnungen von unbekannten Dritten ist ohne konkreten Hinweis für die Feuerwehr nicht möglich (Anscheinsgefahr: ein Verdacht, aber keine konkrete Gefahr liegt vor). Die Feuerwehr ist zwar berechtigt, auch gegen den Willen des Bewohners das Grundstück zu betreten, jedoch muss eine klare Gefahr für die öffentliche Sicherheit (nicht unbedingt nur Lebensgefahr) bestehen und der Zugang zu dem zu betretenden Bereich für das Erreichen des Arbeitsziels absolut notwendig sein. Im Einzelfall sollten unbedingt die Feuerwehr- bzw. Brand- und Katastrophenschutzgesetze sowie Brandschutzbestimmungen (z. B. § 31 bwFwG, Art. 24 Abs. 2 bayFwG, § 14 Abs. 1 berlFwG, § 15 Abs. 1 BbgBKG etc.) der jeweiligen Länder rezipiert werden.

Info: § 28 Abs. 1 LBKG RLP

(1) Eigentümer, Besitzer oder sonstige Nutzungsberechtigte von Grundstücken, baulichen Anlagen oder Schiffen an oder in der Nähe der Einsatzstelle sind verpflichtet, den Einsatzkräften zur Abwehr oder Beseitigung von Gefahren den Zutritt zu ihren Grundstücken, baulichen Anlagen oder Schiffen zu gestatten. Sie haben die vom Einsatzleiter angeordneten Maßnahmen, insbesondere die Räumung des Grundstückes oder die Beseitigung von Gebäuden, Gebäudeteilen, Anlagen, Lagergut, Einfriedungen und Pflanzen, zu dulden.

Im Regelfall kann jedoch davon ausgegangen werden, dass bei allgemeinen urbanen Suchmaßnahmen oder Wegsuchen kein Widerstand seitens der Grundstückseigentümer zu erwarten ist. Meistens sind die Bewohner dieser Gebäude oder Grundstücke bei einer Vermisstensuche sehr hilfsbereit und gestatten Zugang zu privatem Eigentum. Auch eine Aufforderung, selbst den eigenen Keller oder Garten sowie sonstige Räumlichkeiten zu durchsuchen, gehen die Bürger oftmals ohne Probleme nach. Bei Unsicherheiten oder fehlendem Zugriff gilt es für den einzelnen Feuerwehrangehörigen seinen Vorgesetzten zu informieren. Dieser wird schließlich die Polizei hinzuziehen, um weitere Schritte oder Maßnahmen, falls notwendig, abzustimmen.

Sollte sich aber konkrete Hinweise über den Verbleib der vermissten Person auf dem Grundstück des unmittelbaren Nachbarn ergeben haben, kann sich der Einsatzleiter auch gegen den Willen des Betroffenen Zugang zum Garten, zu Gartenhäusern und Garagen etc. verschaffen. Liegen Anzeichen vor, dass sich die gesuchte Person innerhalb der Wohnung einer Drittperson befindet, könnte ein Verbrechen vorliegen (bspw. Entführung). In diesem Fall sollte die Wohnung nicht einfach geöffnet und betreten werden, da ein Verbrechen ganz klar unter den Zuständigkeitsbereich der Polizei fällt und daher die Maßnahmen von ihr durchgeführt werden müssen. Da die Polizei für diese Einsätze ausgestattet und geschult ist, wird durch die korrekte Anforderung der Polizei auch eine Eigengefährdung der Feuerwehreinsatzkräfte (bspw. durch einen bewaffneten Entführer) verhindert.

3.6 Hinzuziehen von Eigentum

Art. 14 Gewährleistung des Eigentums – Grundgesetz für die Bundesrepublik Deutschland

(2) Eigentum verpflichtet. Sein Gebrauch soll zugleich dem Wohle der Allgemeinheit dienen.
(3) Eine Enteignung ist nur zum Wohle der Allgemeinheit zulässig. Sie darf nur durch Gesetz oder auf Grund eines Gesetzes erfolgen, das Art und Ausmaß der Entschädigung regelt. Die Entschädigung ist unter gerechter Abwägung der Interessen der Allgemeinheit und der Beteiligten zu bestimmen. Wegen der Höhe der Entschädigung steht im Streitfalle der Rechtsweg vor den ordentlichen Gerichten offen.

Es kann bei einem Vermisstensucheinsatz unter Umständen vorkommen, dass der Einsatzleiter geeignetes Eigentum von privaten Personen heranzieht. Dafür ermächtigen ihn die Brandschutzgesetze der einzelnen Länder (z. B. § 5 BremHilfeG, § 46, § 49 Abs. 2 HBKG, § 23 Abs. 3, § 24 MVBSchG, § 24 Abs. 1 ndsBSchG etc.).

Info: § 27 Abs. 3 LBKG RLP

(3) Auf Anordnung des Einsatzleiters […] sind dringend benötigte Fahrzeuge, Geräte, Materialien, Betriebsstoffe, elektrische Energie, bauliche Anlagen oder Einrichtungen sowie sonstige Sach-, Dienst- und Werkleistungen von jedermann zur Verfügung zu stellen.

So kann der Einsatzleiter beispielsweise ein Quad einer Privatperson heranziehen, um mit diesem schmalen und geländegängigen Fahrzeug eine schnellstmögliche und effektive Fahrzeugbezogene Wegsuche bei einem schwer zugänglichen Weg durchführen, falls dies durch die vorhandenen Feuerwehrfahrzeuge unmöglich ist. Durch den Einsatz entstandene Schäden an dem Einsatzmittel oder deren Nutzungsausfall, muss von der Gemeinde, auf Verlangen, ersetzt werden.

3.7 Festhalten von vermissten Personen

Über die Problematik, innerhalb eines Einsatzes eine bestimmte Person gegen ihren Willen festzuhalten, wurde ausführlich in Fischer (2017, S. 108 ff.) eingegangen:

»*Wegen der unzähligen unterschiedlichen und nicht vorhersehbaren Gefahren für die öffentliche Sicherheit gibt es im Bereich der polizeilichen Gefahrenabwehr die so* genannte »polizeiliche Generalklausel«. Danach ist die Polizei befugt, die erforderlichen Maßnahmen zu treffen, um eine im einzelnen Fall drohende Gefahr für die öffentliche Sicherheit oder Ordnung abzuwehren, soweit ihre Befugnisse nicht durch das jeweilige Polizeigesetz speziell geregelt wird. [...] Da jeder Eingriff in Rechte der Bürger einer gesetzlichen Ermächtigung bedarf (Vorbehalt des Gesetzes), wird der Polizei durch die Generalklausel eine auf die jeweilige Situation angepasste Reaktion ermöglicht. Für die Feuerwehr gibt es eine vergleichbare Generalermächtigung leider in den meisten Bundesländern nicht. Angesichts des Zuständigkeitsbereichs der Feuerwehren wird zwar der überwiegende Teil der Fälle durch die speziellen Ermächtigungen der Feuerwehren, wie das Betreten von Grundstücken und Wohnungen oder die Heranziehung von Personen und Hilfsmitteln, regeln. [...] Die Ermächtigungen kommen einer Generalklausel bereits nah, sind aber noch zu speziell auf Störungen gerichtet, die den Einsatz behindern und laufen meist auf den Platzverweis hinaus.

Zur Gefahrenabwehr werden jedoch auch immer wieder Maßnahmen erforderlich, die nicht unter dieser Vorschrift fallen. Dies kann bei strenger Anwendung des verfassungsrechtlichen Grundsatzes des Vorbehalts des Gesetzes zu nicht unerheblichen Rechtsproblemen führen, insbesondere in Fällen, in denen die Feuerwehr unmittelbar Maßnahmen gegen Personen ergreifen muss.

Beispiele:

   a) *Bei der Abwehr eines Suizidversuchs (Sprung von der Brücke) wird der Betroffene vom Angriffstrupp unter Anwendung nicht unerheblicher körperlicher Gewalt gerettet.*

   b) *Bei einem schweren Verkehrsunfall steht eine Person derart unter Schock, dass sie sich von der Unfallstelle entfernen will, obwohl bei ihr schwere Verletzungen nicht auszuschließen sind. Als Einsatzkräfte der Feuerwehr sie bis zum Eintreffen des RTW festhalten wollen, schlägt sie heftig um sich.*

Dass diese Maßnahmen dennoch nicht rechtswidrig sind (sein dürfen), liegt auf der Hand. Sollte es später zu einem Rechtsstreit kommen, ist die Begründung der Rechtmäßigkeit der ergriffenen Maßnahmen nicht einfach. [...]«

Beispiele, in denen die Feuerwehr unmittelbar eingreifen muss, obwohl dies mitunter die Rechte des betroffenen Bürgers einschränkt könnten im Zusammenhang mit Vermisstenfällen folgende sein:

   ▪ Eine vermisste demente Person wird orientierungslos aufgefunden. Die Unterkühlung unter der sie sich befindet, wird von dem Vermissten

3.7 Festhalten von vermissten Personen

scheinbar gar nicht wahrgenommen. Auf die Einsatzkräfte, die die Person bis zum Eintreffen des RTW versorgen wollen, reagiert der Vermisste aggressiv und möchte weglaufen. Sie wird dennoch gegen ihren Willen bis zum Eintreffen des RTW festgehalten.

- Eine vermisste Person wird vor einem Bahnübergang gefunden. Ein bereits zuvor aufgefundener Abschiedsbrief deutet auf eine suizidale Absicht hin. Die Einsatzkräfte überwältigen die Person trotz Gegenwehr und unter Einsatz von Gewalt.

Dass die Feuerwehr in diesen beiden Fällen handeln muss ist offensichtlich. In Folge eines Eingriffs in die Bürgerrechte einer Person kann es jedoch zu einem Rechtsstreit kommen und die nachträgliche Begründung der Rechtmäßigkeit schwerfallen.

4 Einheiten im Flächensucheinsatz

Die Feuerwehr-Dienstvorschrift (FwDV) 3 »Einheiten im Lösch- und Hilfeleistungseinsatz« regelt den Aufbau und die Aufgaben der taktischen Einheiten der Feuerwehr. Damit auch mitwirkende Einsatzkräfte aus den Hilfsorganisationen oder andere an der Vermisstensuche interessierte Personen die Struktur der Feuerwehr in den nachfolgenden Kapiteln und Erläuterungen besser verstehen, werden die wichtigsten grundlegenden Themen der FwDV 3 auf das Minimum reduziert, erklärt und aufgezeigt. Neben den Feuerwehr-Dienstvorschriften sind insbesondere die Unfallverhütungsvorschriften mit ihren Durchführungsanweisungen und andere Regelungen zu beachten.

Der Vermisstensucheinsatz der Feuerwehr umfasst alle Maßnahmen, die zu einer erfolgreichen Abwehr von gesundheits- oder lebensbedrohlichen (vermutlich hilflosen) Lagen einer vermissten Person beitragen. Es schließt insbesondere das **Retten** durch **Such-** und gegebenenfalls **Befreiungsmaßnahmen** (u. U aus einer Zwangslage) als Ziel mit ein.

»**Retten** *ist das Abwenden einer Gefahr für Menschen oder Tieren durch lebensrettende Sofortmaßnahmen, die sich auf Erhaltung oder Wiederherstellung von Atmung, Kreislauf und Herztätigkeit richten.*«
(FwDV 3, Hervorhebung durch Verfasser)

»**Suchen** *ist das Auffinden/Aufspüren von Personen in lebens- oder gesundheitsgefährdeten Zwangslagen mittels Rettungshunde und Ortungstechnik zwecks Einleitung einer technischen Hilfeleistung zum Retten und Befreien.*
[...]
Befreien *im Such- und Rettungseinsatz ist eine erschwerte Form der* »*Technischen Hilfeleistung*« *oder* »*Allgemeinen Hilfe*«, *zu der auch das Aufspüren von Personen aus einer lebens- oder gesundheitsgefährdeten Zwangslage gehört. Hierzu bedienen sich die Feuerwehren der Spezialeinheiten Rettungshunde – Ortungstechnik (RHOT).*«
(DFV Empfehlung »Mindeststandards Rettungshunde Ortungstechnik der Feuerwehr« (MRHOT), Hervorhebung durch Verfasser)

Wird die Person leblos aufgefunden, erfolgt eine Bergung (Einbringung der verstorbenen Person (Leiche)). Hierbei gilt es zu beachten, dass eine Bergung meist ohne

Zeitdruck erfolgt und in keinem Fall zu einer Gefährdung der Einsatzkräfte führen darf. Irreführenderweise wird bei anderen Organisationen der Begriff »Bergen« gleichgesetzt mit Begriff »Retten«.

4.1 Taktische Einheiten der Feuerwehr

Unter dem Begriff »taktische Einheiten« werden in der Feuerwehr sowohl die Mannschaft als auch ihre Einsatzmittel zusammengefasst.

Die **Mannschaft** gliedert sich in einen Einheitsführer (Führungskraft) und den Einsatzkräften. Der Einheitsführer wird je nach Größe der taktischen Einheit Truppführer, Staffelführer, Gruppenführer, Zugführer oder Verbandsführer (höchste Ausbildungsstufe) genannt. Innerhalb der taktischen Einheit werden die einzelnen Positionen beziehungsweise Funktionen von den Einsatzkräften aufgrund ihrer Ausbildung wahrgenommen (z. B. Maschinist, Schlauchtruppmann u. A.). So gibt es je nach Größe der Einheit, einen oder mehrere Truppführer (z. B. Angriffstruppführer), Truppmänner (z. B. Wassertruppmann), Maschinisten, Melder und Gruppenführer. Truppführer und Truppmann agieren zusammen und werden als Trupp bezeichnet, bestehend also aus zwei Einsatzkräften. Da die einzelnen Funktionen der Einsatzkräfte im Vermisstensucheinsatz keine so große Rolle spielen, wird nachfolgend allgemein nur zwischen Truppmann und Truppführer sowie Einheitsführer, Maschinist und Melder unterschieden. Taktische Einheiten kommen in verschiedenen Zusammenschlüssen zum Einsatz. Sie unterscheiden sich in der Mannschaftsstärke und werden wie folgt unterteilt:

1. **Selbstständiger Trupp**
   Der Selbstständige Trupp besteht aus einem Truppführer, einem Maschinisten und einem Truppmann.
2. **Staffel**
   Die Staffel besteht aus einem Staffelführer, einem Maschinisten und zwei Trupps.
3. **Gruppe**
   Die Gruppe besteht aus einem Gruppenführer, einem Maschinisten, einem Melder und drei Trupps. Die Gruppe ist die taktische Grundeinheit in der Feuerwehr.
4. **Zug**
   Der Zug besteht aus einem Zugführer, einem Zugtrupp als Führungseinheit (bestehend aus einem Fahrer, einem Melder und einem Führungs-

assistenten) und bis zu 18 Einsatzkräften (mit einer unterschiedlichen Anzahl von Funktionen, je nach Art von taktischen Einheiten).

5. **Erweiterter Zug**
Der Erweiterte Zug besteht aus einem Zug sowie aus einer weiteren taktischen Einheit (z. B. Gruppe). Somit kann eine Gesamtmannschaftsstärke innerhalb dieser taktischen Einheit von insgesamt 31 Feuerwehrangehörigen gebildet werden.

4.1.1 Aufgaben der Mannschaft in der Vermisstensuche

Um bei der Vermisstensuche keine Zeit zu verlieren, werden bestimmte Aufgabenbereiche zugeteilt, mit denen sich die Führungs- und Einsatzkräfte vertraut machen sollten, damit die entsprechenden Handlungen weitgehend selbstständig und automatisiert durchgeführt werden können. Die Einteilung sowie die Aufgaben der Mannschaft können von dem Einsatzleiter oder dem Einheitsführer je nach Lage verändert werden. Die nachfolgende Aufgabenbeschreibung bei einem Vermisstensucheinsatz ergänzt die FwDV 3 »Einheiten im Lösch- und Hilfeleistungseinsatz« in ihrem Einsatzablauf für die Feuerwehreinsatzkräfte bei einer Flächensuche:

Einheitsführer
Der Einheitsführer führt seine taktische Einheit und ist für die Sicherheit der Mannschaft verantwortlich. Er bestimmt die Fahrzeugaufstellung. Er ist an keinen bestimmten Platz gebunden, sollte aber hinter der suchenden Mannschaft verbleiben. Der Einheitsführer bestimmt die Suchtechnik und den Suchabstand zwischen den einzelnen Einsatzkräften. Er hat dafür Sorge zu tragen, dass der Abstand je nach Lage zu den einzelnen Einsatzkräften eingehalten wird (bei unwegsamem Gelände im Mittel ca. 4 m von Person zu Person oder 2 m von seitlich ausgestreckter Fingerspitze zu Fingerspitze) und die taktische Sucheinheit in einer Linie bleibt. Je nach Änderung der Fläche (dichter Bewuchs, Ackerflächen), kann er die Abstände zu den Einsatzkräften verringern oder vergrößern. Des Weiteren hat er darauf zu achten, dass von der Suchrichtung oder dem Suchgebiet nicht abgewichen wird. Er informiert die Einsatzleitung bei Beginn und Abschluss der Suchmaßnahmen sowie bei besonderen Vorkommnissen. Er befiehlt den Suchmannschaften das Anhalten, wenn eine Punktuelle Suche (dickes Gebüsch, Hochsitz, etc.) notwendig ist.

4.1 Taktische Einheiten der Feuerwehr

Maschinist
Der Maschinist fährt das Einsatzfahrzeug und bedient die am Fahrzeug verbundenen Geräte (z. B. Lichtmast etc.). Er sichert sofort die Einsatzstelle ab, mit Warnblinkanlage, Fahrlicht und blauen Blinklicht. Er übernimmt Aufsichts- und Sicherheitsaufgaben (fließender Verkehr, Dunkelheit u. Ä.). Er unterstützt bei der Entnahme von Einsatzmitteln, ist für die ordnungsgemäße Verlastung der Geräte verantwortlich und meldet Mängel von Einsatzmitteln an den Einheitsführer. Der Maschinist unterstützt auf Befehl des Einheitsführers die Suchmaßnahmen als Suchtruppeinsatzkraft, fährt einen Abholpunkt für die Mannschaften an oder übernimmt zusätzliche Aufgaben.

Melder
Der Melder übernimmt befohlene Aufgaben, beispielsweise unterstützt er die Suchmaßnahmen als Suchtruppeinsatzkraft, hilft gegebenenfalls bei der Erkundung (z. B. Hochsitz überprüfen u. Ä.), leistet Erste Hilfe, betreut die Person und unterstützt bei der Informationsübertragung.

Truppführer
Der Truppführer (Suchtruppführer) übernimmt die Rettung der vermissten Person und führt bis zur Übergabe an den Rettungsdienst die Erstversorgung sowie die Betreuung der Person durch. Er führt die Suchmaßnahmen durch und hält den Funkkontakt zum Einheitsführer. Er achtet darauf, dass die befohlene Suchtechnik ordnungsgemäß durchgeführt wird (z. B. Abstand zu den einzelnen Einsatzkräften u. Ä.) und markiert, wenn nötig, das Gelände mit geeigneten Mitteln. Auf Befehl übernimmt er zusätzliche Aufgaben.

Truppmann
Der Truppmann (Suchtruppmann) unterstützt die Rettung der vermissten Person. Er führt bis zur Übergabe an den Rettungsdienst die Erstversorgung durch und betreut die Person. Er führt die Suchmaßnahmen durch. Er achtet darauf, dass die befohlene Suchtechnik ordnungsgemäß durchgeführt wird (z. B. Abstand zu den einzelnen Einsatzkräften u. Ä.). Auf Befehl übernimmt er zusätzliche Aufgaben.

4 Einheiten im Flächensucheinsatz

4.2 Taktische Rettungshundeeinheiten (RHOT) der Feuerwehr

Die Rettungshundeeinheiten werden in der Feuerwehr als **RHOT** bezeichnet und bedeuten:

Facheinheit Rettungshunde/Ortungstechnik der Feuerwehr
Die taktischen RHOT-Einheiten und deren Gliederung unterscheiden sich nicht von den festgelegten taktischen Einheiten der Feuerwehr gemäß FwDV 3 »Einheiten im Lösch- und Hilfeleistungseinsatz«. Eine Staffelgröße als taktische Rettungshundeeinheit gilt als die Grundeinheit der RHOT und soll bei einem Vermisstensucheinsatz angestrebt werden. Jedoch kann bereits ein Selbstständiger Trupp Suchmaßnahmen eigenständig durchführen.

Der Trupp in einer taktischen Rettungshundeeinheit besteht aus einem Truppführer, einem Truppmann und mindestens einem Rettungshund. In einem Trupp kann sowohl der Truppführer als auch der Truppmann ein Rettungshund führen. Während ein Trupp einen Einsatzsuchauftrag durchführt, sucht eine Feuerwehreinsatzkraft mit seinem Hund und die zweite Feuerwehreinsatzkraft (Trupp – Partner) übernimmt Aufsicht- und Sicherheitsaufgaben. Von dieser Regelung kann der Einheitsführer abweichen, wenn die Gefahrenlage es für sein Ermessen zulässt oder er diese Aufgaben selbst übernehmen kann. Fehlen innerhalb einer taktischen Rettungshundeeinheit Einsatzkräfte, können diese von örtlich aktiven Mitgliedern der Feuerwehr übernommen werden. Insbesondere Aufsichts- und Sicherheitsmaßnahmen (z. B. fließender Verkehr), Erste-Hilfe-Maßnahmen, Betreuen von Personen, Ausleuchten der Einsatzstelle oder Kommunikationsmaßnahmen. Des Weiteren kann eine ortskundige Person bei der Orientierung im Einsatzsuchgebiet sowie bei der Anfahrt und Abfahrt unterstützend wirkend sein. Die Einheitsführer des Selbstständigen VSH und OT Trupp sowie der RHOT Staffel haben als Mindestqualifikation eine Gruppenführerausbildung, aufgrund ihrer Verantwortung, Kommunikation mit der Einsatzleitung und notwendigen spezifischen Fachkenntnisse.

Die taktischen RHOT-Einheiten sind wie folgt aufgebaut:

1a) Selbständiger RH Trupp (biologische Ortung: Rettungshund)
Der Selbstständige RH Trupp besteht aus einem Truppführer (Qualifikation: Truppführer), einem Maschinisten und einem Truppmann (Hundeführer) mit Rettungshund (z. B. Flächensuchhund). Der Maschinist übernimmt Aufsicht- und Sicherheitsaufgaben und kann auf Befehl zusätzlich einen Rettungshund führen.

4.2 Taktische Rettungshundeeinheiten (RHOT) der Feuerwehr

1b) Selbstständiger VSH Trupp (biologische Ortung: Vermisstenspürhund)
Der Selbstständige VSH Trupp besteht aus einem Truppführer (Qualifikation: Gruppenführer), einem Maschinisten und einem Truppmann (Hundeführer) mit Vermisstenspürhund. In dem Selbstständigen VSH Trupp führt der Maschinist keinen Rettungshund, sondern übernimmt Aufsicht- und Sicherheitsaufgaben (z. B. Straßensperren u. Ä.).

1c) Selbstständiger OT Trupp (technische Ortung: Ortungstechnik)
Der Selbstständige OT Trupp besteht aus einem Truppführer (Qualifikation: Gruppenführer), einem Maschinisten und einem Truppmann. In dem Selbstständigen OT Trupp »Ortungstechnik« führt der Maschinist die technischen Ortungsgeräte. Der Truppmann unterstützt ihn bei seinen Aufgaben und übernimmt Aufsicht- und Sicherheitsaufgaben.

2) RHOT Staffel (biologische und technische Ortung: Rettungshunde/Ortungstechnik)
Die RHOT Staffel besteht aus einem Staffelführer (Qualifikation: Gruppenführer), einem Maschinisten und zwei Trupps. In einer Staffel kann auch der Maschinist einen Rettungshund führen. Die Staffel ist die taktische Grundeinheit in den Feuerwehr-Rettungshundeeinheiten.

3) RHOT Gruppe (biologische und technische Ortung: Rettungshunde/Ortungstechnik)
Die RHOT Gruppe besteht aus einem Gruppenführer, einem Maschinisten, einem Melder und drei Trupps. In einer Gruppe kann sowohl der Maschinist als auch der Melder einen Rettungshund führen und sie können zusammen einen zusätzlichen Trupp bilden (falls einer von beiden die Qualifikation Truppführer besitzt).

4) RHOT Zug (biologische und technische Ortung: Rettungshunde/Ortungstechnik)
Ein RHOT Zug oder der Erweiterte RHOT Zug wird in der Vermisstensuche mit Hunden sehr selten eingesetzt. Eine so große Zahl von Rettungshunden in einer taktischen Einheit lässt sich kaum in einem Suchgebiet kontrolliert und koordiniert für den einzelnen Zugführer durchführen. Trotzdem findet sich nicht selten eine hohe Anzahl von Rettungshunden bei Vermisstensucheinsätzen wieder. Diese sollten in kleinere taktische Einheiten gegliedert und wenn möglich in eigenen festen Suchgebieten zugeordnet werden.

4 Einheiten im Flächensucheinsatz

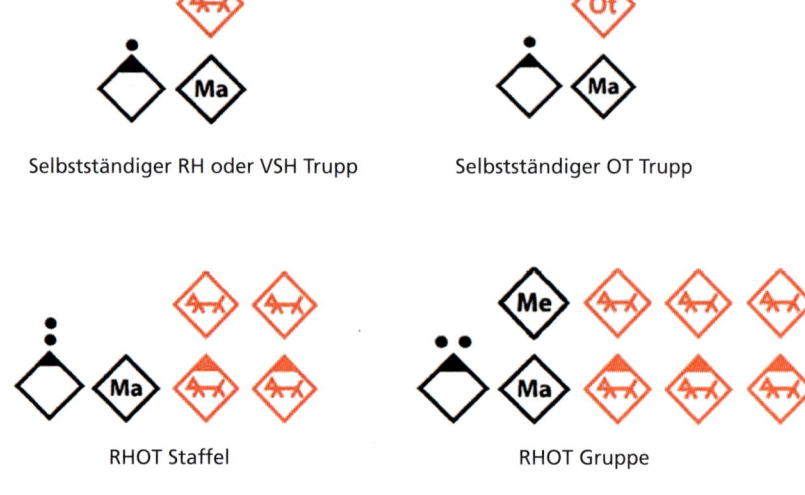

Selbstständiger RH oder VSH Trupp

Selbstständiger OT Trupp

RHOT Staffel

RHOT Gruppe

Bild 2: *Taktische Zeichen*

4.2.1 Gliederung der RHOT Mannschaft

Die Mannschaftsstärke bleibt analog unverändert wie bei den taktischen Einheiten laut FwDV 3 »Einheiten im Lösch- und Hilfeleistungseinsatz«. Jedoch wird als Zusatz das Einsatzmittel »Rettungshund« extra aufgeführt beziehungsweise aufgezählt.

4.2.2 Aufgaben der RHOT in der Vermisstensuche

Einheitsführer
Der Einheitsführer führt seine taktische Einheit und ist für die Sicherheit der Mannschaft verantwortlich. Er bestimmt die Fahrzeugaufstellung. Er ist an keinen bestimmten Platz gebunden, sollte aber hinter der suchenden Mannschaft verbleiben. Der Einheitsführer bestimmt die Suchtechnik für die eingesetzte taktische Einheit. Des Weiteren hat er darauf zu achten, dass von der Suchrichtung oder dem Suchgebiet nicht abgewichen wird.

4.2 Taktische Rettungshundeeinheiten (RHOT) der Feuerwehr

Bild 3: *Beispiel RHOT Staffel: 1/5/6 + 4 Rettungshunde (Quelle: Rainer Benedum)*

Er informiert die Einsatzleitung bei Beginn und Abschluss der Suchmaßnahmen sowie bei besonderen Vorkommnissen. Er befiehlt der Suchmannschaften das Anhalten, wenn eine Punktuelle Suche (dickes Gebüsch, Hochsitz etc.) notwendig ist.

Maschinist

Der Maschinist fährt das Einsatzfahrzeug und bedient die am Fahrzeug verbundenen Geräte (z. B. Lichtmast etc.). Er sichert sofort die Einsatzstelle ab, mit Warnblinkanlage, Fahrlicht und blauen Blinklicht. Er übernimmt Aufsichts- und Sicherheitsaufgaben (fließender Verkehr, Dunkelheit u. Ä.). Er bedient die ortungstechnischen Geräte. Er unterstützt bei der Entnahme von Einsatzmittel, ist für die ordnungsgemäße Verlastung der Geräte verantwortlich und meldet Mängel von Einsatzmitteln an den Einheitsführer. Der Maschinist unterstützt auf Befehl des Einheitsführers die Suchmaßnahmen als Suchtruppeinsatzkraft, fährt einen Abholpunkt für die Mannschaften an oder übernimmt zusätzliche Aufgaben. Der Maschinist kann ebenfalls ein Rettungshund führen.

4 Einheiten im Flächensucheinsatz

Melder
Der Melder übernimmt befohlene Aufgaben, beispielsweise unterstützt er die Suchmaßnahmen als Suchtruppeinsatzkraft, hilft gegebenenfalls bei der Erkundung (z. B. Hochsitz überprüfen u. Ä.), leistet Erste Hilfe, betreut Personen und unterstützt bei der Informationsübertragung. Der Melder kann ebenfalls ein Rettungshund führen.

Truppführer
Er übernimmt die Rettung der vermissten Person und führt bis zur Übergabe an den Rettungsdienst die Erstversorgung sowie die Betreuung der Person durch. Der Truppführer führt die Suchmaßnahmen durch und hält den Funkkontakt zum Einheitsführer. Er achtet darauf, dass die befohlene Suchtechnik ordnungsgemäß durchgeführt wird. Er führt seinen Rettungshund. Er übernimmt bei Bedarf Aufsichts- und Sicherheitsaufgaben (fließender Verkehr, Dunkelheit u. Ä.). Auf Befehl übernimmt er zusätzliche Aufgaben (z. B.: Bedienung der technischen Ortungsgeräte).

Truppmann
Er unterstützt die Rettung der vermissten Person und führt bis zur Übergabe an den Rettungsdienst die Erstversorgung durch und betreut die Person. Der Truppmann führt die Suchmaßnahmen durch. Er achtet darauf, dass die befohlene Suchtechnik ordnungsgemäß durchgeführt wird. Er führt seinen Rettungshund oder unterstützt den Maschinisten mit den technischen Ortungsgeräten. Er übernimmt bei Bedarf Aufsichts- und Sicherheitsaufgaben (fließender Verkehr, Dunkelheit u. Ä.). Auf Befehl übernimmt er zusätzliche Aufgaben.

4.3 Schutzausrüstung in der Vermisstensuche

Die Schutzausrüstung wird durch die Unfallverhütungsvorschrift und den Regeln der Unfallversicherungsträger sowie der einzelnen landesrechtlichen Regelungen der Bundesländer vorgegeben. Die hier beschriebenen und dargestellten Schutzausrüstungen sind beispielhaft und nicht vollständig. Sie ergänzen die FwDV 1 »Grundtätigkeiten – Lösch- und Hilfeleistungseinsatz«.

4.3 Schutzausrüstung in der Vermisstensuche

4.3.1 Persönliche Schutzausrüstung (Mindestausrüstung)

Die Feuerwehr unterscheidet in Persönlicher und Ergänzender Schutzausrüstung. Die Persönliche Schutzausrüstung ist in der FwDV 1 beschrieben und besteht aus einem

- **Feuerwehrschutzanzug**, bestehend aus Jacke und Hose (z. B. »leichte« HuPF (HuPF 2+3) bei heißen Temperaturen und schwere Hupf (HuPF 1+4) bei kalten Temperaturen – beide Anzüge verfügen ebenfalls über einen Nässeschutz)
- **Feuerwehrhelm mit Nackenschutz** (z. B. gegen herabfallende Äste, Verletzungen durch Anstoßen des Kopfes u. Ä.)
- **Feuerwehrschutzhandschuhe** (z. B. gegen Dornen, Schnitt- oder Stichverletzungen u. Ä.)
- **Feuerwehrschutzschuhwerk** (z. B. um bei unwegsamem Gelände gut und sicher voranzukommen, Wasserdichtigkeit, durchgehende Sohlenprofilierung gegen Durchtritt im Sohlenbereich bei spitzen Böden u. Ä.)

4.3.2 Ergänzende Schutzausrüstung

Zusätzlich zur Mindestschutzausrüstung wird für die Einheiten im Vermisstensucheinsatz folgende Ergänzungen in der Schutzausrüstung empfohlen:

- **Gesichtsschutz und/oder Schutzbrille** zum Schutz von Augen und Gesicht (z. B. durch Äste in der Dunkelheit u. Ä.)
- **Warnkleidung** (Warnweste) bei Suchmaßnahmen (z. B. Gefahr durch fließenden Verkehr in der Nähe einer Straße)
- **Feuerwehr-Haltegurt mit Feuerwehrbeil** (z. B. um in einem Gefahrenbereich zurückgehalten zu werden, Zugang zu einem Weg zu schaffen durch versperrende Äste mit Hilfe des Feuerwehrbeils)
- **Feuerwehrleine mit Feuerwehrleinenbeutel** (z. B. um eine Rückhaltung in einem Gefahrenbereich zu ermöglichen)
- **Infektionshandschuhe**
  Bei einer Menschenrettung sollten unter den Feuerwehrschutzhandschuhen immer medizinische Einweghandschuhe verwendet werden, um einen Schutz vor fremden Körperflüssigkeiten zu gewährleisten.

Merke:
Auf Befehl des Einheitsführers kann die Persönliche Schutzausrüstung erweitert oder verringert werden (z. B. aufgrund einer Marscherleichterung soll auf die Feuerwehr-Jacke gemäß HuPF verzichtet werden, jedoch nicht auf die Warnweste).

4.3.3 Einsatzausrüstung bei einer Vermisstensuche

Die Einsatzausrüstungen sind je nach Lage und Ausdehnung der Suchmaßnahmen gegebenenfalls mitzuführen. Der Einheitsführer kann auch hier Ergänzungen oder Abweichungen von der Einsatzausrüstung befehlen.

- **Handsprechfunkgerät**
  Mindestens der Einheitsführer sollte über ein Handsprechfunkgerät verfügen. Sollte bei den Suchmaßnahmen kein (Sicht-)kontakt zu den Trupps bestehen, weil die Entfernung zu groß ist, um eine Verständigung aufrecht zu erhalten oder ab einer taktischen Einheitsgröße eines Zuges, müssen mindestens der Gruppenführer und vereinzelt die Truppführer mit einem zusätzlichen Handsprechfunkgerät ausgestattet sein.
- **Beleuchtungsgerät**
  In unwegsamem Gelände muss jeder Einheitsführer sowie jeder Trupp mit mindestens einem Beleuchtungsgerät ausgestattet sein. Bei einer Nachtsuche muss unbedingt jede Einsatzkraft ein Beleuchtungsmittel zur Verfügung gestellt bekommen.
- **Kartenmaterial**
  Das Kartenmaterial dient zur Orientierung sowohl in unwegsamem Gelände oder um Straßenzüge beziehungsweise Wege und Pfade zu erkennen.
- **Mobiltelefon**
  Das (private) Mobiltelefon ermöglicht nicht nur Kontakt zur Einsatzleitung, gerade wenn nicht genügend Funkgeräte vorhanden sind, sondern auch das Nutzen des eingebauten GPS in Kombination mit einem geeigneten Programm zur Orientierung im unwegsamen Gelände. Ein Mobiltelefon darf jedoch niemals das Funkgerät ersetzen.
- **GPS-Gerät für Einsatzkräfte**
  In manchen Feuerwehren gibt es GPS-Geräte. Das GPS dient zur Orientierung im Wald, ersetzen aber nicht eine mitgeführte Karte. Mithilfe des GPS-Gerätes können beispielsweise Geländeeinteilungen vorgenommen

4.3 Schutzausrüstung in der Vermisstensuche

werden oder Helfen bei der Orientierung, um die befohlene Suchrichtung einzuhalten.

Bild 4: *Einsatzkraft mit Karte und Suchstock*

- **akustische Geräte** (z. B. Trillerpfeife, Hupe, Megaphon)
- **Fernglas**
- **Materialien zum Kennzeichen des Geländes** (z. B. Forstmarkierungs-Spraydose)
- **Verpflegung** (z. B. 0,5 Liter Wasserflasche)
- **Erste-Hilfe-Ausrüstung** (oder Auszüge – z. B. Rettungsdecke Gold/Silber; siehe dazu Kapitel 13.3)

4 Einheiten im Flächensucheinsatz

Bild 5: *Einsatzkraft mit Rettungshund*

- **Technische Ortungsgeräte** (z. B. Wärmebildkamera)
- **Wathose** (Suche im Uferbereich)
- **Gerätesatz Absturzsicherung**
- **Pylonen und Warnlichter**
- **Papiere/Stifte**
- **Warnweste**

4.3 Schutzausrüstung in der Vermisstensuche

Bei der Vermisstensuche in unwegsamem Gelände bieten sich zwei zusätzliche Einsatzmittel für die Einsatzkräfte an, die mit wenig Aufwand und Kosten vorbereitet werden können:

- **Suchstöcke**
  Suchstöcke vereinfachen in unwegsamem Gelände das Abtasten des Bodens oder das Beiseiteräumen von Pflanzen und Blättern. Solche Stöcke können direkt im Wald aufgelesen oder vorhandene Besenstöcke benutzt werden.
- **Wäscheklammern mit befestigtem Flatterband**
  Mit den Wäscheklammern kann man in unwegsamem Gelände Markierungen befestigen (z. B. an Bäumen), die den Rückweg sowie das bereits abgesuchte Gebiet darstellen. Die genauere Anwendungsmöglichkeit ist im Kapitel 5.1.1.1 beschrieben. Die Wäscheklammern mit dem Flatterband können in einem aussortierten Leinenbeutel untergebracht werden und lassen sich somit problemlos transportieren. Die Anzahl der vorgefertigten Wäscheklammern mit Flatterband sollte für eine Gruppe bei ungefähr 80 Stück liegen. Es empfiehlt sich, einen zweiten leeren Leinenbeutel bereit zu halten, um gegebenenfalls auf dem Rückweg nicht mehr benötigte Wäscheklammern mit Flatterband einzusammeln.

Bild 6: *Wäscheklammern mit Flatterband*

4 Einheiten im Flächensucheinsatz

- **Einsatzkiste »Vermisstensuche«**
  In einer zusätzlichen Vermissteneinsatzkiste können für die Einsatzkräfte vorbereitet die wichtigsten zusätzlichen Einsatzmittel bereitgehalten werden, wie beispielsweise eine kleine Verpflegung oder zusätzliche Beleuchtungsmittel. Ein Vorschlag über den Inhalt einer sogenannten Einsatzkiste »Vermisstensuche« ist im Kapitel 10.5 vorgestellt.

Des Weiteren kann die Facheinheit RHOT mit folgenden Einsatzmitteln ausgerüstet sein:
- **Biologische Ortungsmittel** (Rettungshunde)
- **Technische Ortungsmittel** (z. B.: Copter, Nachtsichtgerät)

Bild 7: *Gesicherter Rettungshund in Gurtsystem*

4.3 Schutzausrüstung in der Vermisstensuche

- **Gerätesatz Absturzsicherung und Gurtsystem für den Hund**
  Bei Such- oder Rettungsmaßnahmen, bei denen ein Einsturz oder Absturz nicht ausgeschlossen werden kann oder der Transport des Hundes auf eine bestimmte Ebene durchgeführt werden muss.
- **GPS-Gerät für Rettungshund**
  Durch das GPS-Halsband für den Hund erkennt der Hundeführer nicht nur den Standort des Rettungshundes auf seinem Display, sondern auch, in welchem Bereich innerhalb des Suchgebiets unter Umständen durch den Hund noch nicht abgesucht wurde. Durch eine direkte Übertragung auf einen Computer in der Einsatzleitung lässt sich die Suchmaßnahme auch dort in Echtzeit verfolgen.

Bild 8: *Rettungshund mit GPS-Gerät*

4.4 Ordnung des Raumes

Die Ordnung des Raumes spielt in der Vermisstensuche keine so große Rolle wie bei anderen Feuerwehreinsätzen. Es gibt in der Regel keine räumlich eng begrenzten Einsatzstellen. In den meisten Fällen befindet sich am Bereitstellungsraum sowie der Befehlsstelle genügend Platz für die anfahrenden und abfahrenden Einsatzfahrzeuge. Auch die meist fehlende zeitliche Brisanz lässt es zu, Fahrzeuge weiter entfernt abzustellen. Außerdem gibt es nicht unbedingt das einsatztaktisch »wichtige« Fahrzeug mit dem höchsten Einsatzwert, welches unmittelbar an der Einsatzstelle stehen muss. Trotzdem muss darauf hingewiesen werden, dass gerade bei Vermisstensucheinsätzen ein hoher personeller Aufwand von Einsatzkräften mit den dazugehörigen Einsatzfahrzeugen sowie eine Vielzahl unterschiedlicher Rettungshundeorganisationen mitwirken.

Viele Rettungshundeorganisationen besitzen keine Einsatzfahrzeuge, in dem die Hundeführer mit ihren Rettungshunden transportiert werden können. Daher kann es unter Umständen vorkommen, dass während des Einsatzverlaufs immer mehr Privatfahrzeuge die Einsatzstelle, den Bereitstellungsraum oder die Befehlsstelle anfahren und somit die Ordnung des Raumes neben den anderen Einsatzfahrzeugen gefährden könnten. Auch wenn es nach der Alarmierung bis zum Ausrücken zeitlich länger dauert, sollte bei einer Alarmierung das Gerätehaus oder ein zentraler Punkt angefahren werden, um dann gemeinsam mit wenigen Fahrzeugen und angemessener Stärke auszurücken. Die Feuerwehr rückt erst aus, wenn das Einleiten von wirksamer Hilfe mit einer bestimmten Anzahl von Einsatzkräften möglich ist. Da kann es schon mal vorkommen, dass Feuerwehrangehörige im Feuerwehrfahrzeug auf weitere anfahrende Mitglieder warten müssen. Je nach Feuerwehr ist der Ausrückepunkt ab einer bestimmten taktischen Einheitsgröße und Einsatzstichwort unterschiedlich geregelt. Ein zeitliches Nachrücken einzelner Kräfte macht die Planung unsicher und verzögert unter Umständen den Einsatzablauf. Erst ab einer bestimmten Größe der taktischen Einheit, kann ein Suchgebiet bei einer Vermisstensuche zugeteilt werden. Rücken danach noch vereinzelt Mitglieder der Einheit nach, können diese nur schlecht den bereits zugeteilten Suchgebieten zugeführt werden. Diese können unter Umständen schon tief in unwegsamem Gelände sein oder die Flächengröße des Suchgebietes wurde bereits individuell an die vorhandene Mannschaftsstärke angepasst.

4.5 Einsatzwert

Die Anzahl der Einsatzkräfte innerhalb einer taktischen Einheit ist einheitlich festgelegt und immer gleich. Jedoch können die Art und Umfang der Einsatzmittel unterschiedlich sein. Dadurch entsteht trotz gleicher Bezeichnung einer taktischen Einheit ein unterschiedlicher Einsatzwert. Der Einsatzwert der einzelnen taktischen Einheiten bei einer Feuerwehr spielt in der Vermisstensuche bis auf die Mannschaftsstärke, eine untergeordnete Rolle. Denn die benötigten Einsatzmittel (z. B. Funkgeräte, Handlampen) sind grundlegend bei den meisten Feuerwehren genügend vorhanden.

Dem gegenüber stehen aber Rettungshundeeinheiten, die sich auf Vermisstensucheinsätzen spezialisiert haben. Sie haben nicht nur mehr Einsatzerfahrung in diesem Bereich, sondern besitzen unter Umständen Einsatzmittel, die den Erfolg in der Vermisstensuche maßgeblich voranbringen. (z. B. Rettungshunde, Nachtsichtgeräte, Copter etc.). In den meisten Fällen bieten sie auch eine telefonische Beratung an und entsenden auf Anfrage einen Fachberater im Bereich »Rettungshunde« oder »Vermisstensuche«. Der Einsatzleiter muss daher den Einsatzwert der einzelnen Rettungshundeeinheiten in seinem Zuständigkeitsbereich kennen. Maßgeblich sind dabei folgende Punkte aussagekräftig:

- Personelle Besetzung (Tag und Nacht),
- Ausbildungsstand in der Vermisstensuche,
- Ausstattung an Einsatzmitteln (z. B.: Arten von Rettungshunden und Anzahl, bestimmte benötigte technische Ortungsgeräte),
- Körperliche Verfassung und Leistungsfähigkeit der Einsatzkräfte und Führungskräfte,
- Mannschaftsstärke (Mannschaftsstärke sagt grundsätzlich erstmal nichts über die Leistungsfähigkeit aus),
- Entfernung zur Einsatzstelle.

Es kann daher manchmal vertretbar sein, wenn aufgrund des vorliegenden Einsatzwertes, eine weiter entfernte Einheit zum Einsatzgebiet alarmiert wird. Die Entscheidung darüber hat grundsätzlich der Einsatzleiter zu fällen.

4.6 Einsatzgrundsätze in der Vermisstensuche

1. Der Truppführer ist für die Auftragserledigung und die Sicherheit seines Trupps verantwortlich. Bei einem RHOT Trupp kann auch der Truppmann die Aufgabe übernehmen.
2. In besonderen Situationen kann ein Trupp personell verstärkt werden. (Trupp bestehend aus zwei Hundeführern mit zwei Rettungshunden und wird durch eine weitere Einsatzkraft unterstützt im Bereich der Aufsichts- und Sicherheitsaufgaben).
3. In einer Suchkette muss die Gehgeschwindigkeit an der langsamsten Einsatzkraft angepasst sein. Es muss darauf geachtet werden, eine Linie zu halten.
4. Der seitliche Suchabstand zu den einzelnen Einsatzkräften muss nach Vorgabe des Einheitsführers eingehalten werden.
5. Wenn möglich soll von der höchsten Stelle (z. B. Hügel) abwärts gesucht werden, um die Gehgeschwindigkeit und die Ausdauer der Einsatzkräfte positiv zu beeinflussen.
6. Bei bestimmten Sucheinsätzen (z. B. Suizid gefährdete Person, Fallschirmabsturz, Gleitschirmabsturz) müssen die höher liegenden Ebenen (z. B. Bäume) mitbeachtet werden.
7. In einer Suchmannschaft müssen die außen gehenden Truppführer den Funkkontakt zum Einheitsführer halten. Bei sehr großen Suchketten muss ein Truppführer mit Funkkontakt zum Einheitsführer innerhalb der Kette gehen (spätestens nach der achten Einsatzkraft).
8. Bei einer Kombination – Einsatzauftrag zwischen taktischen Einheiten der Feuerwehr und anderen Rettungshundeeinheiten – müssen die Einsatzkräfte hinter den Rettungshunden verbleiben (ca. zehn Meter Entfernung oder nach Vorgabe des Rettungshundeführers) und den Abstand beibehalten.
9. Eine Fahrzeugbezogene Wegsuche gilt nicht als ein sicher abgesuchtes Einsatzgebiet. Das Risiko eines »Übersehens« ist einfach zu groß. Die Fahrzeugbezogene Wegsuche ist eine schnelle Alternative die Wegsuche durchzuführen, sollte aber je nach Einsatzlage durch Fußtrupps oder Rettungshundeeinheiten zusätzlich abgesucht werden.
10. In unwegsamem Gelände müssen alle Hochsitze und andere Hindernisse (z. B. Buschwerk) durchsucht werden. Es sei denn, diese sind umzäunt. Bei Gebüschen, Sträuchern oder anderen schwer durchgehbaren Hinder-

4.6 Einsatzgrundsätze in der Vermisstensuche

nissen kann durch Hinzufügen oder bereits mitführen eines Rettungshundes eine Punktuelle Suche erleichtert werden. Das Durchführen solcher Maßnahmen muss im Verhältnis stehen zu der gesuchten Person und deren Profil. Zum Beispiel könnten unter Umständen ältere Personen kaum schwierigere Hindernisse überwinden, wobei Kinder sich durch kriechen leicht im Buschwerk verstecken könnten.

11. Die Einsatzdauer richtet sich nach derjenigen Einsatzkraft, deren körperliche Ausdauer oder Einsatzmittel (z. B. Rettungshund) erschöpft ist. Unter Umständen können neue taktische Einheiten gebildet werden. Ruhephasen müssen unbedingt eingehalten werden. Der Einheitsführer ist für die körperliche Belastung seiner taktischen Einheit verantwortlich. Für ausreichend geeignete Getränke und gegebenenfalls Speisen muss gesorgt werden.
12. Bei Erkundungs- oder Suchmaßnahmen innerhalb der Wohnung des Vermissten dürfen nur so wenige Einsatzkräfte wie nötig tätig werden. Außerdem sollte nichts angefasst werden. Es sei denn, es ist für den Einsatz notwendig. In der Wohnung, Zimmer, Keller, etc. muss grundsätzlich immer truppweise vorgegangen werden.
13. Fehlende Positionen/Funktionen innerhalb einer taktischen RHOT-Einheit können durch andere Feuerwehrangehörige übernommen werden.
14. Die Eigensicherung ist zu beachten! (z. B. Suizid gefährdete Person).
15. Eine gefundene Person darf bis zur Übergabe an den Rettungsdienst nicht ohne Betreuung sein. Eine Erstversorgung (mind. Erste Hilfe) muss bei Bedarf geleistet werden.
16. Die Persönliche und Erweiterte Schutzausrüstung ist den jeweiligen Erfordernissen des Sucheinsatzes anzupassen (z. B. bei Hitze).
17. Bei dynamisch bewegenden vermissten Personen sollten die Suchmaßnahmen in den einzelnen zusammenhängenden Suchgebieten möglichst gleichzeitig beginnen.
18. An Einsatzstellen oder Suchgebieten muss insbesondere vor folgenden Gefahren gesichert werden:
    - herabfallenden Teile (z. B. Äste u. Ä.),
    - fließendem Verkehr,
    - Dunkelheit.

    Besondere Gefahren innerhalb des Suchgebietes müssen gekennzeichnet oder abgesperrt werden (Klippen, Höhlen, Löcher u. Ä.).
19. Das Einsatzmittel »Vermisstenspürhund« wird parallel zu den laufenden Maßnahmen eingesetzt. Dadurch dürfen geplante oder laufende Such-

maßnahmen nicht verzögert oder gar gestoppt werden (warten auf neue Erkenntnisse). Wird durch den Vermisstenspürhund eine Richtung oder Einsatzgebiet vorgegeben, muss diese abgesucht werden.

5 Suchtechniken in der Vermisstensuche

Vermisstensucheinsätze stellen die Feuerwehr vor eine schwierige, umfassende und nicht alltägliche Aufgabe. Damit solche Einsätze reibungslos und strukturiert ablaufen können, bedarf es einer überlegten Systematik für das Auffinden einer vermissten Person und die damit verbundene Gefahrenabwehr. Die Suchtechniken (oder auch Suchsysteme) in der Vermisstensuche beschreiben, in welcher Zeit ein festgelegtes Suchgebiet lückenlos mit einer bestimmten taktischen Einheit abgesucht werden kann. Dabei zeigen sie bestimmte Techniken auf, insbesondere im Aufbau und in der Durchführung, damit eine Suchmaßnahme effektiv und strukturiert durchgeführt werden kann. Mit dem Wissen um die verschiedenen Suchsysteme lässt sich je nach Einsatzlage schnell die passende Technik finden und umsetzen.

5.1 Flächensuchtechniken

Nachfolgend werden die gängigsten in der Praxis durchgeführten Suchtechniken erläutert, die einen geordneten Einsatzablauf gewährleisten und für die Ausbildung der Feuerwehrangehörigen unbedingt erforderlich sind. Der Einsatzleiter, beziehungsweise die Einsatzleitung hat zu entscheiden, welche Suchtechnik angewandt werden soll, mit welcher taktischen Einheit und in welchem Einsatzsuchgebiet. Durch verschiedene Formationen und Modelle in den Suchmaßnahmen können geeignete Suchtechniken zu jeder Einsatzlage durchgeführt werden. Daher lässt sich die allgemein bekannte »Flächensuche« sowohl für die Mannschaft als auch für die Rettungshundeeinheiten in drei Kategorien einteilen:

1. **Flächensuche**
   Die allgemeine Flächensuche lässt sich noch mal unterteilen in: Parzellen- und Kettensuche
2. **Wegsuche**
   Auch die Wegsuche unterscheidet man in: Fahrzeugbezogene- und Personenbezogene Wegsuche
3. **Punktuelle Suche**
   Die Punktuelle Suche wird unterschieden in der: Punktuelle Flächen- und Gebäudesuche

5 Suchtechniken in der Vermisstensuche

Der Einheitsführer kann von der vorgestellten Regelung der Suchtechniken abweichen, wenn dies zur Sicherstellung des Einsatzerfolges erforderlich ist. Je nach Einsatzlage kann sogar die Einsatzsuchtechnik abgebrochen werden, insbesondere wenn:

- vor Ort die befohlene Suchtechnik aufgrund der örtlichen Begebenheiten nicht möglich ist (z. B. undurchdringbares Buschwerk).
- das festgelegte Zeitfenster nicht eingehalten werden kann (z. B. durch starken Anstieg des Suchgebietes aufgrund eines Berges und dadurch starke Verringerung der Suchgehgeschwindigkeit).
- es sich um ein Gefahrengebiet handelt, dass eine ordentliche Erkundung benötigt.
- spezielle Ausrüstung nötig ist zur Auftragsdurchführung oder Einsatzmittel fehlen.
- das Absuchen durch die befohlene taktische Einheit aufgrund der Mannschaftsgröße nicht möglich ist (z. B. muss der Abstand zwischen den Einsatzkräften vergrößert werden aufgrund der örtlichen Begebenheit).
- die Mannschaft oder Rettungshunde erschöpft oder nicht in der Lage sind den Auftrag durchzuführen.

Erst vor Ort lässt sich meist die geeignete Suchtaktik erkennen. Daher muss der Einheitsführer den Einsatzleiter oder die Einsatzleitung unverzüglich in Kenntnis setzen, wenn die befohlene Suchtechnik nicht oder wie gefordert durchgeführt werden kann.

5.1.1 Flächensuchtechniken für die Einsatzkräfte in der Vermisstensuche

5.1.1.1 Parzellensuche für Einsatzkräfte

Die Parzellensuche ist die gängigste Form der Flächensuche in einem unwegsamen Gelände sowohl für die suchenden Einsatzkräfte als auch für die eingesetzten Rettungshundeeinheiten. Bevorzugte Stärke für diese Art von Suche ist die Gruppe als taktische Grundeinheit der Feuerwehr. Aber auch eine Staffelstärke wäre für diese Suchtechnik denkbar.

5.1 Flächensuchtechniken

Bild 9: *Einsatzkräfte bei der Flächensuche*

Bild 10: *Einsatzkräfte bei der Parzellensuche*

5   Suchtechniken in der Vermisstensuche

Eine Suchparzelle sollte sich in einer Größe von 30 000 m² bewegen. Somit ist eine Gruppe in der Lage ungefähr innerhalb von 40 Minuten ein unwegsames Gelände abzusuchen. Dabei lassen sich bei der Einteilung auch mehrere zusammenliegende Suchgebiete für eine taktische Einheit zusammenfassen (z. B. ein 90 000 m² großes Suchgebiet für eine Gruppe, dadurch drei zusammenhängende bzw. zusammengefügte Suchparzellen).

Die Einsatzkräfte stellen sich bei der Parzellensuche in einer Linie (meist auf einem Weg oder Straße) vor dem Suchgebiet auf und gehen auf Kommando des Einheitsführers in das unwegsame Gelände. Der Abstand zwischen den Einsatzkräften muss dem vorliegenden Gelände angepasst sein. Im unwegsamen Gelände und bei Dunkelheit hat sich der Abstand im Mittel von ca. vier Meter von Person zu Person oder zwei Meter von seitlich ausgestreckter Fingerspitze zu Fingerspitze bewährt. Jedoch kann der Abstand bei übersichtlichem Gelände und bei Tag auf das doppelte ausgebreitet werden, also acht Meter von Einsatzkraft zu Einsatzkraft. In gut überblickbaren Freiflächen (z. B. Wiese oder abgeernteten Ackerflächen) ist sogar ein Abstand von bis zu 15 Meter durchaus möglich.

Der Abstand von vier Meter von Einsatzkraft zu Einsatzkraft ist schnell und ohne Messwerkzeuge realisierbar. Die Einsatzkräfte stellen sich mit seitlich ausgestreckten Armen in einer Linie auf und berühren sich gegenseitig mit den Fingerspitzen. Jetzt tritt jede zweite Einsatzkraft aus der Reihe. Somit wird der Abstand von ca. vier Metern umgesetzt. Es kann sich ebenso der Einheitsführer zwischen jeder Einsatzkraft stellen mit ausgestreckten Armen, um so die Abstände auszurichten. Der dadurch entstandene Abstand muss von den Einsatzkräften eingeprägt und unbedingt eingehalten werden.

Am Anfang und Ende der Linie sollte ein Truppführer eingeteilt werden. Dieser hält die Kommunikation mittels Handsprechfunkgerät zum Gruppenführer.[1] Außerdem markiert er unter Umständen die Suchrichtung mit geeigneten Mitteln (z. B. Flatterband am Baum festbinden oder in Kombination mit Wäscheklammern). Diese Markierung wird auf dem Rückweg oder beim Absuchen eines zweiten Suchabschnittes wieder entfernt. Dadurch kann sich die Sucheinheit im Wald zusätzlich orientieren.

---

1   In der Praxis hat sich das Zurufen anstelle des Kommunizierens über Handsprechfunkgeräte bewährt, da diese Form weniger aufwendiger, schneller und direkt zuzuordnen ist. Das Funkgerät ist aber bei größeren taktischen Einheiten ab Zugstärke ein unverzichtbares Einsatzmittel (nach jeder achten Einsatzkraft).

5.1 Flächensuchtechniken

Bild 11a und b: *Feststellen eines Abstandes von 4 m zwischen den Einsatzkräften. Jede zweite Einsatzkraft aus 11a hat die Reihe verlassen.*

5 Suchtechniken in der Vermisstensuche

Bild 12: *Als Orientierungspunkte kann der Truppführer Flatterband (in Kombination mit Wäscheklammern) an markanten Stellen anbringen.*

Tipp:

Aus der Einsatzerfahrung heraus, wurden oftmals an Bäumen oder am Boden befindliche Pflanzen mit Flatterband gekennzeichnet. Bei Benutzung der Wäscheklammern in Kombination mit Flatterbänder haben diese in den meisten Fällen selbst an glatten Rinden gehalten. Der Abstand zu den Markierungen soll dem Gelände angepasst sein. Jedoch sollte der Abstand soweit gewählt werden, dass aus der Entfernung mindestens zwei Markierungen erkannt werden können.

5.1 Flächensuchtechniken

Ist die eingesetzte Sucheinheit am Ende des zugewiesenen Einsatzgebiets angekommen und muss aufgrund der Breite des zugewiesenen Gebietes weitersuchen, dreht sich der äußere Truppführer, der für die Markierungen verantwortlich war, um. Alle anderen Einsatzkräfte gehen nun an dem Truppführer vorbei und ordnen sich wieder in der gleichen Reihenfolge auf, wie zu Suchbeginn (mit dem gleichen Suchnachbarn – nur spiegelverkehrt und in die entgegengesetzte Richtung). Wenn die Suche vom Einheitsführer gestartet wird, sammelt der Truppführer seine vorher markierten Stellen wieder ein. Gegebenenfalls muss der Truppführer auf der anderen Seite der Suchkette weitere Markierungen machen, wenn die Breite des zugewiesenen Einsatzgebietes ein erneutes Suchen notwendig macht. Hierbei sei zu erwähnen, dass im Vorfeld dem Einheitsführer bekannt sein muss, wie viele Suchdurchgänge mit einer Umkehrung der Suchmannschaft notwendig sind. Denn hier sollte drauf geachtet werden, Markierungen entweder am Anfang oder am Ende stehen zu lassen, damit ein sicheres und orientiertes Geleiten aus dem Einsatzgebiet möglich ist.

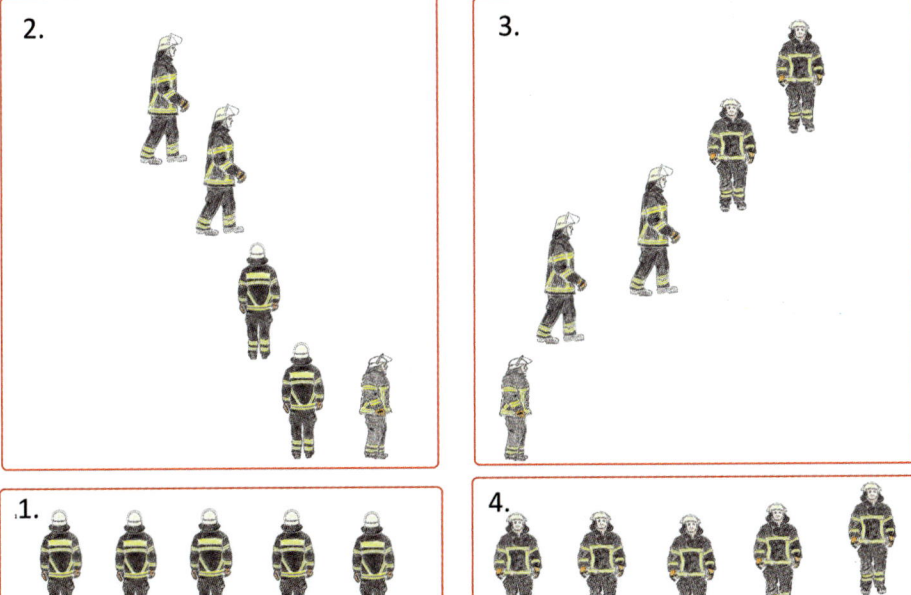

Bild 13: *Eine Staffel macht eine Kehrtwendung. Die rechte Einsatzkraft dreht sich lediglich um 180°. (Quelle: Rainer Benedum)*

5 Suchtechniken in der Vermisstensuche

Der Einheitsführer verbleibt hinter der Suchmannschaft und achtet darauf, dass die Formation in einer Linie verbleibt und der Abstand zu den einzelnen Einsatzkräften eingehalten wird. Er kontrolliert die Durchführung der Maßnahmen mittels geeigneten Kartenmaterials. Bei Suchparzellen, in denen das Gelände am Anfang oder Ende schmaler ausfallen als es für die eingesetzte taktische Einheit nötig ist, müssen die Abstände jeweils am Anfang oder Ende geringer ausfallen, um am Ende den gewünschten und höchstmöglichen Abstand zwischen den Einsatzkräften zu gewährleisten. Dies muss vor der eigentlichen Suche beachtet werden.

Ein Flächensuchhund kann bei der Parzellensuche mitgeführt werden, um schwierige oder gefährliche Stellen abzusuchen (z. B. dicker Busch, Felsen). Der Hundeführer begleitet mit seinem angeleinten Rettungshund in unmittelbarer Nähe des Einheitsführers die Suchmaßnahmen und ist an dem eigentlichen Suchvorgang nicht beteiligt. Er wartet auf seinen Befehl und setzt seinen Flächensuchhund erst nach Auftragserteilung für die »Punktuelle Suche« ein. Somit kann der Flächensuchhund über längere Zeit eingesetzt werden, ohne seine Ressourcen in der körperlichen und geistigen anstrengenden Nasenarbeit zu verbrauchen.

Bei sehr kleinen zugeteilten Einsatzgebieten, insbesondere in der ersten Phase der Suchmaßnahmen, können diese auch ohne Kartenmaterial schnell durchgeführt werden. Der Einheitsführer übernimmt das Zählen seiner Schritte und kann so ungefähr die Entfernung abschätzen. Je nach Breite der Suchkette, kann im Vorfeld ausgerechnet werden, wie oft die taktische Einheit kehrt machen muss, um das komplette Suchgebiet abzusuchen. Eine Suchgebiet-Radiusangabe soll wie ein Quadrat abgesucht werden, da die Außenrundungen zu schwierig sind, um sie zu berücksichtigen.

5.1.1.2 Kettensuche für Einsatzkräfte

Eine weitere häufig genutzte Form für die Einsatzkräfte bei einer Vermisstensuche im Wald ist die Kettensuche. Bei der Kettensuche gehen die Einsatzkräfte in einer Linie und einer Richtung durch das Suchgebiet. Diese Suchtechnik ähnelt sehr der Parzellensuche, jedoch werden die Suchmaßnahmen nicht auf ein bestimmtes Suchgebiet eingegrenzt, sondern verlaufen vielmehr konstant in eine bestimmte Richtung.

Hier können alle taktischen Einheiten zum Einsatz kommen, aber in der Regel eignet sich das Vorgehen erst ab Gruppenstärke. Bei manchen Einsätzen muss eine größtmögliche Kettensuche durchgeführt werden. Die größte Mannschaftsstärke nach der FwDV 3 besteht aus einem Zug. Dieser kann um eine Gruppe erweitert

5.1 Flächensuchtechniken

werden. Somit kann eine Kettensuche aus 31 Feuerwehrangehörigen bestehen. Eine solche Mannschaft ordentlich zu führen, sollte vor einem Realeinsatz unbedingt geübt werden. Gerade hier spielen Disziplin und Kommunikation eine wichtige Rolle.

Der Aufbau und die Abstände der jeweiligen Einsatzkräfte wurden bereits im Kapitel 5.1.1.1 erwähnt. Da bei der Kettensuche oftmals größere taktische Einheiten gebildet werden können, die eine Gruppengröße übersteigen, ist es zu empfehlen die Truppführer mit einem Funkgerät auszurüsten (mindestens jede achte Einsatzkraft).

Der Einheitsführer verbleibt genauso wie in der Parzellensuche hinter der Suchmannschaft. Bei taktischen Einheiten oberhalb einer Gruppenstärke, verbleibt jeder Einheitsführer (Gruppenführer) hinter seiner taktischen Einheit und kontrolliert den Abstand zu den einzelnen Einsatzkräften. Er hält den Funkkontakt sowohl zu seiner taktischen Einheit als auch zum Zugführer. Der Zugführer verbleibt hinter den Einheitsführern und achtet darauf, dass die Formation in einer Linie verbleibt. Er kontrolliert des Weiteren die Durchführung der Maßnahmen mittels Kartenmaterial.

Bild 14: *Einsatzkräfte bei einer Kettensuche*

Ein Zug oder Erweiterter Zug ist im unwegsamen Gelände sehr langsam, da diese taktische Einheit sehr unflexibel in ihrer Bewegung ist. Die Wahrscheinlichkeit eine Punktuelle Suche durchführen zu müssen (z. B. dicker Busch, Hochsitz) ist aufgrund der Länge der Mannschaftslinie höher als bei kleineren taktischen Einheiten. Dadurch kann sich der Einsatzablauf für alle Beteiligten aufgrund von Wartezeiten verzögern. Daher sollte die Maßnahme der Kettensuche in einer solchen Größe nur in Ausnahmefällen getroffen werden, zum Beispiel bei einer sehr dynamischen Vermissten oder bei Abfangen bzw. umzingeln einer gesuchten Person.

Ein Flächensuchhund kann auch bei der Kettensuche mitgeführt werden, um etwa schwierige oder gefährliche Stellen abzusuchen. Der Hundeführer begleitet mit seinem angeleinten Rettungshund in unmittelbarer Nähe des Zugführers die Suchmaßnahmen und ist an dem eigentlichen Suchvorgang nicht beteiligt. Er wartet auf seinen Befehl und setzt seinen Flächensuchhund erst nach Auftragserteilung für die Punktuelle Flächensuche ein.

5.1.2 Wegsuche für Einsatzkräfte

Die Wegsuche ist eine häufig genutzte Suchtechnik in der Vermisstensuche, da die Vermissten oftmals unmittelbar auf oder am Rande des Weges aufgefunden werden. Die Wegsuche wird in zwei Kategorien eingeteilt:
- Fahrzeugbezogene Wegsuche
- Personenbezogene Wegsuche

5.1.2.1 Fahrzeugbezogene Wegsuche

Bei der Fahrzeugbezogenen Wegsuche handelt es sich meist um eine schnelle erste Maßnahme, um einen Weg abzusuchen. Dieser Weg darf aber nicht als abgesucht betrachtet werden, da die Wahrscheinlichkeit eines »Übersehen der vermissten Person« sehr hoch ist (z. B. vermisste Person mit Blättern abgedeckt, Gräben, Schattenverwerfung, bewachsener Abhang). Für die ortskundige Feuerwehr oder eine ortskundige Person in der Einsatzleitung sollte bekannt oder anhand von Kartenmaterial ersichtlich sein, ob der Weg auch befahrbar ist. Je nach Art des Weges kann auf ein straßenfähiges, geländefähiges oder geländegängiges Fahrzeug zurückgegriffen werden. Das Einsatzfahrzeug sollte mindestens mit einem Selbständigen Trupp besetzt sein.

5.1 Flächensuchtechniken

Bild 15: *Fahrzeugbezogene Wegsuche*

Der Maschinist hilft bei der eigentlichen Suche nicht mit, sondern konzentriert sich auf das Fahren und fährt das Feuerwehrfahrzeug auf der Straße bzw. dem Weg. Jeweils ein Feuerwehrangehöriger beobachtet die linke und der andere die rechte Seite des Weges. Hierzu können Feuerwehrlampen sowie Fahrzeugbeleuchtung helfen, sofern diese den Fahrer nicht behindern. Die Geschwindigkeit des Fahrzeugs sollte 10 km/h nicht überschreiten.

5.1.2.2 Personenbezogene Wegsuche

Bei der Personenbezogenen Wegsuche wird der Weg mit der Suchmannschaft zurückgelegt. Diese bewegt sich langsamer als die Fahrzeugbezogene Wegsuche, jedoch ist die Qualität der Suche um einiges erhöht. Empfohlen wird eine Mindest-

5 Suchtechniken in der Vermisstensuche

größe von einem Selbstständigen Trupp. Jedoch kann auch hier eine Staffelstärke je nach Einsatzlage sinnvoll sein.

Der Einheitsführer verbleibt während der Suche auf dem Weg. Bei einem Selbstständigen Trupp suchen die zwei Einsatzkräfte in einem Abstand von ca. zwei Metern zum Weg parallel zum Einheitsführer im unwegsamen Gelände. Somit können links und rechts vom Weg ca. vier Meter abgedeckt werden. Da sich dieser Trupp ca. 1,5 km/h schnell bewegt, kann innerhalb von 40 Minuten ein Kilometer zurückgelegt werden.

Bild 16:   *Personenbezogene Wegsuche (Quelle: Dieter Leitzgen)*

Bei einer Staffel stellen sich die beiden Truppführer im Abstand von ca. vier Metern (falls es die Lage zulässt) außen neben die Truppmänner. Auch diese Einheit ist relativ schnell und kann innerhalb der 40 Minuten einen Kilometer zurücklegen und so links und rechts vom Weg ca. acht Meter abdecken. Im Ortskern läuft diese Suche unter Umständen langsamer ab, da beispielsweise kleinere Parkanlagen oder Sackgassen mit eingeschlossen oder vielleicht Passanten auf die Suchmaßnahmen aufmerksam gemacht werden müssen. Es muss darauf geachtet werden, dass kein Privatbesitz ohne Erlaubnis betreten wird.

5.1.3 Punktuelle Suche für Einsatzkräfte

5.1.3.1 Punktuelle Flächensuche

Eine Punktuelle Flächensuche ist eine Suchmaßnahme, die sich auf einem kleinen Bereich beschränkt und meist im unwegsamen Gelände von ein oder zwei Einsatzkräften einer taktischen Einheit durchgeführt wird. Die Punktuelle Suche kann sich auch aus einer anderen vorangegangen Suchmaßnahme ergeben. So muss zum Beispiel in einem unwegsamen Gelände ein undurchdringbarer Busch, ein Hochsitz oder ein Gartenhäuschen kontrolliert werden. Bei einer Punktuellen Flächensuche müssen die übrigen Einsatzkräfte warten, es sei denn ein mitgeführter Flächensuchhund kann diese Aufgabe übernehmen. Sollte eine Punktuelle Suche nicht möglich sein, muss die Einsatzleitung informiert werden und gegebenenfalls eine zusätzliche taktische Einheit entsendet werden, eventuell mit speziellen Einsatzmitteln.

5.1.3.2 Punktuelle Gebäudesuche

Ebenso können aber auch das Wohngebäude des Vermissten oder andere Gebäude, in denen der Aufenthalt der vermissten Person vermutet wird, durch eine sogenannte Punktuelle Gebäudesuche durchsucht werden. Je nach Größe des Objektes entsendet die Einsatzleitung die geeignete taktische Einheit. Wo bei einer Wohnung oder einem Einfamilienhaus ein Selbstständiger Trupp ausreichen könnte, muss bei einem Altenheim oder einer Klinik aufgestockt werden. Das Wohngebäude endet nicht vor der Haustür. Der mögliche Garten oder Garage sowie Gartenhäuser müssen ebenfalls durchsucht werden. In den Gebäuden muss jeder Raum, in jeder Etage auch Keller oder Dachgeschoss überprüft werden.

In größeren Gebäudekomplexen sollte zuerst die bewohnte Etage und schließlich vom Keller aufwärts zum Dach abgesucht werden. Eine Einsatzkraft verbleibt im Flur und dokumentiert die bereits abgesuchten Zimmer. Eine oder mehrere Einsatzkräfte müssen unbedingt die Eingänge zum Gebäude während den Suchvorgängen überwachen. Ein gleichzeitiges entsenden von taktischen Einheiten für jede Etage (z. B. Seniorenresidenzen) birgt nicht nur den Vorteil, dass die Suchmaßnahmen schneller durchgeführt werden, sondern verhindert auch, dass die gesuchte Person sich dynamisch unbemerkt im Gebäude fortbewegt.

Gerade bei Vermisstensucheinsätzen in Krankenhäusern, Altenheimen oder ähnlichen größeren Gebäudekomplexen, in denen Mitarbeiter beschäftigt sind, sollten Einsatzkräfte die Suchmaßnahmen selbst durchführen und sich nicht nur auf die Aussage der dort Beschäftigen verlassen, auch wenn diese angeblich bereits alles abgesucht haben. Die Räumlichkeiten werden von den Einsatzkräften durch die fehlende örtliche Kenntnis aufmerksamer durchsucht und etwaige auch ausgefallene Orte (z. B. hinter Türen) werden intensiver kontrolliert. Hierfür sind unter Umständen zur Orientierung Feuerwehrpläne vom Objekt oder andere geeignete Pläne hilfreich.

5.2 Einsatz und Einteilung der Rettungshunde in der Vermisstensuche

Im Gegensatz zu den Einsatzkräften im Vermisstensucheinsatz hat der Einsatzleiter bei den Rettungshundeeinheiten keinen Einfluss über die Art, wie in einem bestimmten zugeteilten Suchgebiet gesucht wird. Diese wird von der eingesetzten Rettungshundeeinheit selbst entschieden. Jedoch bestimmt der Einsatzleiter die Suchtechnik zwischen einer Flächensuche, Wegsuche oder Punktuellen Suche.

5.2.1 Flächensuchtechniken für die Rettungshunde in der Vermisstensuche

Der Einsatzleiter kann die Flächensuchabschnitte auch hier in 30 000 m² große Einsatzgebiete einteilen. Ebenfalls können für eine Einheit mit mehreren Rettungshunden auch größerer Suchgebiete zugeteilt werden. Der Einheitsführer der taktischen Rettungshundeeinheit bildet dann selbstständig Unterabschnitte. Es ist für die Führungskräfte und Einsatzkräfte wichtig zu wissen, wie die gängigsten Suchtechniken der Flächensuchhunde durchgeführt werden, um zu einem die Einsatzmöglichkeiten zu kennen und damit den möglichen Einsatzwert zu ermitteln und zum anderen bei einer Zusammenarbeit zwischen Einsatzkräfte und Flächensuchhunde besser ausgebildet und vorbereitet zu sein.

5.2 Einsatz und Einteilung der Rettungshunde in der Vermisstensuche

5.2.2 Parzellensuche für Rettungshunde

Die Parzellensuche ist die häufigste angewendete Suchtechnik in der Flächensuche der Rettungshundeeinheiten. In dem fest zugeordneten und abgegrenzten Suchgebieten geht der Hundeführer je nach Geländeart und Ausbildung frei durch das Suchgebiet mit dem Hund. Somit kann der Rettungshund beispielsweise mit vielen aneinandergereihten Schlangenlinien oder zielgerichteten Zick Zack Läufen das Gelände mit seinem Hundeführer durchstreifen. Meist durchschreitet der Rettungshundeführer das Suchgebiet in U-Form oder ähnlichen modifizierten Variationen. Der Vorteil ist bei dieser Variante, dass die seitlichen Abstände (Schläge) für den Hund gering sind und der Hundeführer an den Ausgangspunkt wieder zurückkommt.

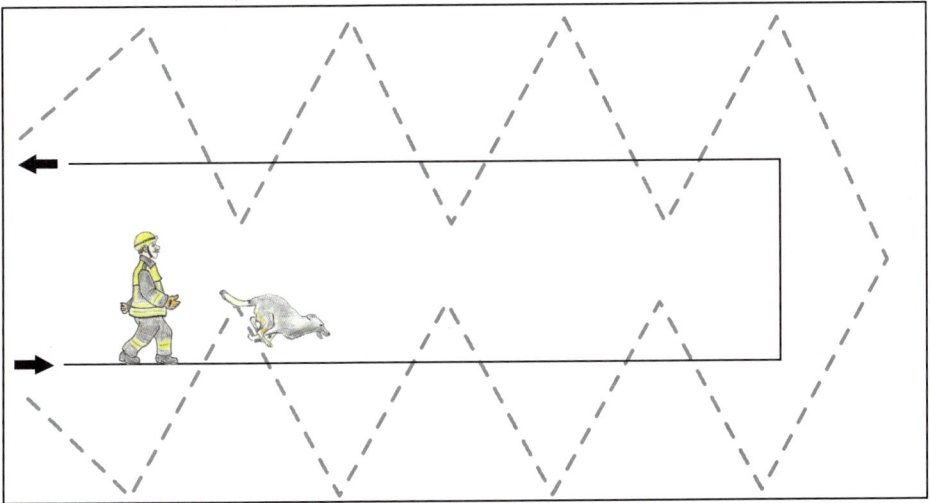

Bild 17: *U-förmige Parzellensuche mit Zick Zack Schlägen (Quelle: Rainer Benedum)*

5 Suchtechniken in der Vermisstensuche

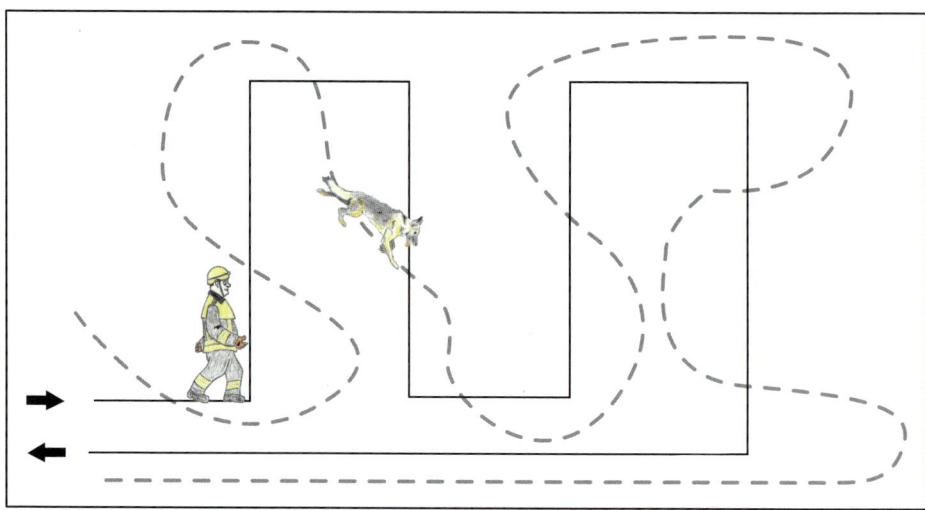

Bild 18: *Suchtechnik mit Schlangenlinien (Quelle: Rainer Benedum)*

Bei der Parzellensuche ist der Hund in der Lage, innerhalb von 20 Minuten ein unwegsames Gelände von 30 000 m² abzusuchen.

5.2.3 Kettensuche (Reviersuche) für Rettungshunde

Eine heutzutage weniger häufig praktizierte Suchtechnik ist die so genannte Reviersuche. Der Rettungshundeführer schickt seinen Hund in einem Zick-Zack-Lauf vor sich her, in jeweils ca. 25 Meter-Linien abwechselnd nach links und rechts. Zwischen diesem großen Abstand kann eine Einsatzkraft (Suchtruppeinsatzkraft) eingeteilt werden, um den Abstand zu gewährleisten oder die Hunde bei einer großen Kette zusätzlich zu kontrollieren. Durch diese Suchtechnik kann ein breites Gebiet innerhalb kurzer Zeit abgesucht werde. Bei dieser für den Hund sehr kräftezehrende Suchtechnik werden bei einem 50 m breiten Gesamtsuchabstand bei 20 Minuten Suchzeit eine ca. 600 m lange Strecke zurücklegt (= 30 000 m²). Der Rettungshundeführer bewegt sich etwas schneller durch das Gelände als eine taktische Einheit, dadurch dass er in der Regel allein oder eventuell mit einer Suchtruppeinsatzkraft und seinem Rettungshund im unwegsamen Gelände unterwegs ist, gibt es weniger Hindernisse, die eine größere Einheit zum stocken und warten bringen könnte.

5.2 Einsatz und Einteilung der Rettungshunde in der Vermisstensuche

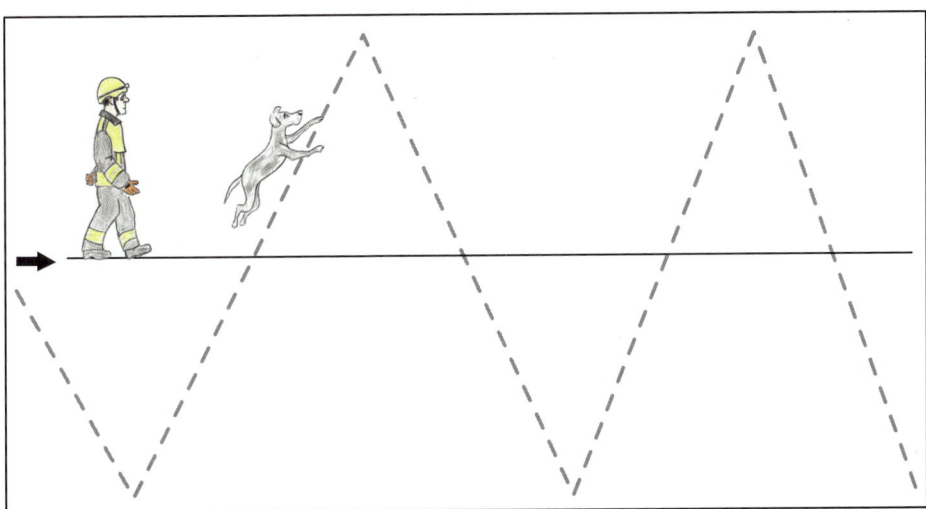

Bild 19: *Einsatz des Rettungshundes in der Reviersuche (Quelle: Rainer Benedum)*

5.2.4 Wegsuche für Rettungshunde

In der Wegsuche läuft der Rettungshundeführer auf dem Weg oder Pfad hinter dem Hund her. Dieser läuft abwechselnd beide Seiten des Weges ab und sollte so je nach Geländebeschaffenheit und Windrichtung ca. acht Meter neben dem Weg absuchen können. Die durchschnittliche Gehgeschwindigkeit von 3 km/h ist bei einer solchen gewählten Suchtaktik merklich schneller als im Vergleich zu den Einsatzkräften in der Wegsuche. Der Grund dafür ist, dass der Einheitsführer nicht Rücksicht auf die Laufgeschwindigkeit des Rettungshundes haben und gegebenenfalls warten muss. Dieser bewegt sich in der Regel schneller durch unwegsames Gelände als Einsatzkräfte.

Wenn es die Einsatzlage zulässt, sollte bevorzugt erstmal nur eine Seite des Weges abgesucht werden und anschließend auf dem Rückweg die andere Seite. Dadurch wird die Gehgeschwindigkeit nicht beeinflusst, aber der Hund legt eine geringere Distanz hinter sich aufgrund der fehlenden häufigen Seitenwechsel und schont somit seine Ausdauer. Zudem endet die Wegsuche in diesem Fall am Ausgangspunkt. Das Einsetzen von zwei Hunden ermöglicht es, parallel und zeitgleich beide Seiten abzusuchen. Jeder Hundeführer mit Rettungshund konzentriert sich nur auf jeweils eine Seite.

5 Suchtechniken in der Vermisstensuche

Bild 20: *Wegsuche mit Rettungshunden (Quelle: Dieter Leitzgen)*

5.2.5 Punktuelle Flächen- und Gebäudesuche für Rettungshunde

Die Punktuelle Flächensuche wird zwischen einer Grob- und Feinsuche unterschieden. Der Unterschied besteht darin, dass bei einer Grobsuche der Hund selbstständig sucht und bei einer Feinsuche klar eingeschränkt auf Anweisung des Rettungshundeführers geschickt wird. Für beide Techniken gibt es keinen Zeitansatz und Geländegröße, da sie meist nur kurz eingesetzt werden. Denkbare Einsatzmöglichkeiten wäre zum Beispiel ein undurchdringbarer Busch oder ein steiler Hügel. Ideal lassen sich Hunde auch für kleinere kreisförmige Flächensuchen einsetzen. Entweder schickt der Hundeführer je nach Größe des Einsatzgebietes seinen Hund sternenförmig in alle Richtungen oder führt seinen Flächensuchhund durch das Suchgebiet. Dabei soll der Radius des Einsatzgebietes 100 Meter (31 416 m²) nicht übersteigen.

5.2 Einsatz und Einteilung der Rettungshunde in der Vermisstensuche

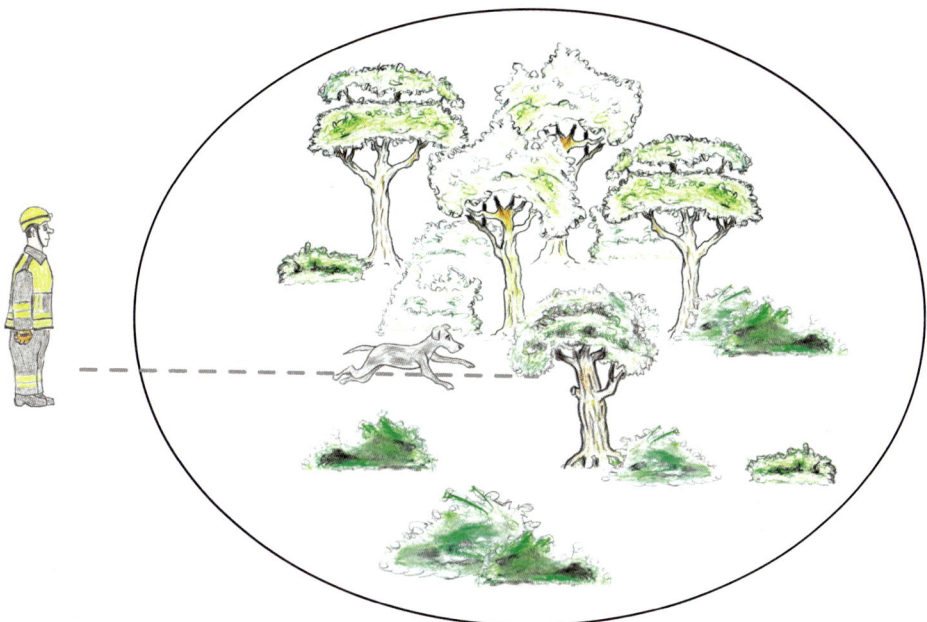

Bild 21: *Punktuelle Flächensuche mit Rettungshund (Quelle: Rainer Benedum)*

Flächensuchhunde können auch bei einer Flächensuche durch Einsatzkräfte zur Unterstützung an der Leine mitgeführt werden. Diese verbleiben aber hinter den Suchmannschaften und »warten« auf ihren Einsatz. Kommt die taktische Sucheinheit ins Stocken oder es muss eine Punktuelle Suchmaßnahme durchgeführt werden, kann die Aufgabe der Flächensuchhund übernehmen.

An der Leine geführte Flächensuchhunde, haben gelernt nicht zu suchen. Somit verbrauchen sie durch die fehlende Riecharbeit und der langsamen Gehgeschwindigkeit weniger Ressourcen als frei laufende Rettungshunde. Dadurch kann die Einsatzzeit des Hundes erhöht werden, je nach Anzahl der durchgeführten Punktuellen Suchmaßnahmen und der Art des Geländes. Die reine Suchzeit von 20 Minuten sollte auch hier nicht überschritten werden, sofern dem Hund keine Pausen eingeräumt wurden.

In den seltener stattfindenden Punktuellen Gebäudesuchen werden die Rettungshunde (ausgenommen der Vermisstenspürhund) nicht in den bewohnten Gebäuden eingesetzt (beispielsweise Altenheime), sondern finden ihre Einsatzmöglichkeiten mitunter in größeren (leerstehenden) Hallen, verlassenen Häusern oder Höhlen meist innerhalb ihres Suchgebietes.

5 Suchtechniken in der Vermisstensuche

5.3 Suchmaßnahmen am Wasser mit Einsatzkräften oder Rettungshunden

Auch eine Suche unmittelbar am Wasser kann nötig sein (siehe Bild 22a und b), wenn vermutet wird, dass die Person möglicherweise ins Wasser gestürzt oder absichtlich hinein gegangen ist und weggetrieben wurde. Dabei können Rettungshunde an schwer einsehbaren oder erreichbaren Uferrand eine Suche starten. Manche Hunde sind sogar ausgebildet, Personen unter Wasser zu riechen (siehe Kapitel 6.5). Die Einsatzkräfte können Mithilfe von Feuerwehrbooten die Ufersuche unterstützen oder mit spezieller Ausrüstung im Wasser nach den vermissten Personen suchen oder schließlich die Taucher einsetzen.

5.4 Planung der Suchtechniken

Um eine Planung von benötigten Einsatzkräften für einen bestimmtes Einsatzgebiet oder des ganzen Einsatzraumes durch den Einsatzleiter zu ermöglichen, müssen neben den vorgestellten Suchtechniken auch andere weitere Parameter bekannt sein, die in den vorigen Kapiteln der vollständigkeitshalber bereits benannt wurden. So müssen folgende Fragen geklärt werden:
- Mit welcher Zeit muss gerechnet werden, bis ein zugeteiltes Suchgebiet abgesucht wurde?
- Wie oft kann eine taktische Einheit eingesetzt werden?

5.4.1 Zeitlich planbare Suchmaßnahmen

Damit der Einsatzleiter abschätzen kann, in welcher Zeit eine bestimmte taktische Einheit, ein zugewiesenes Einsatzgebiet absuchen kann, werden Richtlinien angegeben, die ein zeitliches Planen erst möglich machen. Dabei wird nachfolgend auf die allgemeine Flächensuche und die Personenbezogene Wegsuche eingegangen, sowohl für die Einsatzkräfte als auch für den Rettungshund. Basierend auf einem bereits bestehenden Zeit- und Einsetzplan für Rettungshunde, wird auf diesen zuerst eingegangen, bevor dieser für die Einsatzkräfte ergänzt wird.

5.4 Planung der Suchtechniken

Bild 22a und b: *Feuerwehrboot und Rettungstaucher bei einer Suche am Gewässer (Quelle 22a [oben]: Berufsfeuerwehr Trier)*

5.4.2 Zeitplan Rettungshunde in der Flächensuche

Die Prüfungsordnungen der meisten Rettungshundeeinheiten haben durch die Vorgabe in Bezug auf Raum und Zeit einen Eingrenzungsrahmen geschaffen. Diese Eingrenzung besagt, dass ein Rettungshundeteam, bestehend aus einem Rettungshundeführer und einem Rettungshund (Flächensuchhund) in der Lage sein muss, innerhalb von 20 Minuten im unwegsamen Gelände ein ca. 30 000 m^2 Areal absuchen zu können.

Die Zeitdauer, in der man einen Rettungshund belasten kann, bezieht sich größtenteils auf verschiedene Dissertationen der Tierärztlichen Fakultät München. Das Ergebnis der dort festgestellten wissenschaftlichen Studien ergab, dass für den Suchhund bei einer dauerhaften Suchzeit über 20 Minuten, physische und psychische Probleme entstehenden können. Eine fast vollständige Regeneration ist bei einer 30-minütigen Pause zwischen den Suchvorgängen (bei mehreren Sucheinsätzen mindestens 40 Minuten empfohlen) jedoch möglich, solange die Suchzeit von insgesamt 20 Minuten pro Suchvorgang nicht überschritten wird. Des Weiteren wurde herausgefunden, dass innerhalb dieses Suchzeitfensters keine Unterschiede zwischen Geländeform Fläche und der Geländeform Trümmer erkennbar waren (Wust, 2006). Allerdings fiel die Aktivität von der ersten auf die zweite Suche auf Trümmern stärker ab als auf die bewachsenen Flächen (Wilhelm, 2007).

Vergleicht man die Rettungshundeprüfungen in Deutschland miteinander, sind die Anforderung an den Flächensuchhund, innerhalb von 20 Minuten ein festgelegtes Areal abzusuchen, nahezu identisch. So wurde festgestellt, dass innerhalb dieses festen Zeitrahmens das Absuchen einer unwegsamen Geländefläche der Größe von ca. 30 000 m^2 möglich war.

So schreibt die »DFV-Empfehlung Mindeststandards Rettungshunde – Ortungstechnik MRHOT« vom 09.04.2011 in der Flächensuchprüfung der Stufe 2 eine Suchfläche von 30 000 m^2 in einer Suchzeit von 20 Minuten vor, um die Prüfungsstufe erfolgreich zu bestehen. Identisch hält die »Gemeinsame Prüfungs- und Prüferordnung für Rettungshundeteams gem. DIN 13050 von ASB, Malteser, Deutsches Rotes Kreuz, Die Johanniter« vom 25.01.2010 die Rettungshundeteam-Flächenprüfung mit 30 000 m^2 und einer reinen Suchzeit von 20 Minuten fest. Zuletzt soll auch noch auf die »Internationale Prüfungsordnung für Rettungshunde der Fédération Cynologique Internationale FCI und der Internationalen Rettungshundeorganisation IRO« (2005) hingewiesen werden. Auch hier geht hervor, dass die Größe der Suchfläche 100 × 300 m und die Ausarbeitungszeit maximal 20 Minuten betragen soll.

5.4 Planung der Suchtechniken

Ein allgemein bezeichnetes **unwegsames Gelände** wird bei den etablierten Rettungshundeprüfungsordnungen als ein »offenes und mindestens zu 50 % verdecktes Gelände« bezeichnet (z. B. BwPO; FCI/IRO, 2005).

Damit in Hinblick auf die Suchmaßnahmen der Einsatzkräfte keine Differenzen in der Auslegung der Geländebeschaffenheit gemacht werden, hat sich der Autor in Bezug auf ein unwegsames Gelände auf folgende Definition festgelegt:

> **Unwegsames Gelände:**
> Ein unwegsames Gelände ist eine Fläche, die über keine Wege oder Pfade verfügt, keine Steigung bzw. kein Gefälle von ≥ 10 % vorweist, aber wie ein gewöhnlicher Wald zu mindestens 50 % verdeckt ist und ohne größere Behinderungen (z. B. undurchdringbare Dornenbüsche, hohe Höhenunterschiede o. Ä.) durchschreitbar ist.

Durch diese Auslegung können die Suchmaßnahmen mit Rettungshundeteams und Einsatzkräften verglichen und harmonisiert werden.

5.4.3 Zeitplan Rettungshunde in der Wegsuche

Bei einer Wegsuche mit Hund kann durch Erfahrungswerte davon ausgegangen werden, dass sich der Rettungshund im unwegsamen Gelände schneller bewegen kann als die Einsatzkraft, die bei dieser Suchtechnik auf dem Weg bzw. Pfad bleibt. Die normale Gehgeschwindigkeit für einen erwachsenen gesunden Menschen beträgt zwischen 4,5 und 5,5 km/h. Aus der Erfahrung bei Wegsuchen mit Rettungshunden hat sich die Suchdurchschnittsgeschwindigkeit von 3 km/h als zuverlässige Zeitangabe bewährt. Dabei ist es grundsätzlich zunächst unerheblich, ob ein Hund beide Seiten des Weges absuchen oder nur auf einer Seite arbeiten musste. Bei beiden Sucharten konnten keine großen nennenswerten Unterschiede festgestellt werden, da die Tiefe innerhalb einer Wegsuche für den Hund in das Gelände einzudringen nicht so groß ist. (insgesamt ca. 16 m = 8 m pro Seite). Somit war der Flächensuchhund in der Lage innerhalb der 20 Minuten Arbeitszeit 1 km abzusuchen.

5.4.4 Zeitplan Einsatzkräfte in der Flächensuche

In der Flächensuche für Einsatzkräfte gab es keine Studie oder andere verlässliche bzw. verwertbare Zahlen, wie lange eine bestimmte taktische Einheit für ein

5 Suchtechniken in der Vermisstensuche

zugeteiltes Suchgebiet benötigt, um dieses lückenlos abzusuchen. Jedoch sind solche Werte für den Einsatzleiter enorm wichtig. Zum einen um eine taktische Einheit einem Suchgebiet zuzuteilen, das auch von der Größe und Beschaffenheit her für sie händelbar ist. Des Weiteren muss die wahrscheinliche Einsatzdauer eines Suchauftrages bekannt sein, damit die Einsatzleitung vorausschauend und zeitnah weiter planen kann. Ein weiterer Punkt ist die Nachalarmierung von weiteren Einsatzkräften, die bereits früh erfolgen kann, wenn ersichtlich wird, dass mit den vorhandenen Kräften der festgelegte Einsatzraum im angestrebten Zeitraum nicht abgesucht werden kann.

5.4.5 Flächensuchprojekt

Im Jahr 2017 wurde von Juli bis einschließlich Dezember vom Autor ein Flächensuchprojekt ins Leben gerufen, das haltbare Parameter für eine reale Flächensuche aufzeigen sollte. Dafür wurden in einem bestimmten Gebiet (Kreisfreie Stadt Trier, Landkreis Trier-Saarburg, Landkreis Bernkastel-Wittlich, Landkreis Vulkaneifel, Landkreis Bitburg-Prüm und vereinzelte weitere Feuerwehreinheiten auch aus anderen Bundesländern) ca. 600 Feuerwehren angeschrieben, mit der Bitte um die Durchführung einer dokumentierten Flächensuchübung mit vorgegeben Angaben. In diesem Zeitraum kamen schließlich insgesamt 66 Flächensuchübungen mit Einsatzkräften zusammen. Da sich die Bundesrepublik Deutschland insgesamt in einem kühlgemäßigten Klima befindet und sich die Flora und Fauna in allen Teilen Deutschlands nahezu gleich verhält, kann das örtlich begrenzte Flächensuchprojekt auf das ganze Land übertragen werden.

5.4.5.1 Feste Vorgaben des Flächensuchprojekts

Um eine sinnvolle Auswertung zu erzielen, wurde den Feuerwehren eine Anleitung für die Flächensuche mitgeteilt. Dabei wurden Angaben über den Übungsablauf beschrieben und feste Vorgaben gemacht. Zuerst wurden die Aufgaben der Mannschaft auf das Wichtigste begrenzt, analog wie in Kapitel 4.1.1 beschrieben. Danach wurde darum gebeten eine Parzellensuche durchzuführen (siehe Beschreibung einer Parzellensuche im Kapitel 5.1.1.1).

Die Parzellensuche sollte mit der Grundeinheit der Feuerwehr also Gruppenstärke durchgeführt werden. Das abzusuchende Gelände sollte ein unwegsames Gelände sein, das wie im Kapitel 5.4.2 definiert wurde. Hier sollte sichergestellt werden, dass

5.4 Planung der Suchtechniken

das Suchgelände grundsätzlich einem realen Suchgelände entspricht, welches auch für einen Menschen durchschreitbar war. Undurchdringbares Gelände mit Dornenbüschen oder sehr steile Hänge, sollten vermieden werden, da diese unter Umständen auch je nach Vermisstenlage unrealistisch waren. So wird eine alte demente Person vermutlich keine dichte Dornenhecke durchdringen, durch die selbst eine ausgewachsene und starke Einsatzkraft nicht (ohne Hilfsmittel) durchkommt. Des Weiteren wurde zur besseren Orientierung eine Suche unmittelbar in der Nähe eines Weges empfohlen, um eine Orientierung im unwegsamen Gelände zu vereinfachen.

Bild 23: *Freiwillige Feuerwehr Temmels bei der Flächensuchprojektumsetzung (Quelle: Feuerwehr Temmels)*

Der Abstand zwischen den Einsatzkräften wurde so festgelegt, dass dieser dem voran definierten Gelände entsprach. Somit befand sich der Abstand, wie in Kapitel 5.1.1.1 vorgeschlagen, bei ca. vier Metern von Personenmitte zu Personenmitte. Dabei kam die taktische Grundeinheit der Feuerwehr auf eine Gesamtsuchbreite von 32 Metern (ohne den Einheitsführer mitgerechnet, der hinter der Suchmannschaft verblieb). Der festgelegte Suchabstand zwischen den Personen wurde deswegen so gewählt, da die Theorie bestätigt werden sollte, dass jede einzelne Einsatzkraft innerhalb ihres Aktionsradius, sprich zwei Meter mit ausgetreckten Armen und darüber hinaus zur jeder Seite jeweils noch mal ein Meter, also insgesamt vier Meter, absuchen bzw. einsehen konnte.

Bei einer Vermisstensuche muss davon ausgegangen werden, einen intakten menschlichen Körper zu suchen, daher sollte im Gegensatz zu anderen Suchmaßnahmen, beispielsweise nach Beweisstücken oder Leichenteilen, die Schulter-an-Schulter verlaufen, der für Rettungssuchmaßnahmen beschriebene Abstand zwischen den Einsatzkräften gewählt werden. Bei den Testsuchläufen musste ein Gegenstand in der Größe eines ausgewachsenen menschlichen Unterschenkels versteckt werden. Die Größe wurde deshalb so gewählt, da aufgrund von Büschen oder Blättern eine Person im Realeinsatz unter Umständen nicht direkt erkennbar und ggf. teilweise bedeckt ist.

Bild 24: *Die Ideen waren vielseitig. Hier wurde beispielsweise ein Puppenkopf versteckt.*

5.4 Planung der Suchtechniken

Abschließend gab es keine festgelegte Suchstrecke, die abgesucht werden musste, sondern einen festen Zeitansatz von 20 Minuten. Innerhalb dieser Zeit sollte eine nicht an der Suche beteiligte Person die zurückgelegte Strecke aufzeichnen bzw. dokumentieren. Hier gab es verschiedene Möglichkeiten, die genutzt wurden. Entweder ein Messrad, GPS-Gerät, Kartenmaterial oder die am meisten genutzte Möglichkeit – das Smartphone mit Karten und GPS-Funktion. Am Ende sollte jede Einsatzkraft zusätzlich über die durchgeführte Übungssuchmaßnahme mittels eines vorgefertigten Fragebogens befragt werden. Siehe dazu Kapitel 5.4.5.3.

5.4.5.2 Probleme bei der Umsetzung

Da es bereits für den Autor aus der Vergangenheit Erfahrungen durch die eigene Rettungshundeeinheit in der Flächensuche ohne Hunde gab, wurde die festgelegte Suchzeit für die ersten Suchmaßnahmen mit 30 Minuten angeben. Jedoch stellte sich relativ schnell heraus, dass unerfahrene Einheiten innerhalb der festgelegten 30 Minuten die erwartete Suchstrecke (von ungefähr 1 000 m, also 30 000 m²) nicht zurücklegten. Daher wurde im späteren Verlauf die Suchzeit von 30 Minuten auf die Suchdauer von Rettungshunden, also 20 Minuten, verkürzt und angepasst, um eine vergleichbare Gegenüberdarstellung zu ermöglichen. Die Feuerwehren die bereits ihre Übung mit 30 Minuten durchgeführt hatten, wurden trotzdem berücksichtigt, jedoch das Gesamtsuchstreckenergebnis um ein Drittel gekürzt.

Weiterhin gab es auch variablen in der Größe der taktischen Einheiten. So wurden von den 66 Übungen sieben Suchmaßnahmen mit einer Staffel und 59 Suchmaßnahmen mit einer Gruppe durchgeführt. Aus der undokumentierten Erfahrung heraus, war bekannt, dass je größer die taktische Einheit war, desto langsamer bewegte sie sich fort. Gründe hierfür waren das korrekte Halten einer Linie und die Problematik der einzuhaltenden Abstände und dadurch verbundenen sich immer wiederholende Korrekturen sowie aufgrund der breiteren Suchlinie das häufigere Vorkommen von undurchschreitbaren Hindernissen. Auch hier wurden die Suchmaßnahmen für das Projekt mit einer Staffel hinzugezählt, aber ohne Korrekturfaktor. Die zeitliche Differenz bei diesen beiden taktischen Einheiten ist vermutlich gering. Eine Suche mit einem Zug wurde für das Projekt zwar durchgeführt, wurde aber nicht zu dem Endergebnis hinzugezählt.

Des Weiteren wurden Tag- und Nachtsuchübungen zur Wahl gestellt. Somit wurden insgesamt 47 Tag- und 19 Nachtsuchen durchgeführt. Es kann vermutet werden, dass sich die Suchmannschaften nachts langsamer bewegten als tagsüber. Aufgrund der wenigen Durchführungen konnte dies aber nicht bewiesen werden.

Wenn die mindestens zu erwartende Suchstrecke innerhalb der festgelegten Zeit nicht erreicht werden konnte (diese lag bei 20 Minuten Suchdauer bei mindestens 320 Meter zurückgelegte Suchstrecke und wurde den beteiligten Einheiten nicht mitgeteilt), wurde seitens des Projektleiters die jeweiligen Feuerwehren kontaktiert, falls diese nicht bereits in dem mitgesendeten Bewertungsbogen Hinweise hinterließen, die das langsame Fortbewegen erklären würden. Dabei gaben die beiden Einheiten, die unterhalb der Grenze waren und zwei weitere Einheiten die das Ergebnis nur knapp erfüllten, das Problem des schlecht bis gar nicht durchstreitbaren Geländes als Grund an. Die Ergebnisse der Einheiten, die ihr Ziel nur knapp oder gar nicht erreicht haben, wurden dennoch in die Bewertung aufgenommen, da diese Einsatzsituationen auch im echten Sucheinsatz vorliegen können.

5.4.5.3 Ergebnis des »Fragebogen für Einsatzkräfte«

Nach der vorgegebenen Flächensuchübung wurden die Einsatzkräfte gebeten, den »Fragenbogen Einsatzkräfte« mit insgesamt fünf Fragen auszufüllen. Es bestand auch die Möglichkeit Bemerkungen oder Anregungen einzutragen. Hier beteiligten sich insgesamt 176 Einsatzkräfte. Nachfolgend werden nun die Fragen wiedergegeben und die Bedeutung für den Projektleiter mit den Ergebnissen und einem Fazit.

1. Frage:
Wie war die Gehgeschwindigkeit innerhalb der taktischen Einheit persönlich?

Bedeutung:
Hierbei war es für den Projektleiter wichtig zu wissen, ob sich die einzelnen Einsatzkräfte an die Gesamtgeschwindigkeit anpassen konnten oder ob darauf keine Rücksicht genommen worden war.

Ergebnis:

Zu schnell:	4
Schnell:	24
In Ordnung:	140
Langsam:	8
Zu langsam:	0

5.4 Planung der Suchtechniken

Fazit:
Für die meisten Einsatzkräfte war die Gehgeschwindigkeit grundsätzlich in Ordnung. Tendenziell sollte aber beim Realeinsatz darauf geachtet werden, etwas langsamer vorzugehen, falls eine solche Flächensuche vorher noch nicht geübt wurde. Übungen helfen hierbei, sich besser auf eine gemeinsame Geschwindigkeit einzustellen. Verschiedene Feuerwehren berichteten nach dem Flächensuchprojekt, dass sie eine solche Übung in ihren jährlichen Übungsplan aufnehmen wollen. Bei der Wiederholung der Übung konnte festgestellt werden, dass die Flächensuchübungen merklich schneller und sicherer in der Durchführung waren als in der ersten für das Projekt durchgeführten Übung.

2. Frage:
Wie anstrengend war das Absuchen im unwegsamen Gelände in dem Zeitraum von 20 Minuten?

Bedeutung:
Es sollte festgestellt werden, wie anstrengend für eine Einsatzkraft eine solche Art der Suche im unwegsamen Gelände wirklich ist, und ob mögliche aneinandergereihte Suchaufträge überhaupt durchführbar sind.

Ergebnis:

Anstrengend:	25
In Ordnung:	113
Nicht anstrengend:	38

Fazit:
Ein hoher Anteil der Einsatzkräfte empfand das Durchstreifen von unwegsamem Gelände als normale Belastung. Somit kann in der Regel je nach äußeren Einflussfaktoren (z. B. Temperaturen) der Einsatzleiter den taktischen Einheiten auch mehrere Suchaufträge mit entsprechenden Pausen befehlen. Die Belastung der einzelnen Einsatzkräfte wird vom Autor daher ähnlich eingeschätzt wie die körperliche Anstrengung beim schnellen Gehen auf normalen Wegen.

3. Frage:
Können Sie sich persönlich vorstellen, länger als 20/30 Minuten am Stück zu suchen?

Suchtechniken in der Vermisstensuche

Bedeutung:
Um auf die 30 000 m² Suchabschnitte zu kommen, analog wie bei den Rettungshunden, war es wichtig zu wissen, ob die Einsatzkräfte auch eine solche Suche über den festgelegten Zeitansatz ohne Pause durchführen konnten.

Ergebnis:

Ja:	174
Nein:	2

Fazit:
Hierbei kam das eindeutigste Ergebnis bei dem Projekt zu Tage. Durch die Überzahl der »Ja«-Stimmen, kann der taktischen Einheit zugemutet werden, die Flächensuche länger durchzuführen. So kann die Suchzeit von 20/30 Minuten auf 40 Minuten im Realeinsatz verlängert werden, damit das Ziel der vereinheitlichen 30 000 m² Flächensuchparzellen erreicht werden kann. Die Testübungen wurden innerhalb eines halben Jahres, also zu jeder Witterungszeit (z. B. Regen, Schnee, Hitze) und in jedem Monat von Juli bis Dezember durchgeführt. Die Wettersituation wurde ebenfalls dokumentiert.

4. Frage:
Wie war der vorgegebene Abstand zwischen den Einsatzkräften, um eine vermisste Person zu finden?

Bedeutung:
Da es eine Theorie über den Abstand und die damit verbundene tatsächliche Möglichkeit des Auffindens einer Person gab, musste diese im eigentlichen Testsuchvorgang bestätigt werden. Aber auch das subjektive Empfinden der einzelnen Einsatzkraft sollte mit einbezogen werden. Sie sollten sich sicher fühlen, innerhalb ihres Aktionsradius den Überblick zu haben und zu behalten.

Ergebnis:

Zu groß:	6
Genau richtig:	149
Zu klein:	21

5.4 Planung der Suchtechniken

Fazit:
Der Abstand wurde von den meisten Einsatzkräften als gut empfunden. Das spiegelt auch das Ergebnis des aufgefundenen Gegenstandes wider, der nicht so groß wie ein Mensch, sondern etwa die Größe eines Unterschenkels betrug.

Bild 25: *Eine Unterschenkelprothese als Suchgegenstand*

5. Frage:
War es schwierig eine Linie innerhalb der taktischen Einheit zu halten.

Bedeutung:
Mit dieser Frage kann geklärt werden, ob eine solche Flächensuche vor einem tatsächlichen Einsatz geübt werden sollte.

5 Suchtechniken in der Vermisstensuche

Ergebnis:

Ja:	105
Nein:	71

Fazit:
Das Ergebnis macht deutlich, dass eine Übung für jede Feuerwehreinheit sinnvoll ist. Berichte der teilgenommenen Einheiten verdeutlichten auch hier, dass die zweite oder sogar dritte Übung mit weitaus weniger Problemen im Halten einer Linie umgesetzt werden konnten.

Anregungen oder Bemerkungen:
Bei den Anregungen und Bemerkungen kamen wenige Vorschläge für eine Verbesserung der Durchführung einer Flächensuche mit Einsatzkräften. Es kam vielmehr immer wieder die Bemerkung, dass sich die Orientierung im Gelände als schwierig gestaltet hatte. Die Beschreibung für eine mögliche Orientierung im Gelände wurde in dem Projekt nicht vorgegeben, da es sich nur um ein reines Flächensuchprojekt handelte. Das Markieren des Geländes wurde bereits im Kapitel 5.1.1.1 beschrieben. Außerdem wurde angegeben, dass die Kommunikation mit Funkgerät schwierig durchzuführen war und daher verbal durchgeführt wurde. Dies konnte durch den Autor bestätigt werden. Bis zu einer Größe einer Gruppe ist eine Kommunikation ohne Funkgerät ratsam, da diese schneller und eindeutiger zu lokalisieren ist. Des Weiteren wurde angeregt, dass es zwingend notwendig ist für jede Einsatzkraft bei einer Dämmerungs- oder Nachtsuche eine Lichtquelle mitzuführen.

Der letzte erfreuliche Punkt war, dass die Flächensuche den Einsatzkräften unerwartet Spaß gemacht hatte. Außerdem wurde die Übung unterschätzt, da sie jede Menge Disziplin erforderte. Zukünftig wurde von den meisten angestrebt innerhalb der Feuerwehr diese Übung öfter durchzuführen.

5.4.5.4 Zusammenfassung des Flächensuchprojektes

Die Auswertung der gesamten Suchtestläufe ergab ein Gesamtsuchstrecke im Durschnitt von 576 m in 20 Minuten Suchzeit. Das würde bei einer Gruppenstärke eine Suchflächengröße von insgesamt 18 432 m^2 betragen. Damit der Einsatzleiter vereinfacher planen kann, wird die Zahl herabgerundet. So kann grundsätzlich gesagt werden, dass eine Gruppe in der Lage sein muss mindestens 15 000 m^2 innerhalb von 20 Minuten absuchen zu können. Außerdem lassen sich die zuge-

5.4 Planung der Suchtechniken

teilten Suchgebiete bei einem Realeinsatz oft nicht einfach in Form eines Rechteckes einteilen, sodass dafür ein Zeitverlust miteingerechnet werden kann. Des Weiteren muss gegebenenfalls das Gelände markiert werden, um eine Orientierung möglich zu machen. Es kann den Einsatzkräften nach den Ergebnissen des Projektes zugemutet werden, die Sucheinsatzdauer auf 40 Minuten ohne Pause zu verdoppeln, um auf eine Gesamtsuchfläche von 30 000 m² zu kommen. Die abverlangten 30 000 m² in der Prüfungsunterordnung für Flächensuchhunde ist auch nur eine Mindestgröße, welche erfüllt werden muss. Die Erfahrung hat gezeigt, dass Flächensuchhunde in der Zeit von 20 Minuten eine größere Fläche absuchen können. Daher sind beide Werte vergleichbar, auch wenn die Quadratmeterzahl des Flächensuchprojektes nach unten korrigiert wurde. Die Gehgeschwindigkeit des Rettungshundeführers ist gleichzusetzen mit denen der Einsatzkräfte in der Flächensuche, da der Hundeführer ebenfalls das unwegsame Gelände durchschreiten muss.

Die Theorie des gewählten Abstandes zwischen den Einsatzkräften, um eine Person auch im Gelände finden zu können, konnte nicht nur durch die Befragung der Einsatzkräfte bestätigt werden, sondern auch durch das Ergebnis der Testsuchläufe. Da bei den insgesamt 66 Flächensuchdurchläufen bei 63 Übungen ein unterschenkelgroßer Gegenstand versteckt und insgesamt 59mal gefunden (bei drei Flächensuchübungen wurden kein Gegenstand versteckt) wurde. Bei insgesamt vier Suchvorgängen wurde der Gegenstand nicht gefunden und überlaufen. Dadurch wurde bei den Testläufen insgesamt eine Auffindewahrscheinlichkeit von 93,7 % erreicht.

Die Befragung der Einsatzkräfte ergab, dass die Flächensuche ohne eine vorherige Übung langsamer durchgeführt werden muss, um auch eine Linie besser halten zu können. Des Weiteren kann den Einsatzkräften in der Regel nicht nur eine Verlängerung der Einsatzzeit abverlangt werden, sondern auch mehrere aufeinanderfolgende Suchaufträge. Der Abstand zwischen den Einsatzkräften kann wie im Kapitel 5.1.1.1 vorgestellt grundsätzlich eingehalten werden, muss jedoch vom Einheitsführer der jeweiligen taktischen Einheit korrigiert werden, wenn der Abstand aufgrund der vorliegenden Geländestruktur verkleinert bzw. vergrößert werden muss. Außerdem muss zwingend bei Dämmerungs- oder Nachtsuchen für jede Einsatzkraft eine Taschenlampe mitgeführt werden.

5.4.6 Zeitplan Einsatzkräfte in der Wegsuche

Für die Wegsuche wird die Durchschnittsgehgeschwindigkeit des Flächensuchprojektes als Grundlage genommen. Auch hier befinden sich je nach Aufbau mindestens zwei Einsatzkräfte in unwegsamem Gelände bzw. nicht auf einem dafür ausgerichteten Weg oder Pfad. Daher kann eine normale Durchschnittsgehgeschwindigkeit nicht durchgeführt werden. Somit beträgt die Durchschnittssuchgeschwindigkeit übernommen von dem Flächensuchprojekt bei einer Wegsuche bei ca. 1,73 km/h. Damit der Einsatzleiter die Entfernungen schneller und einfacher rechnen kann wird die Zahl ebenfalls wie in der Flächensuche nach unten korrigiert und auf 1,5 km/h festgelegt. Bei Wegsuchen nur auf einem begehbaren Weg ohne Berücksichtigung des umliegenden unwegsamen Geländes, kann die Durchschnittsgehgeschwindigkeit von 5 km/h berechnet werden.

5.5 Wiederholbare Suchmaßnahmen

Neben der Zeit, in der ein bestimmtes Gebiet abgesucht werden kann, muss der Einsatzleiter auch wissen, wie oft und wie lange (mit entsprechenden Pausen) er seine Einsatzkräfte und Einsatzmittel einsetzen kann. Nur durch dieses Grundwissen lässt sich eine Nachalarmierung korrekt planen.

Ab der Phase 3 des später im Kapitel 12 vorgestellten 4-Phasenkonzeptes in der Vermisstensuche sollten direkt größere oder mehrere Suchabschnitte den einzelnen taktischen Einheiten und Rettungshundeeinheiten zugeteilt werden. Bei mehreren Suchaufträgen besteht der Vorteil, dass die Einsatzkräfte den Weg vom Bereitstellungsraum zum Einsatzgebiet und wieder zurück zeitlich einsparen können. Das kann unter Umständen auch die Einsatzleitung entlasten, da die Einsatzkräfte seltener zum eigentlichen Einsatzort befördert oder neu zugeteilt werden müssen. Auch wenn größere Flächen abgesucht werden müssen, an die kein Weg/Pfad hinführen, kann ein zeitintensives Hineinbringen der Einsatzkräfte oder Rettungshunde in das Suchgebiet vermieden werden. Jedoch müssen bei längeren Einsatzzeiten unbedingt Pausenzeiten eingehalten werden, die sich im Vergleich zwischen Einsatzkräften und Rettungshunde unterscheiden. Dadurch verlängern sich die Suchmaßnahmen, was bei der Planung mitberücksichtigt werden muss. Nachfolgend werden die Bedingungen für wiederholbare Suchmaßnahmen dargestellt, sowohl für die Einsatzkräfte als auch für die Rettungshunde.

5.5 Wiederholbare Suchmaßnahmen

5.5.1 Wiederholbare Suchmaßnahmen für Einsatzkräfte

Der Einsatzleiter oder die Einsatzleitung können den einzelnen taktischen Einheiten mehrere hintereinander folgende Suchabschnitte oder ein größeres zusammenhängendes Suchgebiet über die Suchgröße von 30 000 m² oder mehrere Kilometer Wegsuche zuweisen (siehe dazu das Ergebnis der Frage 3 von der Befragung der Einsatzkräfte im Kapitel 5.4.5.3).

Kurze Pausen- bzw. Regenerationszeiten können auch im Gelände erfolgen und müssen nicht immer zwingend im Bereitstellungsraum stattfinden, falls ideale Voraussetzungen wie Wetter (Trocken und angenehme Temperatur), Sitzmöglichkeiten (z. B. geeigneter Stein oder umgefallener sicherer Baumstamm) und Ruhe erfüllt sind. Vorteilhaft ist daher für jede Einsatzkraft Verpflegung mitzuführen wie z. B. Müsliriegel und eine kleine Flasche Wasser. Der Einheitsführer hat die Verantwortung und muss entscheiden, wie viel er seiner Mannschaft zutrauen kann. So beeinflussen neben der Fitness auch die örtlichen Parameter wie Ort, Zeit und Wetter sowie Alter und individuelle Leistung der Einsatzkräfte den Einsatzverlauf. Grundsätzlich kann jedoch davon ausgegangen werden, dass die Einsatzkräfte in der Lage sein sollten über 40 Minuten Suchmaßnahmen ohne Pause durchführen zu können. Dies war auch das Ergebnis der Befragung »Fragebogens für Einsatzkräfte« vom Flächensuchprojekt im Kapitel 5.4.5.3. Die grundsätzlichen Bestimmungen hinsichtlich des Arbeitszeitgesetzes (z. B. § 3 und 5 ArbZG etc.) sind natürlich wie in jedem Einsatz einzuhalten und eine rechtzeitige Nachalarmierungen muss vom Einsatzleiter eingeplant werden. So sollte eine Gesamteinsatzzeit von acht Stunden nicht überschritten werden (§ 3 ArbZG). Danach muss eine Ruhezeit von mindestens elf Stunden erfolgen (§ 5 ArbZG).

5.5.2 Wiederholbare Suchmaßnahmen für Rettungshunde

Bei den Rettungshunden sieht die Pausen- bzw. Regenerationszeit anders aus. Hier sollte bereits nach ca. 20 Minuten eine Pause eingelegt werden wie bereits im Kapitel 5.5.1 beschrieben. Wilhelm (2007) empfiehlt, dass die Gesamtsuchzeit an einem Tag nicht mehr als 80 Minuten betragen soll, da sonst gesundheitliche Probleme für den Rettungshund entstehenden können. Bedeutet also, es können so insgesamt innerhalb von 24 Stunden vier Suchvorgänge für den Rettungshund eingeplant werden. Jedoch muss nach Beendigung der vier Suchvorgänge eine Ruhezeit für den Hund von mindestens elf Stunden in einer Ruhezone eingerichtet werden.

5 Suchtechniken in der Vermisstensuche

So ist ein Flächensuchhund in der der Lage innerhalb der empfohlenen Tageshöchstdosis von vier Suchdurchgängen ca. 120 000 m² unwegsames Gelände oder eine Gesamtstrecke von 4 km Wegsuche abzusuchen. Die DFV – Empfehlung Mindeststandards Rettungshunde – Ortungstechnik (MRHOT) gibt an, dass ein Absuchen von 6 km Wegsuche innerhalb von 24 Stunden mit einem fertig ausgebildeten Flächenrettungshund zuzumuten sei. Es ist zu erwähnen, dass es möglich ist, manchen Rettungshunden höhere und längere Belastungen auszusetzen. Jedoch sollte trotz des hohen Erfolgsdrucks, dem Hundeführer während den Einsätzen unterliegen, der Stress der Rettungshunde nicht unterschätzt werden, denn mit Annäherung der Hunde an ihre Leistungsgrenze sinkt ihre Effektivität und die Gefahr von Fehlsuchen steigt.

Ebenfalls können hier die Pausen- bzw. Regenerationszeiten auch im Gelände erfolgen, falls auch hier die idealen Voraussetzungen wie bereits bei den Einsatzkräften erwähnt, erfüllt werden können. Der Rettungshundeführer hat die Verantwortung und muss entscheiden, wie viel er seinem Rettungshund zutrauen kann.

5.6 Einsatztabelle für Rettungshunde und Einsatzkräfte

Die nachfolgende Tabelle soll den Einsatzleiter bei der Planung von sich wiederholenden oder aufeinander abfolgenden Suchmaßnahmen und dem damit verbundenem Zeitmanagement unterstützen. Die angegebenen Zeiten dienen nur zur groben Orientierung und können je nach Wetterlage/Temperaturen, Geländebeschaffenheit und körperliche Fitness sowie Alter der Einsatzkräfte und Rettungshunde variieren. Es hat sich aber aus der Erfahrung im Realeinsatz herausgestellt, dass die Einsatzkräfte und vor allen Dingen die Rettungshunde das Absuchen ihres zugeteilten Einsatzsuchgebietes schneller bewältigen konnten.

Die Tabelle berücksichtigt nicht die Zeiten, in denen die Einsatzkräfte bzw. Rettungshundeteams in ihr Suchgebiet gebracht werden oder selbstständig hineingehen. Dies muss individuell mitberechnet werden und kann aufgrund der unterschiedlichen Entfernungen der Suchaufträge hier nicht abgeschätzt werden.

5.6 Einsatztabelle für Rettungshunde und Einsatzkräfte

Tabelle 1: *Rettungshunde (Flächensuchhunde)*

	Maßnahme	Such- und Pausenzeit	Zeit insgesamt	Flächensuche/ Wegsuche	Suchergebnis insgesamt
1.	**1. Suchmaßnahme**				
	Selbstständiger RH Trupp (Flächensuche)	20 Min.	20 Min.	30 000 m²	30 000 m²
	Selbstständiger RH Trupp (Wegsuche)	20 Min.	20 Min.	1 km	1 km
2.	**1. Regenerationszeit**	30 Min.	50 Min.		
3.	**2. Suchmaßnahme**				
	Selbstständiger RH Trupp (Flächensuche)	20 Min.	70 Min.	30 000 m²	60 000 m²
	Selbstständiger RH Trupp (Wegsuche)	20 Min.	70 Min.	1 km	2 km
4.	**2. Regenerationszeit**	40 Min.	110 Min.		
5.	**3. Suchmaßnahme**				
	Selbstständiger RH Trupp (Flächensuche)	20 Min.	130 Min.	30 000 m²	90 000 m²
	Selbstständiger RH Trupp (Wegsuche)	20 Min.	130 Min.	1 km	3 km
6.	**3. Regenerationszeit**	90 Min.	220 Min.		
7.	**4. Suchmaßnahme**				
	Selbstständiger RH Trupp (Flächensuche)	20 Min.	240 Min.	30 000 m²	120 000 m²
	Selbstständiger RH Trupp (Wegsuche)	20 Min.	240 Min.	1 km	4 km
8.	**Ruhephase von mind. 11–20 Stunden**				

5 Suchtechniken in der Vermisstensuche

Tabelle 2: *Einsatzkräfte*

	Maßnahme	Such- und Pausenzeit	Zeit insgesamt	Flächensuche/ Wegsuche	Suchergebnis insgesamt
1.	**1. Suchmaßnahme**				
	Gruppe (Flächensuche)	40 Min.	40 Min.	30 000 m²	30 000 m²
	Selbstständiger Trupp (Wegsuche)	40 Min.	40 Min.	1 km	1 km
2.	**1. Regenerationszeit**	20 Min.	60 Min.		
3.	**2. Suchmaßnahme**				
	Gruppe (Flächensuche)	40 Min.	100 Min.	30 000 m²	60 000 m²
	Selbstständiger Trupp (Wegsuche)	40 Min.	100 Min.	1 km	2 km
4.	**2. Regenerationszeit**	30 Min.	130 Min.		
5.	**3. Suchmaßnahme**				
	Gruppe (Flächensuche)	40 Min.	170 Min.	30 000 m²	90 000 m²
	Selbstständiger Trupp (Wegsuche)	40 Min.	170 Min.	1 km	3 km
6.	**3. Regenerationszeit**	90 Min.	260 Min.		
7.	**4. Suchmaßnahme**				
	Gruppe (Flächensuche)	40 Min.	300 Min.	30 000 m²	120 000 m²
	Selbstständiger Trupp (Wegsuche)	40 Min.	300 Min.	1 km	4 km
8.	**4. Regenerationszeit**	20 Min.	320 Min.		
9.	**5. Suchmaßnahme**				
	Gruppe (Flächensuche)	40 Min.	360 Min.	30 000 m²	150 000 m²
	Selbstständiger Trupp (Wegsuche)	40 Min.	360 Min.	1 km	5 km

5.6 Einsatztabelle für Rettungshunde und Einsatzkräfte

Tabelle 2: *Einsatzkräfte – Fortsetzung*

	Maßnahme	Such- und Pausenzeit	Zeit insgesamt	Flächensuche/ Wegsuche	Suchergebnis insgesamt
10.	**5. Regenerationszeit**	60 Min.	420 Min.		
11.	**6. Suchmaßnahme**				
	Gruppe (Flächensuche)	40 Min.	480 Min.	30 000 m²	180 000 m²
	Selbstständiger Trupp (Wegsuche)	40 Min.	480 Min.	1 km	6 km
12.	**Ruhephase von mind. 11 Stunden**				

Da die Suchzeiten der Einsatzkräfte im Vergleich zu den Rettungshunden länger ausfallen, unterliegt bei gleichen Gelände- und Wettervoraussetzungen im Vergleich auf Raum und Zeit der Einsatzwert der Gruppe der eines Rettungshundeteams. So war beispielsweise von einem Rettungshund bereits nach vier Stunden Einsatzzeit eine Fläche von 120 000 m² abgesucht. Dies konnte von den Einsatzkräften bei Einhaltung der Pausenzeiten erst nach fünf Stunden erreicht werden. Der Vorteil der Einsatzkräfte hingegen ist es jedoch, zwei weitere Suchmaßnahme durchführen zu können (Einsatzzeit insgesamt: acht Stunden).

6 Einsatzmittel: biologische Ortung

Damit der Einsatzleiter Rettungshunde einsetzen kann, muss er auch bei diesem Einsatzmittel der biologischen Ortung die Möglichkeiten, aber auch die Grenzen kennen. Aufgrund der Einsatzlage kann es sein, dass nur eine bestimmte Art von Rettungshunden benötigt wird oder unter Umständen sogar gar keine. Je nach Verwendung werden die Rettungshunde unterschiedlich ausgebildet und können somit auch unterschiedlich eingesetzt werden. So gibt es:

- Flächensuchhunde,
- Trümmersuchhunde,
- Fährtensuchhunde,
- Vermisstenspürhunde,
- Wasserrettungshunde und
- Wassersuchhunde.

Nachfolgend werden die unterschiedlichen Eigenschaften der Rettungshunde erläutert und ihr Aufgabenbereich erklärt. Somit können die Einsatzmöglichkeiten in einem Realeinsatz ermittelt und gezielt eingesetzt werden. Es muss für alle Rettungshundeführer und Rettungshundeausbilder darauf hingewiesen werden, dass die nachfolgenden Erklärungen der einzelnen arbeitenden Rettungshunde für Laien gedacht sind, um den einsatztaktischen Wert zu ermitteln. Daher werden die Informationen auf das nötigste beschränkt. Alle einsatztechnischen Möglichkeiten anzuführen, würde den Rahmen dieses Fachbuchs sprengen.

6.1 Flächensuchhund

Der Flächensuchhund ist dafür ausgebildet, allgemein in der Nähe befindlichen lebenden menschlichen Geruch (Witterung) aufzunehmen. Das bedeutet, dass er keiner Spur von Anfang an folgt, sondern jeden menschlichen Geruch aufnimmt, der sich in seiner »Riechweite« befindet. Manche Rettungshundeeinheiten akzeptieren auch Rettungshunde, die die Witterung verstorbener Menschen aufnehmen. Sollte derselbe Hund in der Trümmerarbeit ausgebildet werden, ist das Anzeigen von Leichengeruch jedoch kritisch zu beurteilen (siehe dazu die Begründung des Trümmersuchhundes im Kapitel 6.2).

6.1 Flächensuchhund

Bild 26: *Witterungsaufnahme eines Rettungshundes durch aufsteigende Duftmoleküle (Quelle: Rainer Benedum)*

Die menschliche Witterung befindet sich in der Luft und wird in der Regel durch den Flächensuchhund mit halb hoher beziehungsweise hoher Nase (Kopf/Nase ist oben und nicht am Boden) aufgenommen, um die höchste Konzentration der Witterung zu verfolgen. Die Entfernung zwischen Hund und den ersten Partikeln eines menschlichen Geruches ist schwer festzulegen. Je nach Wetterlage oder sonstiger Einflüsse (z. B. Luftströmungsverhältnisse, Geruch fängt sich in dichter Vegetation fest, Kaminwirkung, Seitenwind u. Ä.) können die Partikel weit getragen, festgehalten oder stark zurückgehalten werden. Daher nutzt der Rettungshundeführer meist die entgegenkommende Windrichtung als Startpunkt, um mit seinem Hund die Suche zu beginnen.

Auch die Tageszeit, gerade im hügeligen Gelände, kann beeinflussen, wo der Hundeführer in seinem zugeteilten Einsatzgebiet mit der Suche beginnt. Hier wird von Abwind bei Nacht und Aufwind am Tag gesprochen, die sich je nach Aufwärmen der Hügelspitze beziehungsweise Abkühlens der Talerdoberfläche abwechseln können. Generell kann man sagen, dass man vom späten Abend bis über die Nacht am tiefsten Punkt anfangen sollte zu suchen und am frühen Morgen über den Tag von der Hügelspitze abwärts. Auch kann es gerade in der kalten Jahreszeit vorkommen, dass durch die eigene Körperwärme der vermissten Person, die Duftmoleküle aufsteigen und sich nach dem Abkühlen wieder weiter entfernt absetzen. Dadurch fehlt eine eigentliche »Spur« zur gesuchten Person. Diese und andere Schwierigkeiten lernt ein Rettungshundeführer in seiner Ausbildung zu erkennen und kann darauf entsprechend reagieren.

Der Einsatzleiter oder Abschnittsleiter teilt die jeweiligen Suchgebiete zu, jedoch entscheidet die Rettungshundeeinheit, wo und wie in dem zugeteilten Suchgebiet mit der Suche gestartet wird. Um dem Hund die Arbeit nicht unnötig schwierig zu machen, empfiehlt es sich, so wenige Personen wie möglich ins zugeteilte Suchgebiet einzusetzen. Sollte ein Zusammenschluss von Einsatzmittel Rettungshund und Suchmannschaft notwendig sein, zum Beispiel in einer Kettensuche oder in einer Wegsuche mit ortskundigen Personen, müssen die Einsatzkräfte unbedingt Abstand hinter dem Hundeführer von mindestens zehn Metern einhalten oder die Vorgabe des Rettungshundeführers beachten. Trotzdem ist der Hund in der Lage, ein »Bild« mit seiner Nase von jeder Suchkraft zu speichern, um diesen Geruch bei der eigentlichen Suche zu ignorieren (z. B. Wind kommt von hinten). Da es die eigentliche ausgebildete Aufgabe des Hundes ist, alles was nach Menschen riecht aufzunehmen und nachzugehen, kann unter Umständen auch ein Jäger auf dem Hochsitz oder ein Wanderer auf einem Weg, der nicht vermisst wird durch den Hund angezeigt werden. Das ist auch der Grund, warum eine Suche in einem bewohnten Gebiet für den Flächensuchhund mit vielen menschlichen Gerüchen keinen Sinn macht.

Merke:
Ein Flächensuchhund kann in der Parzellensuche, Wegsuche sowie Punktuellen Suche in unwegsamem Gelände, Parkanlagen oder Wäldern eingesetzt werden. Nicht eingesetzt werden kann er in bewohntem Gebiet, da hier zu viele menschliche Gerüche vorhanden sind.

Bevor es zur Ausbildung zum Flächensuchhund kommt, muss eine Begleithundeprüfung (z. B. Sitz auf Kommando, Fuß auf Kommando) sowie eine Eignungsprüfung absolviert werden.

Der Flächensuchhund sucht ohne Leine und wird durch den Hundeführer mit bestimmten Kommandos gelenkt. Der Hund kann aber auch bestimmte Gebiete selbstständig absuchen. Wird die vermisste Person durch einen Flächensuchhund gefunden, macht sich dieser bei dem Hundeführer bemerkbar. In der Regel durch anhaltendes Bellen oder durch ein sogenanntes Bringselverweisen (Hund läuft kontinuierlich zwischen gefundener Person und Hundeführer hin und her). Eine begrenzte Einsatzmöglichkeit für den Flächensuchhund stellen größere Hallen,

6.1 Flächensuchhund

Höhlen oder ähnliche Objekte dar. Diese Gebiete werden in den einzelnen Ausbildungen der Rettungshundeeinheiten unterschiedlich geregelt und kommen der Ausbildung des Trümmersuchhundes nahe. Daher müssen Einsätze in besonderen Gebieten im Vorfeld mit dem Einheitsführer oder Rettungshundeführer der Rettungshundeeinheit abgesprochen werden. Damit er eine ihm unbekannte menschliche Witterung aufnehmen kann, läuft der Hund quer durch das Suchgebiet. Während des Suchvorgangs ist bereits die »Nasenarbeit« erschöpfend für den Hund. Hinzu kommt, dass der Hund eine große Fläche ablaufen muss. Dies führt zu den bereits angeführten Werten, dass der Rettungshund etwa 30 000 m^2 Fläche in 20 Minuten absuchen und mehrere Suchaufträge nur mit entsprechenden Pausen durchführen kann (vgl. Kapitel 5.6). Hinsichtlich der notwendigen Ruhezeit müssen unbedingt die örtlichen Begebenheiten (z. B. starke Hitze, Alter des Hundes, trainierte Ausdauer des Hundes) berücksichtigt werden.

Bild 27: »Begleithund« geht mit Kommando »Fuß« und ohne Leine links neben dem Hundeführer

6 Einsatzmittel: biologische Ortung

Bild 28: *Rettungshundeführer und Flächensuchhund im Einsatz. Der Hundeführer lenkt seinen Hund über Befehle ohne Leine. (Quelle: Dieter Leitzgen)*

Daher gelten die Zahlen nur als Richtwert und müssen unbedingt mit dem Einheitsführer der Rettungshundeeinheit abgestimmt werden. Jedoch haben die meisten anerkannten mitwirkenden Rettungshundeeinheiten für die Anforderungen an einen Flächensuchhund annähernd dieselben Prüfungsvorgaben (30 000 m² großes Suchgelände mit offenem und mindestens 50 % verdecktes Gelände in 20 Minuten Suchzeit) und können als gleichwertig angesehen werden. Sie unterscheiden sich nur unwesentlich in wenigen Punkten voneinander. Dadurch ergibt sich, dass jeder geprüfter Flächensuchhund in der Lage ist, die angegeben Richtlinien zu erfüllen, sofern sie von der eigenen Organisation geprüft worden ist.

Es muss darauf hingewiesen werden, dass die meisten unterschiedlichen Rettungshundeorganisationen in der Regel nicht zusammen in einem gemeinsam zugeteilten Suchgebiet arbeiten können. Das liegt nicht daran, dass die unterschiedlichen Rettungshundeeinheiten dies nicht wollen, sondern daran, dass sich die einzelnen Suchtechniken und Ausbildungen teilweise stark unterscheiden. Die Rettungshunde können sich zudem bei der Arbeit stören, wenn sie sich untereinander nicht kennen. Da es für jede taktische Einheit nur einen Einheitsführer geben kann und unter Umständen untereinander gar keine Weisungsbefugnis besteht, macht es die Zusammenarbeit oft unmöglich. Jedoch können organisationsgleiche Rettungshundeeinheiten unter Umständen sehr wohl eine taktische Einheit bilden.

6.2 Trümmersuchhund

Auch der Trümmersuchhund ist dafür ausgebildet, allgemein menschliche Witterung aufzunehmen und die vermisste Person oder die Stelle mit der höchsten Geruchskonzentration (aufsteigend durch die Trümmerschichten) durch anhaltendes Bellen anzuzeigen. Auf keinen Fall darf der Hund für die Witterung von Leichen ausgebildet sein, damit die verfügbaren Einsatzkräfte nicht an einer Stelle eingesetzt werden, in der eine Leiche geborgen wird, wenn daneben eine lebende Person liegen könnte und aufgrund der vermeintlichen Rettungsmaßnahmen zerquetscht oder zeitlich missachtet werden würde. Die Arbeit als Trümmersuchhund zählt zu den schwierigsten Formen der Rettungshundearbeit. Der Suchhund muss die menschliche Witterung aus einer Vielzahl anderer Gerüche (z. B. getragene Kleider, Leichen, Essensreste u. a.) herausfiltern und lebende Opfer auffinden, die unter meterdicken Trümmerschichten begraben sein könnten. Auch hier muss genauso wie bei dem Flächensuchhund als Ausbildungsvoraussetzung zum Trümmersuchhund eine Begleithundeprüfung sowie eine Eignungsprüfung (z. B. Überlaufen von Leitern, Geräuschunempfindliche Tests etc.) im Vorfeld absolviert werden.

Der Trümmersuchhund kommt normalerweise zum Einsatz, wenn ein Haus oder eine andere Wohneinheit zerstört wurde und unter den Trümmern Personen vermisst oder vermutet werden. Mögliche Einsätze können nach einem Erdbeben, nach einer Gasexplosion, nach einer Überschwemmung, einem Einsturz durch falsche Bauweise und ähnliche Szenarien sein, die zu einem Einsturz führen. Außerdem können die Hunde beispielsweise bei einsturzgefährdeten Häusern, großen Hallen, gefährlichen Klippen, Bergwerken oder Höhlen eingesetzt werden. Daher ist dieser Hund nicht unbedingt für die Vermisstensuche in der Fläche geeignet, kann aber je nach Einsatzlage trotzdem angefordert werden.

Genauso wie beim Flächensuchhund zeigt der Trümmersuchhund jeden lebenden Geruch von Menschen an. Daher sollten sich im Suchgebiet so wenige Menschen wie möglich aufhalten, um die Arbeit des arbeitenden Rettungshundes nicht zu erschweren. Der Suchvorgang des Trümmersuchhundes beschränkt sich auch auf etwa 20 Minuten. Auch hier haben die meisten mitwirkenden Rettungshundeeinheiten eine fast identische Prüfungsordnung und können als gleichwertig angesehen werden. Einen Hund sowohl als Trümmer- als auch als Flächensuchhund auszubilden, ist aufgrund der ähnlichen Ausbildungen sehr gut umsetzbar.

6 Einsatzmittel: biologische Ortung

Bild 29: *Einsatz eines Trümmersuchhundes bei einem eingestürzten Gebäude. (Quelle: Barbara Lauer)*

6.3 Fährtensuchhund

Der Fährtensuchhund ist in den Rettungshundeeinheiten kaum bis gar nicht mehr vorzufinden. Die Nachteile überwiegen bei dieser Art der Vermisstensuche einfach weit über den Vorteilen. Dieser Rettungshund sucht nicht, wie oftmals geglaubt, die menschliche Witterung, sondern folgt der Bodenverletzung, die von den Fußabdrücken der vermissten Person verursacht wurde. Durch diese Bodenverletzungen kommt es zu mikroskopisch kleinen Zersetzungsprozessen verursacht durch Bakterien, Pflanzensaft oder ähnliche Substanzen, die schließlich freigegeben werden. Daran orientiert sich der Fährtensuchhund und hat dadurch typischerweise immer die

Nase nahe am Boden und ist sehr Spurtreu. Das bedeutet, dass der Hund kaum von der tatsächlich gelaufenen Fährte des Vermissten abweicht.

Bild 30: *Die Nase des Flächensuchhundes ist nahe am Boden*

Ein großer Nachteil ist, dass der Hund von diesen Bodenverletzungen abhängig ist, um die Fährte sicher zu verfolgen. Sobald fester Boden (z. B. Teerboden, Steinboden u. Ä.) das Suchgebiet durchstreift, wird es schwierig sein eine Bodenverletzung herbeizuführen, die für diesen Hund maßgeblich ist. Auch Baumstämme oder sonstige Hindernisse (z. B. Flüsse) in unwegsamem Gelände, die ein Übersteigen notwendig machen und auf der möglichen Fährtenspur liegen, können die Schrittlänge für kurze Zeit stark vergrößern, sodass auch hier der Hund Schwierigkeiten haben wird, die Fährte wieder aufzufinden. Ausgebildete Fährtenhunde können natürlich begrenzt solche Schwierigkeiten überwinden, aber dieser Umstand erschwert die Suche. Ein reiner Fährtensuchhund ist in seiner Suchart kaum flexibel und kann Hindernisse nicht einfach umgehen. Jedoch ist er in der Lage, durch zeitliche Zersetzungsunterschiede, die Fährte noch mal aufzunehmen, sobald er diese verlassen musste. Auch das touchieren von älteren beziehungsweise neueren Fährten kann der ausgebildete Hund unterscheiden. Gerade dann, wenn bereits Suchtrupps das Gebiet abgesucht haben, wird jedoch die Aufgabe des Hundes zusätzlich erschwert.

Das größte Problem bei Fährtenhunden in der Vermisstensuche ist, dass der Anfangspunkt der Suchmaßnahmen schwer zu ermitteln ist. Nicht nur der letzte Aufenthaltsort ist nicht immer genauestens lokalisierbar, sondern auch die dazugehörige Spur des Vermissten, falls die Bodenzerstörung überhaupt sichtbar bzw. aufgrund der Bodenbeschaffenheit möglich und konkret zuzuordnen ist. Das

Suchtempo des Hundes ist sehr langsam und bewegt sich bei ca. 2 km/h. Da er sich bei der Fährtensuche körperlich nicht so verausgabt, kann er dadurch länger am Stück suchen als zum Beispiel ein Flächensuchhund. In den meisten Prüfungsordnungen der anerkannten Rettungshundeorganisationen gibt es kaum Richtlinien zum Prüfen solcher Hunde. Aber in der IRO (Internationalen Prüfungsordnung für Rettungshundeprüfungen) und bei vielen VDH (Verband für das deutsche Hundewesen) Hundesportvereinen werden für die erfolgreiche abgeschlossene Fährtenhundeprüfung eine reine Suchzeit von 45 Minuten mit einer Fährtenlänge von mindestens 2 000 Schritt (bei einer Schrittlänge von 70 cm ergibt das eine Gesamtlänge von ca. 1 400 Meter) angegeben.

Eine Fährtenhundausbildung ist in Kombination mit der Flächenhundausbildung sehr nützlich. Dadurch können Richtungen vorgegeben werden mit Gerüchen, die sowohl menschliche Witterung als auch Bodenzerstörung beinhalten. Beispielsweise bei einer Wegsuche nimmt der Hund am Wegesrand eine »Fährte« auf mit tiefer Nase (Kopf/Nase nahe am Boden) und verlässt den Weg in Richtung unwegsames Gelände. Es kann sein, dass auf den ersten Metern keine oder kaum menschliche Witterung vorhanden ist und dem Hund eine Richtung vorgeben werden kann. Daraufhin wechselt er in halb hoher oder hoher Nase (Kopf/Nase geht nach oben), um womöglich menschliche Witterung aufzunehmen und dieser zu folgen. In manchen Ausbildungen in der Flächensuche wird die Fährtenarbeit unbeabsichtigt mittrainiert. Daher sollen in dem Übungsverlauf die »Opfer« oder vermeintlich »vermissten Personen« außerhalb des Suchgebietes eingebracht werden. Dadurch soll keine Fährtenspur gelegt werden, an dem sich der Flächensuchhund orientieren kann. Das Fährtentraining muss separat trainiert werden und kann bei erfahrenen Hundeausbildern mit dem Flächensuchtraining zu geeigneter Zeit zusammengeführt werden.

Die Polizeidiensthundestaffeln bilden oftmals ihre Diensthunde in der Fährtenhundarbeit aus. Diese beinhaltet nicht nur die Fährtenarbeit an sich, sondern zusätzlich die Unterordnung und Schutzhundearbeit. Nichtsdestotrotz können viele dieser Polizeihunde, die später auch spezialisiert werden in andere Aufgabenbereiche (Drogenspürhund, Sprengstoffspürhunde, Leichenspürhunde u. Ä.) unproblematisch in der Wegsuche eingesetzt werden. Denn die meisten Hunde haben das aufstöbern (mit halb hoher beziehungsweise hoher Nase) nach Menschen gelernt und können dies in einem bestimmten Radius auch umsetzen. Ob diese Hunde mit oder ohne Leine eingesetzt werden, entscheidet der einzelne Polizeibeamte.

6.4 Vermisstenspürhund

Der Vermisstenspürhund (VSH), auch Personenspürhund oder Mantrailer genannt, ist im Gegensatz zum Flächensuchhund und Trümmersuchhund ein Individualsucher. Das bedeutet, er sucht nicht nur die allgemeine menschliche Witterung, sondern einen bestimmten menschlichen Geruch. Durch diese Ausbildung kann er andere menschliche, womöglich stärker riechende Gerüche ausblenden und ignorieren.

Jede Person hinterlässt eine einzigartige Duftspur aus einer Vielzahl unterschiedlichen Substanzen (z. B. Hautzellen, Haare, Kosmetika, Blutzellen). Diese Duftspur beziehungsweise kleinsten Partikel verteilen sich um eine Person herum und verwirbeln oder verstreuen sich in der Luft, bis sie schließlich irgendwann zu Boden fallen oder an Wänden oder ähnliches haften bleiben. Diese »Spur« nimmt der Vermisstenspürhund auf und verfolgt sie solange, bis die Person gefunden wird oder sich die Spur in der Luft verliert.

Damit der Vermisstenspürhund aber genau weiß, wen er Suchen soll, wird ein Geruchsgegenstand der vermissten Person genommen und der Hund darauf angesetzt. Die Qualität des Geruchsgegenstandes bzw. Geruchsträgers mit dem Individualgeruch der vermissten Person ist mitentscheidend über den erfolgreichen Einsatzverlauf in der Vermisstensuche. Daher ist es die Aufgabe des Hundeführers den Geruchsträger auszusuchen und an sich zu nehmen. Dieser Geruchsträger kann zum Beispiel ein T-Shirt oder eine Decke sein und wird vom Vermisstenspürhundeführer in einem sicheren Behälter oder einer Folie transportiert, damit dieser einzigartige Duftstoff von der Außenwelt nahezu abgeschirmt wird. Auch der Zeitfaktor spielt bei der Selektion des Geruchsträgers eine Rolle. Dieser sollte im ungefähren Zeitfenster des Verschwindenseins liegen. Das muss nicht immer das Bettlaken sein, wenn die Person zum Beispiel erst seit dem späten Nachmittag vermisst ist. Dort wo der Geruchsgegenstand nun von dem Vermisstenspürhundeführer entnommen wurde, sollten sich so wenige Personen wie möglich aufhalten, um den individuellen Geruch der eigentlich vermissten Person nicht zu kontaminieren. Personen, die mit dem Vermissten in einem Haushalt wohnen oder Einsatzkräfte, die das Zuhause im Vorfeld durchsucht haben, sollten beim Beginn der Suchmaßnahmen durch den Vermisstenspürhund anwesend sein, damit dieser vor der Suche ihre Gerüche rausselektieren kann.

Durch den Zersetzungsprozess und das Einwirken von Bakterien, zum Beispiel auf die verflogenen menschlichen Zellen, entsteht ein Geruch, der den Hund ein Zeitfenster vorgibt, wie alt oder neu die Spur ist. Somit ist der Vermisstenspürhund in der Lage, zeitliche Differenzen auszumachen und immer die neuste Spur zu verfolgen und das noch in der richtigen Richtung. Um diesen Rettungshund schließlich anzusetzen und mit der Suche zu beginnen, sollte der letzte bekannte Aufenthaltsort des Vermissten geläufig sein. Hier beginnt die Suche für den Vermisstenspürhund.

Bild 31a und b: *Entnahme des Geruchsgegenstands und Verfolgung der Spur der vermissten Person (Quelle: Rainer Wittmer)*

Der Hundeführer wird, bevor er dem Hund den individuellen Geruch der vermissten Person vorsetzt, dem Vermisstenspürhund die Gelegenheit geben, das Umfeld in einem bestimmten Radius zu »durchriechen«. Somit werden alle Gerüche in der Umgebung, auch von den anwesenden Beteiligten Personen oder Familienmitgliedern aufgenommen. Dabei kann es passieren, dass sobald im Anschluss der Hund mit dem Geruchgegenstand in Kontakt kommt, dieser direkt in eine bestimmte Richtung läuft, auch wenn er nicht unbedingt für uns erkenntlich auf der richtigen Spur angesetzt wurde. Sollte kein Geruch der vermissten Person vorhanden sein, wird der Hund sich bemerkbar machen zum Beispiel durch eine Platzablage. Diese Negativ-

6.4 Vermisstenspürhund

anzeige muss unbedingt Bestandteil des Trainings und der Prüfung sein. Des Weiteren kann es vorkommen, dass der Hund während des Einsatzes aufhört zu suchen. Gründe könnten hierfür sein, dass die gesuchte Person in ein Fahrzeug, die Bahn oder einen Bus eingestiegen ist. Der Vermisstenspürhund wird an eine lange Leine geführt. Am Ende der Leine kommuniziert der Hundeführer mit seinem Hund und achtet auf Zeichen, Gestiken, feinste Signale wie Änderung der Körperhaltung, der Rute, Drehen des Kopfes oder anderes Verhalten des Hundes und muss diese verstehen, interpretieren und schließlich dementsprechend reagieren und handeln. Eine gute Leistung bei einem Vermisstenspürhund ist mehr als bei anderen Rettungshunden ausschlaggebend durch den Hundeführer. Es gibt sehr wenige Vermisstenspürhundeführer, die die Hundesprache richtig deuten also »lesen« und den Erwartungsdruck bei einem Realeinsatz standhalten können. Manche Rettungshundeführer besitzen auch nicht den Mut zuzugeben, wenn die Spur nicht von dem Vermisstenspürhund aufgenommen worden ist oder sie diese verloren haben. Es gibt genug Hunde, die durch Ausbildungsfehler trotz verlorener Spur einfach weiterlaufen, ohne dem Hundeführer dies durch bestimmte Verhaltensweisen mitzuteilen (Negativgeruchspur). Das liegt oft daran, dass auch der Rettungshund früh die Erwartungshaltung vom Hundeführer erfüllen will und vielleicht Angst vor der erfahrenen Konsequenz einer verlorenen Spur hat. Auch der Hund spürt jede Veränderung in der Leine und könnte so bei Übungen ohne das Wissen des Hundeführers unbewusst zum Zielort gelenkt werden (Falls der Hundeführer den eigentlichen Weg kennt). Jede Einwirkung auf die Leine (z. B. ruckartiges Zurückhalten des VSH aufgrund einer plötzlichen Straßenüberquerung) könnte von dem Hund aber als Korrektur verstanden werden und das Suchergebnis erheblich beeinträchtigen. Daher ist es enorm wichtig zu sagen, dass die Gesamtleistung des Erfolges, sehr abhängig von der fachlichen Kompetenz, der Hundekenntnis, der Einsatzerfahrung, der Ehrlichkeit und dem Selbstbewusstsein des Vermisstenspürhundeführers ist. Dem hingegen gibt es viele talentierte Hunde, die suchen können. Das liegt in der Natur des Hundes. Die hervorragende Suchleistung eines Hundes reichen aber für die Arbeit als Vermisstenspürhund nicht aus, sondern sind Grundvoraussetzung für eine erfolgreiche Ausbildung.

Bei einer Suche mit dem VSH begleitet immer eine weitere Einsatzkraft das Suchteam. Da sich der Hundeführer auf den Hund komplett konzentrieren muss, macht die Suchtruppeinsatzkraft Aufsichts- und Sicherheitsaufgaben (z. B. fließender Verkehr, Orientierung im Gelände etc.). Da beispielsweise ein Straßenwechsel durch den Rettungshund an langer Leine schnell und ohne Ankündigung erfolgen kann, sind diese Sicherheitsmaßnahmen sehr wichtig. Der Spurverlauf hängt nicht zwingend mit dem Gehverlauf der vermissten Person zusammen. Somit ist der Hund im

Gegensatz zum Fährtenhund nicht unbedingt Spurtreu. Durch Wind und Wettereinflüsse können die Geruchspartikel weiter weggetragen werden und schließlich dort zum Erliegen kommen, wo die vermisste Person nie gelaufen ist. Das kann unter Umständen über 30 Meter und mehr Differenz ausmachen. Der VSH sucht nicht nur mit tiefer Nase, sondern auch mit halb hoher oder hoher Nase. Man kann sogar beobachten, dass diese Hunde nicht selten seitlich an Häuserwänden entlang riechen, weil dort die Duftmoleküle durch den Wind hingetragen wurden. Je älter eine Spur ist, umso schwieriger ist es für den VSH diese noch zu verfolgen. Das hängt mit vielen Faktoren zusammen. Zumal »leben« zum Beispiel die Hautzellen nur eine begrenzte Zeit und werden von den Bakterien in einem Zeitraum von 36 Stunden zersetzt und es verändert sich der Geruch. Des Weiteren können starker Regen die Spur wegschwemmen oder die Sonneneinstrahlung (UV-Strahlung), chemische Substanzen oder andere Stoffe die Haltbarkeit des Duftstoffes verkürzen. Der Wind treibt unter Umständen die Duftmoleküle so weit auseinander, dass ein zielgerichtetes Ausarbeiten der Spur schwierig bis unmöglich wird.

Die Einsatzdauer eines solchen Hundes ist nicht präzise zu bestimmen. Meist werden Jagdhunderassen für die Arbeit ausgewählt, die schon von Natur aus nicht nur eine hervorragende Riechleistung aufweisen, sondern auch aus eigener Motivation heraus lange suchen können. Die Belohnung für den Hund ist oft das Suchen an sich. Als grobe Orientierung sollte ein Vermisstenspürhund in der Lage sein im Mittel eine 3 km lange Spur ohne Pause zu verfolgen. Grundlage für diese Aussage ergibt sich aus einem Prüfungsteil für Vermisstenspürhunde der DFV Empfehlung (2011). Jedoch spielen auch hier wieder wie beim Flächensuchhund viele Faktoren (z. B. Temperatur, Alter des Hundes, Ausbildung u. Ä.) eine große Rolle für die Leistung und Ausdauer des Hundes. Für eine eindeutige Aussage über die Einsatzdauer liegen noch keine wissenschaftlichen Untersuchungsergebnisse vor.

Der Einsatz eines Vermisstenspürhundes sollte so schnell wie möglich erfolgen. Nach mehr als 36 Stunden ist die realistische Chance einer noch vorhandenen und für den Hund verwertbaren Spur sehr gering, aber grundsätzlich nicht unmöglich. Jedoch schwindet mit jeder Stunde die Erfolgschance zunehmend. Solche großen Zeitabstände müssen trainiert werden, machen aber auf dem ersten Blick für die Rettungshundeeinheiten wenig Sinn, da sie bei einem Vermisstenfall in der Regel unmittelbar alarmiert werden und eben nicht Tage später.

Einsatztaktisch kann der VSH grundsätzlich überall und jederzeit eingesetzt werden, egal ob im bebauten Gebiet, Wald oder unwegsamen Gelände. Jedoch darf niemals der Einsatzleiter während der Suchmaßnahmen durch einen Vermisstenspürhund die weiteren Suchmaßnahmen einstellen oder verzögern, um auf neue Erkenntnisse zu warten. Es ist schlichtweg falsch, bei einer Einsatzlage nur den VSH zu

6.4 Vermisstenspürhund

alarmieren und sich nur auf seine Arbeit zu verlassen. Die weiteren (Such)Maßnahmen müssen parallel von Einsatzkräften sowie Rettungshunden autark weitergeführt werden.

Das der Vermisstenspürhund eine Person direkt auffindet ist sehr selten. Dafür gibt es verschiedene Gründe wie etwa Wettereinflüsse, der Hundeführer konnte den Hund nicht richtigen interpretieren (»lesen«), die Spur war nicht die aktuellste oder sogar eine falsche. Außerdem kann eine Spur auch einfach verloren gehen oder ins Leere verlaufen. Es gibt viele Fehlerquellen, außerdem ist der Hund auch nur ein Lebewesen und kann Fehler machen. Der VSH kann jedoch oft die Bewegungs- oder Hinwendungsrichtung der vermissten Person vorgeben und somit unter Umständen neue Erkenntnisse und daraus resultierend eventuell eine neue Suchrichtung oder ein neues Suchgebiet vorgeben. Der VSH ist und bleibt ein Einsatzmittel. Nicht mehr, aber auch nicht weniger. Er ist auf keinen Fall »das« Einsatzmittel in der Vermisstensuche.

Unter Umständen ist die Kombination aus VSH und Flächensuchhund sehr sinnvoll. Sobald der VSH die Spur verloren hat, können je nach Lage die Flächensuchhunde die Suche weiterführen. Nicht selten befindet sich die gesuchte Person dann in unmittelbarer Nähe. Die Einsatzleitung kann eine taktische Einheit oder eine taktische Rettungshundeeinheit während der Suchmaßnahmen vorhalten, um unmittelbar nach Rückmeldung des VSH zu reagieren. Sinnvoll wäre es, aus der eigenen Rettungshundeeinheit des Vermisstenspürhundes die Einsatzkräfte dafür vorzusehen, da Sie in der Regel gut miteinander Zusammenarbeiten können.

Leider gibt es im Gegensatz zu den Flächensuchhundeprüfungen in den unterschiedlichen Rettungshundeeinheiten keine einheitliche Vermisstenspürhundeprüfung. Da die Regelungen mitunter doch große Unterschiede aufweisen, lässt sich grundsätzlich ein Qualitätsunterschied in den Prüfungen erkennen. Jedoch bedeutet das nicht, dass Vermisstenspürhunde von den einen Rettungshundeeinheiten qualitativ schlechter im Einsatz sind als von anderen Rettungshundorganisationen. Es liegt immer noch am Hundeführer selbst, was er nach bestandener Einsatzprüfung macht. Bleibt er auf dem Status Quo stehen oder entwickelt er sich weiter. Es wäre wünschenswert, dass alle Mitwirkenden Rettungshundeeinheiten sich mit den Verantwortlichen zusammentun und einen gemeinsamen Prüfungsrahmenplan im Bereich des Vermisstenspürhundes erstellen und in ihre Prüfungsordnung umsetzen.

Ein in der Freizeit trainierendes Team, welches das Mantrailing als Hobby, privat allein oder auf einem Sporthundeplatz betreibt, ist auf keinen Fall bei einem Einsatz hinzuzuziehen und einzusetzen. In der Vergangenheit hat sich leider gezeigt, dass sich private selbsternannte Mantrailer bei einer bekannt gewordenen Vermisstensuche melden und den Einsatz unterstützen wollen. Oftmals bringen sich solche Menschen auch selbständig in den Einsatz ein. Auch wenn die zunehmende Anzahl dieser Mantrailer, die angeblich auch Erfolge vorweisen können, stark zunimmt, ist eine skeptische Haltung angebracht. Im privaten Bereich werden Spuren oft unter Idealbedingungen gelegt, doch ein Einsatz ist alles andere als Ideal. Manche Spuren verlaufen über mehrere Kilometer, es regnet stark, die Suche läuft an einem Fluss vorbei (Witterung wird mitgetragen und die Spur verliert sich) oder an einer Tankstelle entlang (Benzingeruch kann für eine gewisse Zeit die Suchleistung des Hundes negativ beeinflussen). Die ausgebildeten Vermisstenspürhundeführer kennen diese Problematiken und trainieren diese auch. Es sollen nicht alle privat arbeitenden Hundesportler im Bereich Mantrailing »über einen Kamm« geschert werden. Es gibt mitunter auch wirklich gute Leistungen im Freizeitbereich. Jedoch hat es in der Vergangenheit dazu geführt, dass das Einsatzgebiet in der Größe und im Zeitverlauf gar kein Ende fand. Es wurden immer wieder neue Suchgebiete und Erkenntnisse aufgelistet, die es abzuarbeiten galt. Dies hat viel kostbare Zeit und Ressourcen gekostet, Suchrichtungen oder Hinweisen von vermeintlichen Mantrailer nachzugehen und abzusuchen. Auch wenn es im ersten Moment für den Einsatzleiter verlockend klingt, einen nächstliegenden privat geführten Mantrailer einzusetzen, gibt es einige Argumente, die dagegensprechen. Zudem werden unter Umständen die Aussagen getroffen: »Je mehr Mantrailer helfen umso besser!« oder »Egal wo der Mantrailer herkommt, Hauptsache, er ist einer und hilft!«. Dies ist leider falsch. Der private Mantrailer ist vermutlich von keiner anerkannten Rettungshundestelle jemals gesehen oder offiziell geprüft worden. Niemand weiß, wie und in welchem Umfang der Hund ausgebildet worden ist. Sportprüfungen und Einsatzprüfungen sind unterschiedlich zu bewerten. Dadurch wird vielleicht ein offiziell geprüfter VSH Hund einer anerkannten Rettungshundeorganisation nicht angefordert oder zurückgehalten, da bereits ein privater Mantrailer vor Ort seine Arbeit vollrichtet. Sicherlich ist bekannt, dass es egal sein sollte für einen Vermisstenspürhund, wie viele verschiedene Spuren von anderen Menschen ihn auf dem Weg kreuzen. Doch sollte man den Einsatz schwieriger machen als er schon ist und dann noch mit einer weiteren unbekannten Hundespur? Hier ist zu erwähnen, dass es nicht das erste Mal wäre, dass ein Vermisstenspürhund einem anderen hinterherläuft, nur weil der Hundeführer des ersten Mantrailer-Teams den Geruchsgegenstand unsachgemäß oder gar nicht verschlossen hatte. Die Geruchsentnahmestelle für den Geruchsgegenstand kann ebenfalls unter Umständen komplett von einem privaten Team kontaminiert werden. Manchmal sind die Möglichkeiten, einen geeigneten Geruchsartikel zu entnehmen, nur begrenzt möglich. Schlechtere Geruchsgegenstände können nämlich unter Umständen auch ein Lenkrad oder Sitzfläche in einem Auto nach einem Verkehrsunfall oder ein kleines Zimmer im Altenheim sein.

6.5 Wassersuchhund und Wasserrettungshund

Wer dieses Hobby betreibt, aber zusätzlich auch bei Einsätzen mitwirken will, der sollte sich einer anerkannten Rettungshundeorganisation angliedern und den minimalen Mehraufwand in der dortigen Ausbildung im Vergleich zur Vermisstenspürhundeausbildung in Kauf nehmen. Da im Einsatz, in dem es mitunter um das Leben der vermissten Person gehen kann, eine professionelle Arbeit erwartet (insbesondere von den hoffnungsvollen Angehörigen) und auch nach außen (z. B hinsichtlich möglicher rechtlicher Konsequenzen) abgebildet werden muss, ist eine Zusammenarbeit mit zivilen Hundegruppen nicht vertretbar.

Bild 32: *Einsatz eines Wassersuchhundes*

6.5 Wassersuchhund und Wasserrettungshund

Der Wassersuchhund setzt seinen Geruchssinn ein, um menschlichen Geruch unter Wasser wahrzunehmen beziehungsweise aufzunehmen. Jedoch wird dieser Rettungshund vornehmlich für die Leichenfindung eingesetzt. Dadurch wird dieser in den meisten Fällen im Rahmen eines Amtshilfeersuchens angefordert. Trotzdem schließt der Einsatz dieses (Rettungs-)hundes das Auffinden von noch lebenden Menschen nicht aus. Bei günstigen Voraussetzungen (u. A.: kaltem Wasser = Hypothermie, Alter etc.) kann eine lebende Person bis zu 15 Minuten oder länger unter Wasser ohne bleibende Schäden überleben. Doch sind solche Fälle extrem selten.

> **Beispiel einer erfolgreichen Rettung**
> Die Freiburger Uniklinik berichtete auf ihrer offiziellen Internetseite von einer erfolgreichen Rettung einer 19-jährigen ertrunkenen Person, die sich 20 Minuten unter Wasser mit einer Temperatur von 19° C aufhielt und erfolgreich wiederbelebt wurde. Die Körperkerntemperatur betrug nach der Rettung 32° C (Freiburger UniKlinik, 2018).

Leider sind auch die Wassersuchhunde aufgrund ihrer Ausrückzeit und Entfernung zur Einsatzstelle zeitlich lange unterwegs, sodass ein Auffinden der vermissten Person im Gewässer mit günstiger Prognose meist aussichtslos ist.

Bei der Arbeit verbleibt der Wassersuchhund mit dem Hundeführer auf einem Boot und muss die Möglichkeit haben, seine Nase direkt über der Wasseroberfläche halten zu können. Die aufsteigenden Geruchspartikel werden von dem Hund aufgenommen und bewertet. Wird ein menschlicher Geruch lokalisiert, macht sich der Hund auf unterschiedlicher Weise, je nach Ausbildung, bemerkbar. Bei einer Anzeige können danach Taucher unter Berücksichtigung der Strömung und der Gewässertiefe das eingegrenzte Gebiet absuchen.

Zudem gibt es auch noch den Wasserrettungshund, der jedoch unmittelbar nach einem Schadenereignis (z. B. Boot gekentert) eine auf dem Wasser treibende Personen aus dem Wasser ziehen kann. Der Einsatz eines Wasserrettungshundes ist für die Vermisstensuche von untergeordneter Relevanz und wird daher hier nicht näher ausgeführt.

6.5 Wassersuchhund und Wasserrettungshund

Bild 33: *Ein Wasserrettungshund zieht eine hilflose Person auf dem Surfbrett aus dem Wasser*

7 Einsatzmittel: technische Ortung

Technische Ortungsgeräte sind Einsatzmittel, die eine Ortung ermöglichen und somit die Vermisstensuche unterstützen. Die Feuerwehr ist aufgrund ihres breit aufgestellten Aufgabengebiets nicht mit vielen Einsatzmitteln ausgestattet, die nur auf ein Einsatzgebiet spezialisiert sind. Die typischen Feuerwehr-Einsatzmittel müssen für variable Einsatzszenarien einsetzbar sein. Daher beschränken sich die technischen Mittel für eine Ortung in der Feuerwehr meist auf die weit verbreitete Wärmebildkamera und den immer häufiger angeschafften Coptern. Anders sieht es bei den etablierten Rettungshundeeinheiten aus. Hier sind mitunter sinnvolle technische Ortungsmittel vorhanden, die eine Vermisstensuche positiv beeinflussen können (z. B. Nachtsichtgerät). Nachfolgend werden die wichtigsten, nützlichen technischen Einsatzmittel für eine Ortung vorgestellt und erläutert. So kann der Einsatzleiter bei Bedarf das richtige Mittel zu einem Vermisstensucheinsatz anfordern und einsetzen.

7.1 Wärmebildkamera

Die Wärmebildkamera (oder Thermografie- sowie Infrarotkamera genannt) wird in der Feuerwehr meist zum Aufspüren von Glutnestern bei Bränden oder bei der Suche nach vermissten Personen in einem verrauchten Gebäude eingesetzt. Dabei kann die Wärmebildkamera auch bei der Vermisstensuche im freien Gelände bei Dunkelheit vorgenommen werden. Gerade größere weite Flächen lassen sich mit wenig Personalaufwand bei Dämmerung oder Nacht mit einer Wärmebildkamera gut absuchen. Durch hohes Gras, Wälder oder andere ähnliche Terrains, kommt die Kamera jedoch unter Umständen schnell an ihre Grenzen, da die vermisste Person durch Hindernisse verdeckt liegen könnte.

Infrarotstrahlungen liegen im Wellenbereich von ca. 0,7 μm bis 1 000 μm. Die Wärmebildkamera kann Infrarotstrahlung empfangen und dies als Bild auf dem vorhandenen Bildschirm wiedergeben. Dabei nutzt die Kamera für die bildliche Darstellung das mittlere und langwellige Infrarot, um die Temperaturen bzw. die für das menschliche Auge unsichtbaren Wärmestrahlungen der vermissten Person in Umgebungstemperaturbereich sichtbar zu machen.

Bei den in Feuerwehren vorhandenen Wärmebildkameras kommen Graustufen-Bilder zum Einsatz. Warme oder heiße Oberflächen werden durch verschiedene Rottöne dargestellt. Somit lässt sich die Silhouette einer Person deutlich erkennen.

7.2 Copter

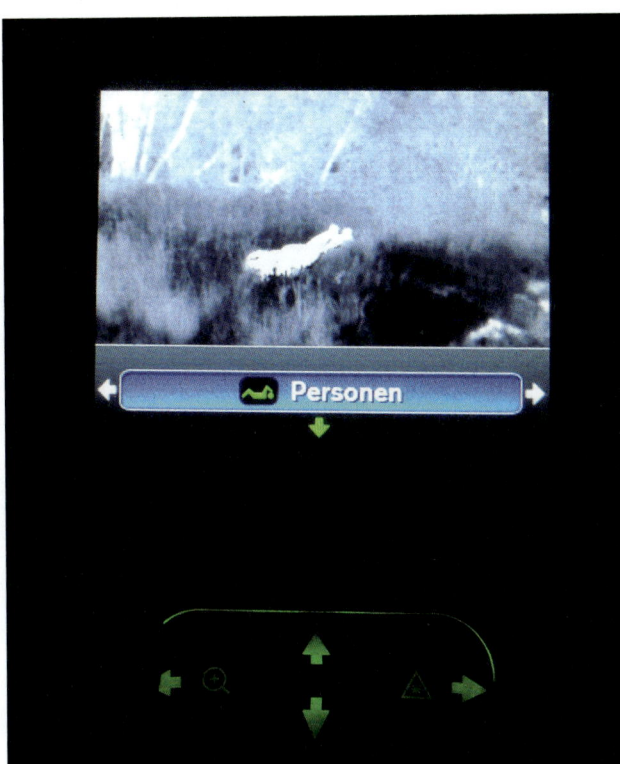

Bild 34: *Bild einer vermissten Person mittels Wärmekamera*

Leider sind die Wärmebildkameras sehr teuer. Somit sind sie meist nicht bei den kleineren Feuerwehren oder Rettungshundeeinheiten vorhanden, lassen sich jedoch von anderen Feuerwehren bei Bedarf zum Einsatzort anfordern.

7.2 Copter

Copter werden im Gegensatz zu Drohnen im zivilen Bereich eingesetzt. Dabei haben sie einen wichtigen Platz in den Feuerwehren eingenommen. Durch ihre multiplen Einsatzmöglichkeiten können mit ihnen zum Beispiel Erkundungsvorgänge umfangreicher und zum Teil sicherer vorgenommen werden. Der Copter wird durch die Feuerwehr mit einem Selbstständigen (OT) Trupp (1/2/3) vorgenommen (Konzept: RHOT Trier). Dabei ist der Maschinist der eigentliche Pilot. Der Truppmann übernimmt

7 Einsatzmittel: technische Ortung

als Kameramann die eingebauten Kameras. Der Einheitsführer übernimmt in diesem Fall Aufsicht- und Sicherheitsaufgaben. Er achtet darauf, dass der Landeplatz abgesichert wird und bleibt, dass keine Menschen sich in der Nähe des Landeplatzes aufhalten und überprüft als sogenannter »Sichter« (Spotter) den Himmel auf Hindernisse. Er bleibt in Funkkontakt zur Einsatzleitung und übernimmt weitere Aufgaben.

Bild 35: *Die beiden Multicopter der RHOT Trier*

Bei der Vermisstensuche lassen sich mit einem Copter große Geländeareale absuchen. Die Suchgebiete beschränken sich meist auf freie große Flächen wie Felder, Wiesen und begrenzt Wälder. Ebenso können schwer zugängliche Abhänge oder Klippen abgesucht werden. Dabei gibt es unterschiedliche Copterausführungen von verschiedenen Herstellern mit jeweils spezifischen Einsatzmöglichkeiten. Der Copter kann über eine eingebaute Kamera verfügen, die neben der Livebeobachtung entweder das Gelände abfotografiert oder abfilmt. Mit einer eingebauten Wärmebildkamera lassen sich außerdem im Dunkeln vermissten Personen gut erkennen.

7.2 Copter

Bilder 36a und b: *Eine vermisste Person wird durch den Einsatz des Copters entdeckt in 38 m Höhe. Die Person war aufgrund des hohen Grases von der Straße aus nicht sichtbar. (Quelle: Philipp Grünen)*

Der Copter ist je nach Ausführung in der Lage mit einem Livebild eine Übertragung auf einen kleinen Monitor (z. B. auf der Fernbedienung) oder sogar auf einem großen Fernseher (z. B. Übertragung auf einen Monitor im ELW) zu ermöglichen. Dabei kann die angezeigte Liveübertragung unmittelbar ausgewertet werden. Des Weiteren gibt es sogenannte First-Person-View-Brillen, die einem die Bilderübertragung direkt vors

7 Einsatzmittel: technische Ortung

Auge abspielen, so als würde man selbst mitfliegen. Die Erfahrung hat gezeigt, dass sich bewegende Bilder schlechter beurteilen lassen als stehende Bilder.

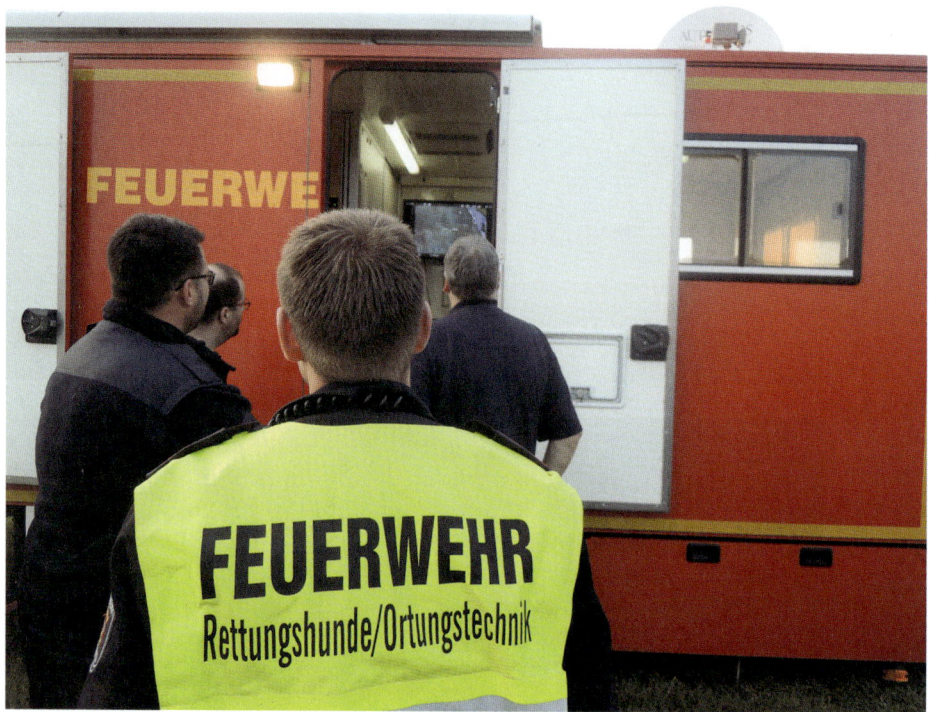

Bild 37: *Auf einem Bildschirm im ELW 2 können Live die Bilder des Copters verfolgt werden.*

Eine weitere Möglichkeit der Übertragung wäre das Abspeichern der Bilder oder Videos auf einer Speicherkarte in dem Copter, um später die Auswertung ohne Zeitdruck durchführen zu können. Der Vorteil dieser Methode besteht in der Möglichkeit, die Bilder in Ruhe zu analysieren und gegebenenfalls bei Verdacht heranzuzoomen. Spezielle Programme ermöglichen ein Zusammenführen der aufgenommenen Einzelbilder zu einem großen Gesamtbild.

Die meisten Copter sind mit GPS ausgestattet. Das ermöglicht nicht nur eine genaue Standortbestimmung, sondern auch eine genaue Einteilung des Suchgebiets. Über bestimmte Programme kann der Copter je nach Ausstattung punktgenau einen bestimmten Suchpunkt oder ein zuvor eingeteiltes Einsatzgebiet selbstständig an- oder überfliegen und lückenlose Aufnahmen machen. Sollte die vermisste Person

7.3 Nachtsichtgerät

durch den Copter aufgespürt werden, können die genauen GPS-Daten abgefragt werden, um so den Standort den Einsatzkräften zu übermitteln. Die Flugdauer hängt stark von der Akkuleistung des Copters ab und sollte bereits im Vorfeld ermittelt werden. Viele Faktoren wie beispielsweise Windstärke oder Außentemperatur können die Laufzeit zusätzlich beeinflussen.

7.3 Nachtsichtgerät

Das Nachtsichtgerät ist ein technisches Ortungsgerät, welches bei Dunkelheit oder Dämmerung die visuelle Sicht verbessert. Nachtsichtgeräte arbeiten anhand eines Restlichtverstärkers mit dem nahen Infrarot. Ist nicht genügend sichtbares Licht oder Infrarotstrahlung vorhanden, um einen Verstärkungseffekt zu erzielen, kann eine Infrarotlampe unsichtbare Strahlung aussenden und die Umgebung ausleuchten. Oft sind Nachtsichtgeräte bei Jägern, der Bundeswehr, aber auch vereinzelt in den Rettungshundeeinheiten vorhanden.

Bild 38: *Nachtsichtgerät der RHOT Trier*

7.4 Bodenhorchgeräte

Bodenhorchgeräte sind technische Ortungsgeräte, um primär das Auffinden von verschütteten Personen zu ermöglichen, sofern sie noch in der Lage sind, Signale bzw. Geräusche (z. B. Klopfen, Rufen oder allgemeine Bewegungen) an ihre Umwelt abzugeben. Das technische Suchgerät dient zur Hörbarmachung (verstärken) dieser Signale und Lokalisierung des Verschütteten. Klopfzeichen, die von Eingeschlossenen gegeben werden, kann man als künstliche Mikroerdbeben ansehen. Diese erzeugten schwachen Erschütterungen und breiten sich als Wellen aus. Dabei spielt der Untergrund eine wichtige Rolle, der die Weiterleitung dieser Mikroerdbeben ermöglicht. Diese Geräuschwellen werden von Geophonen aufgenommen. Geophone sind hochempfindliche schwingungssensible dynamische Wandler, welche fest am Boden verankert werden sollten (z. B. durch Schraubzwingen). Ein erzeugtes Signal wird von diesem Wandler aufgenommen und mit Hilfe von Spezialverstärkern verstärkt. Jetzt können sie mit Kopfhörer hörbar und einer visuellen Pegelanzeige auswertbar gemacht werden.

Dabei gibt es verschiedene Geophone, die auch Bodenschallaufnehmer genannt werden. Die meisten Bodenschallaufnehmer besitzen einen Übertragungsbereich von ca. 20 bis 1 500 Hertz, dadurch sind sie für einen Großteil aller Horchsituationen einsetzbar. Durch einen Filter können vom Spezialverstärker ungewollte beziehungsweise störende Geräusche gedämpft werden. Manche Bodenschallaufnehmer besitzen aber auch einen Übertragungsbereich von ca. 2 bis 1 500 Hertz, somit ist dieser nicht nur für den »hörbaren« Bodenschalls einsetzbar, sondern auch für den Bodeninfraschall. Neben den Bodenschallaufnehmer gibt es auch sehr empfindliche Mikrofone, sogenannte Luftschallaufnehmer. Durch eine Rücksprecheinrichtung ist es möglich mit der verschlossenen vermissten Person zu reden, wenn die Sonde (z. B. über Versorgungsbohrungen oder durch Hohlräume) zu ihnen geführt werden kann (Wechselsprechsonde). In der allgemeinen tagtäglichen Vermisstensuche kann das Bodenhorchgerät aber auch eingesetzt werden, um Höhlen, Kanäle oder einfach nur eine Sprechverbindung zu einer eingeschlossenen oder abgestürzten schwer zugänglichen Person herzustellen. Das Bodenhorchgerät wird durch die Feuerwehr mit einem Selbstständigen (OT) Trupp (1/2/3) vorgenommen (Konzept: RHOT Trier). Dabei hat sowohl der Maschinist als auch der Truppmann die Kopfhörer an, um eine Auswertung durchzuführen. Jedoch kann nur der Maschinist anhand der Sprechgarnitur mit dem Vermissten Kontakt aufnehmen. Außerdem regelt er bei Bedarf die auf dem Spezialverstärker angebrachten Geräuschfiltereinstellungen. Der Truppmann unterstützt ihn beim Abhören mit seinen Kopfhörern und beobachtet parallel

7.4 Bodenhorchgeräte

die visuelle Pegelanzeige auf dem Spezialverstärker. Der Einheitsführer übernimmt in diesem Fall Aufsicht- und Sicherheitsaufgaben. Er achtet darauf, dass der Einsatzort abgesichert wird und bleibt und dass sich keine Menschen in der Nähe des Bodenhorchgeräts aufhalten. Er bleibt in Funkkontakt zur Einsatzleitung und übernimmt weitere Aufgaben.

Bild 39: *Zwei Einsatzkräfte (Maschinist und Truppmann) überprüfen die verstärkten Signale eines Bodenhorchgeräts*

119

7.5 SearchCam

Die SearchCam (oder Endoskopkamera) ist ein technisches Ortungsgerät, dass mit einer am Ende befestigten Kamera, eine Lokalisierung von Personen in unzugänglichen bzw. uneinsehbaren Lagen sichtbar macht. Sie verfügt je nach Bauart über einen ausziehbaren Teleskoparm oder ein flexibles, halbsteifes Kamerakabel.

Typischerweise werden spezielle SearchCams im Trümmereinsatz eingesetzt, um verschüttete Menschen sichtbar zu machen. Jedoch können solche Cams auch bei einem normalen Vermisstensucheinsatz eingesetzt werden, z. B. um Höhlen oder einsturzgefährdete Häuser zu überprüfen. Ebenso wäre der Einsatz denkbar, wenn eine Person in einen Schacht gefallen ist oder eine hoch gelegene, schwer erreichbare Wohnung durch ein Fenster überprüft werden muss. Zusätzlich zur Kamera besitzt die SearchCam meist am Handgriff einen Videomonitor, um die empfangenen Bilder und Videos auszuwerten. Häufig lassen sich diese Bilder auch aufzeichnen, um ein späteres Auswerten zu ermöglichen. Oftmals lässt sich der Kamerakopf am Ende der SearchCam in einem bestimmten Radius drehen, sodass man einen annähernden Rundumblick erhält. Beleuchtungseinrichtungen um die Kamera Erhellen das Bild, wobei auch eine Nachtsichtkamera integriert sein kann. Mit einem Kopfhörer für den Bediener und ein Mikrofon am Ende der SearchCam lässt sich je nach Ausführung, ähnlich wie bei einer Wechselsprechsonde, zusätzlich Kontakt zur vermissten Person aufbauen.

Die SearchCam wird mit einem Selbstständigen (OT) Trupp (1/2/<u>3</u>) vorgenommen (Konzept: RHOT Trier). Dabei ist der Maschinist der eigentliche Bediener der SearchCam und kann bei Kontakt mit der vermissten Person über die Wechselsprechsonde kommunizieren. Der Truppmann beobachtet den Monitor und wertet die Bilder aus. Der Einheitsführer übernimmt Aufsicht- und Sicherheitsaufgaben. Er achtet darauf, dass der Einsatzort abgesichert wird und bleibt, er bleibt in Funkkontakt zur Einsatzleitung und übernimmt weitere Aufgaben.

7.6 Sonargeräte

Bild 40a und b: *(links) Überprüfen eines Kanalrohrs mit Endoskopkamera, (rechts) die SearchCam im Realeinsatz*

7.6 Sonargeräte

Allgemein ist Sonar ein Verfahren zur technischen Ortung von Gegenständen im Raum und unter Wasser mittels ausgesandter Schallimpulse. In der Vermisstensuche ist das Orten mittel Sonar oftmals bei Wassereinsätzen anzutreffen, wenn mit dem Tod der gesuchten Person gerechnet werden muss.

Das Sonar hilft dabei die Person unter Wasser zu erkennen, um diese schließlich zu bergen. Die technische Personenortung mittels Sonars findet auf einem dafür ausgestatteten Boot statt. Auf dem Boot kann die Bootsbesatzung auf einem Monitor die Echolotbilder auswerten. Meist besteht auch die Möglichkeit durch ein Streamingverfahren die Livebilder auf weitere Bildschirme zu übertragen und aufzuzeichnen.

7 Einsatzmittel: technische Ortung

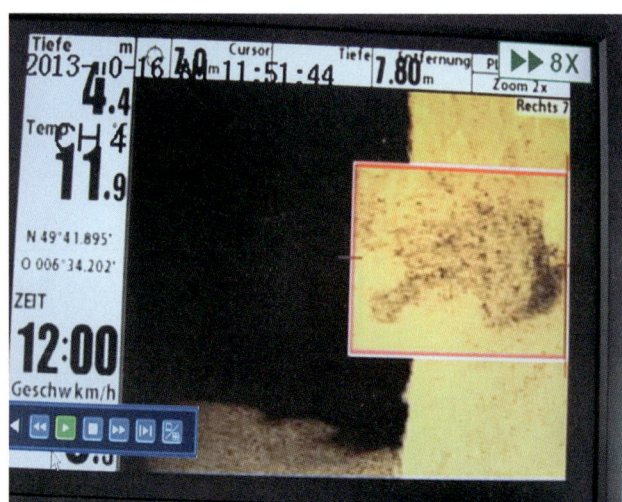

Bild 41: *Sonarortung eines Menschen (Quelle: Berufsfeuerwehr Trier)*

7.7 Beleuchtungsmittel

Tragbare Beleuchtungsmittel oder Taschenlampen sind in der Vermisstensuche allgemein und gerade bei Dunkelheit unerlässlich. Insbesondere größere Taschenlampen mit einer hohen Lumenzahl und somit starker Lichtleistung ermöglichen eine

Bild 42: *Einsatz einer Taschenlampe bei einer Vermisstensuche im Weinberg*

großzügige Aufhellung der Geländeoberfläche über weite Strecken von mehreren 100 Metern. Dadurch können mit diesem technischen Ortungseinsatzmittel in der Dunkelheit größere, normalerweise bei Tageslicht gut einsehbare Flächen, in kurzer Zeit abgesucht werden wie z. B. Ackerflächen oder Weinberge.

7.8 Fernglas

Das Fernglas ist ein tragbares technisches Ortungsgerät, mit dem weit entfernte Punkte vergrößert und so besser beurteilbar gemacht werden können. Dabei gibt es Ferngläser mit unterschiedlichen Zoomfaktoren. Einsatzmöglichkeiten wären beispielsweise das Absuchen eines nicht erreichbaren Felsen, aber auch große Geländeflächen wie Wiesen oder Ackerflächen. Ferngläser sind innerhalb der Feuerwehren und Rettungshundeeinheiten weit verbreitet.

7.9 Akustische technische Ortungsgeräte

Akustische technische Ortungsgeräte sind nicht geeignet, um jemanden zu orten, sondern um durch diese Einsatzmittel auf die Einsatzkräfte aufmerksam zu machen und damit der vermissten Person eine Orientierung zu schaffen. Somit können die Einsatzkräfte neben Ausrufen beispielsweise Trillerpfeifen oder Megaphone benutzen. Selbstversuche im unwegsamen Gelände haben gezeigt, dass der Ton von geeigneten Trillerpfeifen über eine Entfernung von 450 m gehört werden kann. Zurufe lagen bei ca. 300 m und sind für die Einsatzkräfte auf Dauer eher anstrengend. Auch das Megaphon kam auf eine akustische Reichweite von ca. 450 m. Es hat sich bei diesen Versuchen allerdings ebenfalls gezeigt, dass die Rufe (mit Namen der vermeintlich vermissten Person) besser von den Testpersonen wahrgenommen wurden als die Trillerpfeife. Vermutlich liegt es an dem sogenannten »Cocktail-Party-Effekt«. Der »Cocktail-Party-Effekt« beschreibt eine Situation, in der wir vielen Eindrücken und Umwelteinflüssen konfrontiert sind und versuchen die unwichtigen Informationen, wie beispielsweise das Rauschen eines Baches oder der Vogelgesang, auszublenden, um uns auf das Wesentliche zu konzentrieren. Wenn aber schließlich jemand den eigenen Namen ruft, lenkt das unter Umständen unsere Aufmerksamkeit auf den Zuruf, auch wenn dieser leiser ist. Die vermisste Person wird nicht mit einem Trillerpfeifengeräusch rechnen und somit diesen nicht unbedingt wahrnehmen. Insbesondere wenn der Ton noch sehr weit entfernt ist oder sich den natürlichen

7 Einsatzmittel: technische Ortung

Umweltgeräuschen ähnelt (z. B.: Vogelgezwitscher). Es ist zu vermuten, dass die Trillerpfeife wahrscheinlich weiter als 450 m gehört werden könnte.

Bild 43: *Akustische Ortungsgeräte der RHOT Trier: Eine Trillerpfeife mit zwei unterschiedlichen Tönen zur besseren Lokalisierung für den Vermissten sowie ein Megaphon*

In einer Fernsehdokumentation (Galileo) wurde ein Zuruftest durchgeführt. Die Entfernung, in der das Rufen wahrgenommen wurde, betrug hier sogar 450 m. Es gilt zu beachten, dass die Reichweite der akustischen Ortungsmittel stark abhängig von den natürlichen Einflussfaktoren wie Windrichtung, allgemeine Geräuschkulisse im Wald oder die Dichte der Bewaldung ist. Des Weiteren wurde in der Sendung mittels Jodelrufe gezeigt, dass tiefe Töne eine weitere Distanz zurücklegen, die höheren Töne jedoch von Menschen besser lokalisiert werden können.

Voraussetzungen für die Anwendung der akustischen technischen Ortungsgeräte ist aber, dass die gesuchte Person auch reagiert. Personen, die nicht gefunden werden wollen, bspw. vermisste Jugendliche, werden auf diese Signale nicht reagieren oder sich sogar bewusst von diesen fernhalten.

8 Statistiken in der Vermisstensuche

Die Feuerwehr hat allgemein keine bundesweiten statistischen Zahlen von Einsätzen in der Vermisstensuche, da die Fälle nicht zentral außerhalb der kommunalen Zuständigkeit gesammelt und bearbeitet werden. Jedoch kann definitiv festgehalten werden, dass die Vermisstensucheinsätze für die Feuerwehren jedes Jahr zunehmend steigen. Das Bundeskriminalamt als kriminalpolizeiliche Zentralstelle für die Bundesrepublik Deutschland befasst sich mit der Bearbeitung von Vermisstenfällen. Diese hat dazu Zahlen veröffentlicht, aus denen hervorgeht, wie viele Personen in Deutschland tatsächlich vermisst sind bzw. waren. Im April 2019 waren in Deutschland ca. 10 000 Personen als vermisst gemeldet. In dieser Zahl sind sowohl Fälle enthalten, die sich innerhalb kurzer Zeit aufklären ließen oder bis zu 30 Jahre bereits als vermisst gelten. Täglich kommen geschätzt 200 bis 300 Fahndungen neu hinzu oder werden gelöscht. Die veröffentlichten Zahlen des BKA können nicht analog auf die Vermisstenfälle der Feuerwehr übertragen werden, da es sich bei dieser Sammlung um vermisste Personen aus »polizeilicher Sicht« handelt (vgl. Kapitel 16.1).

8.1 Vermisstenstatistiken für den Einsatzleiter der Feuerwehr

Eine Statistik in der Vermisstensuche der Feuerwehr kann den Einsatzleiter, der ggf. noch keine oder nur wenig Erfahrung im Vermisstensucheinsatz hat, bei der Planung und Umsetzung eines Einsatzes helfen. Des Weiteren unterstützt die Vermisstenstatistik den Einsatzleiter in seiner Entscheidung, wenn Erkundungsergebnisse fehlen oder unzureichend sind. Durch die Statistik wird dem Einsatzleiter aufgezeigt, in welchem möglichen Radius die vermisste Person am häufigsten aufgefunden wurde im Bezug zum letzten bekannten Aufenthaltsort. Dies kann dem Einsatzleiter als Grundlage dienen, einen Einsatzraum zu erstellen und zu begrenzen. Außerdem gibt eine Statistik den Unterschied zwischen allgemeingültigen theoretisch getroffenen Aussagen und den statistischen Zahlen wieder. So werden beispielsweise Auffindeorte in der Statistik aufgezeigt, die mit den Aussagen der allgemein verbreiteten Meinung nicht unbedingt kongruent sein müssen. Damit ist gemeint, dass beispielsweise demente Personen nicht öfter in unwegsamem Gelände aufgefunden werden wie oftmals angenommen und sich die Suchmaßnahmen darauf ausrichten. Ebenso sind die Vermissten meist näher an dem letzten bekannten Aufenthaltsort als vermutet aufgefunden worden. Auch hier kann durch eine Statistik eine bestimmte Suchtechnik in Bezug auf den Einsatzraum beeinflusst bzw. begründet werden.

8.2 Der letzte bekannte Aufenthaltsort (lbA) und der mögliche Auffindeort (mAo)

Um den Aufbau bzw. die Voraussetzungen der Statistik zu verstehen, müssen im Vorfeld zwei wichtige Begriffe erklärt werden: Der **letzte bekannte Aufenthaltsort (lbA)** und den **möglichen Auffindeort (mAo)**.

Der **letzte bekannte Aufenthaltsort** (lbA) ist der wichtigste Ausgangspunkt jedes Vermisstensucheinsatzes. In der Regel starten hier die Suchmaßnahmen. Der lbA ist somit der Standort, an dem sicher vermutet werden kann, dass die vermisste Person das letzte Mal gegenwärtig präsent gewesen war. Der Ort kann beispielsweise durch eine Sichtung der vermissten Person am Waldrand oder durch das abgestellte Fahrzeug des Vermissten bestimmt werden. Der lbA kann sich unter Umständen verändern, sobald es neue Erkenntnisse im Einsatzverlauf oder während der Erkundung gibt. Wird in der Wohneinheit einer suizidgefährdeten vermissten Person ein Abschiedsbrief gefunden, aus dem ein besonderer Ort – beispielsweise eine Brücke (um sein Vorhaben in die Tat umzusetzen) – hervorgeht, so handelt es sich hierbei nicht um den LbA. Diese Brücke gilt als Zielort und muss selbstverständlich unmittelbar angefahren werden, um die vermisste Person an ihrer Absicht zu hindern. Jedoch gilt hier bei diesem Beispiel die eigene Wohnung als lbA, es sei denn das Auto wurde gefunden, mit dem die vermisste Person sicher unterwegs gewesen war.

Der **mögliche Auffindeort** (mAo) hingegen beschreibt den Bereich, in denen die vermisste Person mit der höchsten Wahrscheinlichkeit aufzufinden ist. Dabei kann der mAo auch nur eine bestimmte Entfernung bzw. Radius sein oder ein Gebiet, Platz (z. B. nach dem oben genannten Beispiel – die Brücke) sowie ein Gebäude. Für die bestimmte Entfernung des mAo helfen unter Umständen die nachfolgenden Statistiken. Sie zeigen auf, in welcher Entfernung die jeweiligen vermissten Personen gefunden wurden. Die Statistiken schlagen gleichzeitig dem Einsatzleiter auch einen möglichen Einsatzraum vor (siehe dazu Kapitel 10.8.1). Jedoch muss der Einsatzleiter selbst entscheiden, ob er die Zahlengrenze der Statistik zum Anlass nimmt, den Einsatzraum einzuschränken oder diesen nur als Orientierung nutzt.

lbA und mAo

8.2.1 Voraussetzungen für die Statistik

Der Einsatzleiter ist bei einem Vermisstensucheinsatz mit einem immens großen Einsatzgebiet konfrontiert. Um ein solch großen Einsatzraum einzugrenzen oder einen mAo zu bestimmen, können statistische Zahlen helfen. Voraussetzung für die Statistiken in der Vermisstensuche ist der lbA sowie die eigentliche Auffindestelle. Dabei sind zwei Werte ausschlaggebend, die sich auf die Einsatztaktik auswirken und somit einen mAo vorhersagen können:

1) **Die Entfernung zwischen dem lbA und dem Auffindeort der vermissten Person**
   Die Suchmaßnahmen in der Vermisstensuche starten in der Regel an dem lbA. Interessant ist hierbei für den Einsatzleiter, wie weit er seinen Suchradius vom lbA ausweiten will, um einen Einsatzraum festzulegen und zu begrenzen. Dabei muss erwähnt werden, dass Mithilfe der Statistik auf keinem Fall im Umkreis des statistischen Abstands gesucht werden soll, sondern im Umkreis um den lbA. Die Suchmaßnahmen berücksichtigen immer den lbA und ziehen sich bis zum festgelegten Einsatzraum.

2) **Lokalisation des Auffindeortes**
   Ebenso von einsatztaktischer Bedeutung für den mAo ist die Angabe, ob die gesuchte Person, wie oftmals geglaubt, in unwegsamem Gelände (z. B. mitten im Wald) gefunden wurde oder doch eher auf einem Weg bzw. unmittelbar am Wegesrand. Die Entscheidung über eine Weg- oder Flächensuche kann darauf basierend für den verantwortlichen Einsatzleiter begründet sein. Insbesondere bei einem sehr groß festgelegten Einsatzraum, der kaum mit den vorhandenen Einsatzkräften lückenlos abgesucht werden kann (z. B. 1 000 Meter Radius = ca. 3 141 500 m^2), sollte zuvor überlegt werden, ob eine Wegsuche durchgeführt werden sollte. Die Statistik kann die Entscheidung über die richtige Taktik dabei unterstützen.
   Sollte es klare Hinweise bei der Erkundung des mAo geben, beispielsweise die bereits erwähnte Brücke in dem Abschiedsbrief einer suizidgefährdeten Person, müssen diese Erkundungsergebnisse selbstständig vorranging abgearbeitet werden.

8.3 Trierer Erhebung der Vermisstenfälle

Von 01/2003 bis 09/2019 wurden etwas mehr als 300 Einsatzberichte der Facheinheit Rettungshunde/Ortungstechnik (RHOT) der Feuerwehr Trier in Deutschland ausgewertet. Dabei wurden nur die Einsätze berücksichtigt, die mindestens die geforderten Parameter der Entfernung in Luftlinie zwischen lbA und dem Auffindeort oder die genaue Lokalisation der Fundstelle des Vermissten (z. B. Gebäude, Wasser oder Feld) enthielten. So waren am Ende noch insgesamt 154 Einsätze für die Statistik verwertbar. Die vorliegende statistische Auswertung kann auf ganz Deutschland übertragen werden, auch wenn diese nur regional erfasst wurde. Neben dem in Deutschland herrschenden gleichen Klimazonen (gemäßigte Zone), wurden nicht nur Vermisstenfälle im urbanen, sondern auch im ländlichen Bereich (z. B. Wald und Feld) aufgelistet wie sie in ganz Deutschland vorkommen könnten. Es ist zu beachten, dass nur Vermisstensucheinsätze berücksichtigt wurden, an denen die Feuerwehr durch eine Alarmierung auch beteiligt bzw. alarmiert war. Es ist wahrscheinlich, dass viele vermisste Personen ohne Unterstützung gefunden wurden. Für die Statistik bedeutet dies z. B., dass vermisste Personen mit suizidalen Absichten vermutlich häufiger in der Wohnung (womöglich Tod) gefunden wurden als in der vorliegenden Statistik dargestellt, da eine Alarmierung der Feuerwehr, um eine Suchaktion zu starten, nicht nötig war.

8.3.1 Einteilung der Vermisstenfälle in Profilgruppierungen

Die statistische Einteilung der vermissten Personen erfolgt in verschiedene Profile (z. B. demente vermisste Personen), damit die Zahlen nicht zu sehr vereinheitlicht werden. Es ist davon auszugehen, dass Kleinkinder einen anderen Bewegungsradius haben als vermutlich erwachsene Personen. Außerdem könnte das Ziel eines Wanderers in einem Gelände ein anderes sein als das einer vermissten Person mit suizidalen Absichten. Die nun folgende klassische und bewährte Einteilung in Gruppierungen von vermissten Personen beruhen zum großen Teil auf Koester (Koester, Robert J.: Lost Person Behavior: A Search and Rescue Guide on Where to Look for Land, Air, and Water, 1. Auflage Dbs Production LLC, 2008.), der sich neben dem Verhalten von vermissten Personen unter anderem auch mit statistischen Auswertungen in der Vermisstensuche beschäftigt hat. Als Basisliteratur stützt sich Koester auf bereits bestehenden Fachliteraturen wie beispielsweise Syrotucks (1976).

8.3 Trierer Erhebung der Vermisstenfälle

So entstanden folgende Eingruppierungen in Profile für die Vermisstenfälle:
- Vermisste Kleinkinder im Alter von 1 bis 3 Jahre
- Vermisste Kinder im Alter von 4 bis 5 Jahre
  Im Gegensatz zu Koesters Einteilung, wurde das Alter von 6 Jahren auf 5 Jahren herabgesetzt, da in Deutschland die Schulpflicht mit 6 Jahren beginnt.
- Vermisste Schulkinder im Alter von 6 bis 9 Jahre
- Vermisste Schulkinder im Alter von 10 bis 12 Jahre
- Vermissten Jugendliche im Alter von 13 bis 17 Jahre
  Diese Einteilung der Personengruppen wurde hier auch abgeändert. Ursprünglich war die Einteilung von 13 bis 15 Jahre nach Koester. Grund für die Veränderung ist, dass das Verhalten von den Sechzehn- und Siebzehnjährigen dem von Fünfzehnjährigen stark ähnelt.
- Vermisste Sammler
  Hierunter fallen alle vermissten Fälle, die aufgrund ihrer Tätigkeit in einem unwegsamen Gelände vermisst worden sind (z. B. Beere-, Pilz-, Holzsammler etc.). Für die hier aufgeführte Trierer Statistik gab es keinen Einsatz in dieser Profilgruppierung.
- Vermisste Wanderer
- Vermisste Jogger
- Vermisste Personen mit körperlicher Beeinträchtigung (z. B. Beinamputierte, Rollstuhlfahrer etc.)
  Nicht in Koesters Literatur aufgeführt. Auch hier gab es keinen auswertbaren Einsatz in dieser Profilgruppierung.
- Vermisste Personen mit geistiger Beeinträchtigung (z. B. mentale Retardierung etc.)
- Vermisste Personen mit Vorerkrankungen (z. B. Diabetes mellitus, Personen mit Koronaren Herzerkrankungen etc.)
  Nicht in Koesters Literatur aufgeführt.
- Vermisste demente Personen
- Vermisste Personen mit suizidalen Absichten

8.3.2 Aufbau der Statistiktabelle von Vermisstenfällen

In den jeweiligen bereits vorgestellten Profilen sind Tabellen aufgezeigt, deren Aufbau nun nachfolgend erläutert wird: In der oberen Spalte sind die einzelnen Profile erkennbar. In dieser Spalte werden zusätzlich die gesamtbeurteilbaren

Einsätze des jeweiligen Profils aufgezählt. Die Angaben über die Entfernung zwischen lbA und Auffindeort für jedes Vermisstenprofil sind in Meter und Luftlinie angegeben und befinden sich in der oberen Gesamttabelle unterhalb der jeweiligen Profile. Diese beschreibt nicht die tatsächlich zurückgelegte Strecke, die unter Umständen um einiges höher sein kann, wenn sich beispielsweise eine gesuchte Person im Kreis um den lbA bewegte. Die Genauigkeit der Entfernung wurde in vollen 10 m auf- bzw. abgerundet. Die Entfernungsangaben werden in der Tabelle mit einer Prozentzahl gegenübergesetzt. Dadurch kann der Einsatzleiter schnell erkennen, innerhalb von welchem Radius die vermissten Personen in einer bestimmten Prozentangabe gefunden wurde.

Der Aufbau der statischen Prozentangaben orientiert sich an dem statistischen Aufbau und Aussagen der Tabelle von Koester. Koester teilte die Angaben in sogenannte Quartile ein. So werden die statistischen wahrscheinlichen Auffindeorte in 25 %, 50 % (auch Median genannt), 75 % sowie 95 % Radien dargestellt. Der Median gibt den Abstand an, bei dem die Hälfte der Vermissten von den gesamten Einsatzzahlen näher zum lbA und die andere Hälfte weiter außen gefunden worden ist.

Bei der statischen Darstellung der verwendeten Quartile-Tabelle ist der Medianwert (50 %) die zuverlässigste Angabe, da der Einfluss von allen gesamten Daten der Einsatzfälle gleich gewichtet ist. Der 25 %-Radius-Wert leitet sich lediglich von der ersten Hälfte der Daten ab und die 75 %-Radius-Angabe von der letzten Hälfte. Die 95 % Radius ist die am wenigsten stabilste angezeigte Angabe, da sie weitgehend auf der Grundlage der letzten 5 % der Vermisstenfälle ermittelt wurden, die alle als statistische Ausreißer gelten. Sie stellt normalerweise eine Entfernung da, die praktisch unmöglich lückenlos abzusuchen ist. In der Kategorie Demenz betrug der maximale Fall beispielsweise 15,9 km, bei vermissten Personen mit suizidalen Absichten 75 km oder bei den vermissten Personen mit geistiger Beeinträchtigung sogar über 100 km. Vorab war geplant, aufgefundene Personen bei über 12 km Entfernung zum lbA nicht aufzuzählen. Die Vermutung lag nahe, dass die Personen mit geeigneten Beförderungsmitteln (z. B. Bus etc.) den Auffindeort erreicht haben müssen. Aufgrund der Seltenheit von Einsätzen, in denen eine Person in einer solch großen Entfernung gefunden wurde, blieben die Einsätze aber in der Statistik erhalten. Da die letzten 5 % der vermissten Einsätze unberücksichtigt blieben, fielen solche extremen Einzelfälle nicht ins Gewicht.

Die Entfernungen wurden aber nicht nur in festen statischen Quartile dargestellt wie bei Koesters, sondern es wurden die Gesamteinsätze begutachtet, für die jeweiligen Profile die sinnigsten Radien rausgesucht und die Prozentzahlen dynamisch hinter den Entfernungen in Klammern dargestellt. Dies hat den Vorteil, dass im

8.3 Trierer Erhebung der Vermisstenfälle

Gegenzug zu statischen festgelegten Prozentangaben (z. B. 50 %) nicht eine einzige Entfernungsangabe unter Umständen den Radius unnötig in die Größe zieht. Denn eine Vergrößerung des Radius von wenigen Metern beinhaltet je nach Durchmesser eine immense Vergrößerung der Quadratmeterzahl. Dies hat zu Folge, dass bei dem Beispiel der vermissten dementen Personentabelle einer dynamischen Angabe von knapp 48 % ein Radius von 750 m angeben werden kann, statt bei einer Tabelle mit statischer Prozentangabe von 50 % den Radius auf 1 100 m (3 801 327 m²) zu vergrößern, was eine Vergrößerung der Quadratmeterzahl von 2 034 180 m² (anstatt: 1 767 145 m² bei 750 m Radius) zur Folge hätte. Die 2 % würden in diesem Beispiel somit den möglichen Einsatzraum um ein Vielfaches vergrößern und das nur mit einem Einsatz.

Ob der Einsatzleiter die Prozentzahlen überhaupt für seine Einsatzraumbestimmung nutzt oder sie nur als Orientierung braucht, obliegt ihm selbst. Jedoch spiegelt eine dynamische Darstellung der Prozentsätze eine genauere detaillierte Angabe wider.

Um ein Ergebnis in der Tabelle zu präsentieren, wurden die gesamten Radiusangaben mit ihren Prozenten erst ausgerechnet, wenn es mindestens insgesamt zehn dokumentierte Vermisstenfälle gab. Bei weniger als zehn Fällen, wurde die mittlere errechnete Entfernung dem Median gleichgesetzt (Dargestellt in der Spalte 50 % als Einzelwert (Mittelwert)). Ebenso wurde die mittlere errechnete Angabe dargestellt, wenn der statisch festgelegte Prozentsatz zwischen zwei Entfernungsangaben befand.

Des Weiteren zeigt die Statistik in der unteren Hälfte der Tabelle den Auffindeort einer vermissten Person sortiert nach ihrem bestimmten Profil auf. Hier wurde ähnlich, wie bei Koesters angelehnt, verschiedene Auffindebereiche tabellarisch aufgelistet:

- **Gebäude:** Hierbei handelt es sich um alle Gebäude wie beispielsweise die eigene Wohneinheit, eine Kneipe oder Gartenhäuschen.
- **Straße:** Auf einer Straße oder unmittelbar an einer Straße aufgefundene Personen, wenn der Abstand zum Weg nicht mehr als vier Meter betrug.
- **Weg:** Vermisste Personen, die nicht nur auf dem Weg, sondern auch unmittelbar an einem Weg gefunden wurden, wenn der Abstand zum Weg nicht mehr als vier Meter betrug.
- **Bach:** Vermisste Personen, die in einem Bach gefunden wurden.
- **Wasser:** Vermisste Personen, die in einem Weiher, See, Fluss oder anderen großen Gewässern (z. B. Maare) gefunden wurden.

- **Gebüsch:** Personen, die in einem Gebüsch, Hecke oder Strauch gefunden wurden.
- **Wald:** Personen, die im Wald gefunden wurden.
- **Feld:** Personen, die auf einem Feld gefunden wurden.
- **Felsen**: Personen, die auf einem Felsen oder am Fuße eines Felsens (Absturz) aufgefunden wurden.
- **Spielplatz:** Bei den Vermisstenfällen unter 18 Jahre wurde der Auffindeort Spielplatz hinzugefügt.
- **Fahrzeug:** Ursprünglich wurde nur in der Profilgruppierung »Vermisste Personen mit geistiger Beeinträchtigung« die Tabellenzeile »Fahrzeug« hinzugefügt, da von 20 Einsätzen drei vermisste Personen in einem Fahrzeug (hier: Auto, Bus und Traktor) übernachtet hatten. Der Auffindeort wurde aber auf weitere Profilgruppierungen ausgeweitet, da unter Umständen damit gerechnet werden kann, andere vermisste Personen in einem Fahrzeug aufzufinden.

8.3.3 Ergebnis der Trierer Statistik von Vermisstenfällen

Das Ergebnis der Trierer Statistik kann der nachfolgenden Tabelle entnommen werden. Wichtig ist trotz der aufgeführten Werte festzuhalten, dass egal wie umfangreich oder detailliert eine Statistik ist, diese nicht pauschal auf jede vermisste Person übertragen werden kann. Es müssen daher immer die jeweiligen individuellen Gegebenheiten berücksichtigt werden. Die vorliegende Statistik erfüllt nur die Aufgabe, das Defizit von fehlender oder unzureichender Erfahrungswerte oder Erkundungsergebnisse auszugleichen, um seine Entscheidungen auf einer klaren statistischen Grundbasis zu vereinfachen, um den mAo und ggf. den Einsatzraum zu ermitteln und eine mögliche Einsatztaktik durchzuführen. Es befreit den Einsatzleiter aber nicht von seiner Verantwortung, individuelle angemessene Maßnahmen zu ergreifen. Letztendlich kann keiner eindeutig vorhersagen, wo sich eine Person befindet.

8.3 Trierer Erhebung der Vermisstenfälle

Tabelle 3: *Vermisste Kinder und Jugendliche*

dynamische und statische Quartile	Vermisste Kleinkinder Alter: 1 bis 3 Jahre (Einsätze: 1) Entfernung (Luftlinie) zwischen IbA und Auffindeort	Vermisste Kinder Alter: 4 bis 5 Jahre (Einsätze: 4) Entfernung (Luftlinie) zwischen IbA und Auffindeort	Vermisste Schulkinder Alter: 6 bis 9 Jahre[1] (Einsätze: 7) Entfernung (Luftlinie) zwischen IbA und Auffindeort	Vermisste Schulkinder Alter: 10 bis 12 Jahre[2] (Einsätze: 6) Entfernung (Luftlinie) zwischen IbA und Auffindeort	Vermisste Jugendliche Alter: 13 bis 17 Jahre (Einsätze: 11) Entfernung (Luftlinie) zwischen IbA und Auffindeort
0 %–24 %					0 m (18 %)
25 %					**300 m**
26 %–49 %					500 m (36 %)
50 %	**250 m** (Mittelwert)	**20 m** (Mittelwert)	**360 m** (Mittelwert)	**1930 m** (Mittelwert)	**1600 m**
51 %–74 %					2600 m (64 %)
75 %					**4630 m**
76 %–94 %					5300 m (91 %)
95 %					**17640 m**

8 Statistiken in der Vermisstensuche

Tabelle 3: *Vermisste Kinder und Jugendliche – Fortsetzung*

Auffindort	Vermisste Kleinkinder Alter: 1 bis 3 Jahre (Einsätze: 1)	Lokalisation des Auffindeortes (Einsätze: 1)	Vermisste Kinder Alter: 4 bis 5 Jahre (Einsätze: 4)	Lokalisation des Auffindeortes (Einsätze: 4)	Vermisste Schulkinder Alter: 6 bis 9 Jahre[1] (Einsätze: 7)	Lokalisation des Auffindeortes (Einsätze: 7)	Vermisste Schulkinder Alter: 10 bis 12 Jahre[2] (Einsätze: 6)	Lokalisation des Auffindeortes (Einsätze: 4)	Vermisste Jugendliche Alter: 13 bis 17 Jahre (Einsätze: 11)	Lokalisation des Auffindeortes (Einsätze: 8)
Gebäude				50 %		57 %		50 %		63 %
Straße								50 %		13 %
Weg		100 %				29 %				13 %
Bach										
Wasser										
Gebüsch										
Wald										13 %
Feld										
Felsen										
Fahrzeug										
Spielplatz				50 %		14 %				

[1] Zwei Einsätze wurden hier nicht mit aufgeführt. Da bei dem errechneten Mittelwert keine Ausnahmefälle berücksichtigt werden, aber die Tabellenangaben zu stark beeinflussen würden, wurden sie entfernt. (Die Entfernung betrug 7,2 km und 28 km. Dies konnte nur mit geeignetem Beförderungsmittel erreicht werden.)

[2] Auch hier wurde ein Einsatz nicht mit aufgeführt. Da ebenfalls bei dem errechneten Mittelwert keine Ausnahmefälle berücksichtigt werden, aber die Tabellenangaben zu stark beeinflussen würden, wurden dieser entfernt. (Die Entfernung betrug über 7 km. Auch hier war der Verdacht, dies konnte nur mit geeignetem Beförderungsmittel erreicht werden.)

8.3 Trierer Erhebung der Vermisstenfälle

Tabelle 4: *Vermisste Sammler, Wanderer und Jogger*

dynamische und statische Quartile	Vermisste Sammler (Einsätze: 0) Entfernung (Luftlinie) zwischen IbA und Auffindeort	Vermisste Wanderer (Einsätze: 3) Entfernung (Luftlinie) zwischen IbA und Auffindeort	Vermisste Jogger (Einsätze: 1) Entfernung (Luftlinie) zwischen IbA und Auffindeort
0 %–24 %			
25 %			
26 %–49 %			
50 %		1730 m (Mittelwert)	2600 m (Mittelwert)
51 %–74 %			
75 %			
76 %–94 %			
95 %			
Auffindort	**Lokalisation des Auffindeortes (Einsätze: 0)**	**Lokalisation des Auffindeortes (Einsätze: 3)**	**Lokalisation des Auffindeortes (Einsätze: 1)**
Gebäude			
Straße			
Weg		33 %	100 %
Bach		33 %	
Wasser			
Gebüsch			
Wald			
Feld			
Felsen		33 %	
Fahrzeug			

8 Statistiken in der Vermisstensuche

Tabelle 5: *Vermisste Personen mit körperlicher und geistiger Beeinträchtigung sowie vermisste Personen mit Vorerkrankungen, vermisste demente Personen und vermisste Personen mit suizidaler Absicht*

dynamische und statische Quartile	Vermisste Personen mit körperlicher Beeinträchtigung (Einsätze: 0)	Entfernung (Luftlinie) zwischen lbA und Auffindeort	Vermisste Personen mit geistiger Beeinträchtigung (Einsätze: 20)	Entfernung (Luftlinie) zwischen lbA und Auffindeort	Vermisste Personen mit Vorerkrankungen (Einsätze: 8)	Entfernung (Luftlinie) zwischen lbA und Auffindeort	Vermisste demente Personen (Einsätze: 47)	Entfernung (Luftlinie) zwischen lbA und Auffindeort	Vermisste Personen mit suizidalen Absichten (Einsätze: 43)	Entfernung (Luftlinie) zwischen lbA und Auffindeort
0 %–24 %				0 m (20 %)				0 m (17 %)		0 m (12 %)
25 %				170 m				100 m		50 m
26 %–49 %				200 m (33 %)				750 m (48 %)		100 m (40 %)
50 %				800 m			1575 m (Mittelwert)	1100 m		400 m
51 %–74 %				1900 m (67 %)				2000 m (66 %)		800 m (65 %)
75 %				2700 m				2900 m		1500 m
76 %–94 %				5000 m (83 %)				3000 m (83 %)		1900 m (79 %)
95 %				28000				11300		16000 m

8.3 Trierer Erhebung der Vermisstenfälle

Tabelle 5: *Vermisste Personen mit körperlicher und geistiger Beeinträchtigung sowie vermisste Personen mit Vorerkrankungen, vermisste demente Personen und vermisste Personen mit suizidaler Absicht – Fortsetzung*

Auffindort	Vermisste Personen mit körperlicher Beeinträchtigung (Einsätze: 0)	Lokalisation des Auffindeortes (Einsätze: 0)	Vermisste Personen mit geistiger Beeinträchtigung (Einsätze: 20)	Lokalisation des Auffindeortes (Einsätze: 19)	Vermisste Personen mit Vorerkrankungen (Einsätze: 8)	Lokalisation des Auffindeortes (Einsätze: 6)	Vermisste demente Personen (Einsätze: 47)	Lokalisation des Auffindeortes (Einsätze: 39)	Vermisste Personen mit suizidalen Absichten (Einsätze: 43)	Lokalisation des Auffindeortes (Einsätze: 32)
Gebäude				42 %		17 %		33 %[1]		31 %
Straße				21 %		33 %		26 %		16 %
Weg						17 %		16 %		6 %
Bach								3 %		3 %
Wasser						17 %		8 %		13 %
Gebüsch								8 %		3 %
Wald				21 %		17 %		3 %		22 %
Feld								3 %		3 %
Felsen										3 %
Fahrzeug				16 %						

[1] 62 % der dementen Personen wurden in der eigenen Wohneinheit gefunden (z. B.: Dachboden, Keller, etc.).

8 Statistiken in der Vermisstensuche

8.4 Vergleich der amerikanischen und deutschen Statistik

Die Frage vom Nutzen der amerikanischen Statistik von Koester stellt sich insofern, ob diese auf den deutschsprachigen Raum übertragbar bzw. hiermit vergleichbar ist und auch genutzt werden könnte. Vergleicht man die hier aufgelisteten deutschen Zahlen der Trierer Statistik mit denen der amerikanischen Statistik (gemäßigte Zone) von Koester, gibt es keine nennenswerten Unterschiede zu vermerken. Koesters Statistik beruht auf einer hohen Anzahl von auswertbaren Einsätzen, die er mit Hilfe von zahlreichen Daten aus der Datenbank ISRID bezogen hat. Dies unterscheidet die Studie von der Trierer, da in Deutschland keine einheitliche Datenbank zur Auswertung genutzt werden kann. Dennoch können die Zahlen miteinander verglichen werden. Koester erhob außerdem mehr Parameter und konnte eine detailliertere Tabelle aufweisen. Ob alle gesammelten Parameter letztendlich für eine Vermisstensuche von Bedeutung sind, kann nicht vorhergesagt werden. Ausgeklammert in der hier dargestellten deutschen Trierer-Feuerwehr-Statistik in der Vermisstensuche sind Angaben wie Geschlecht oder Überlebungschancen sowie andere Werte die Koester aufzeigt. Dies hat den Grund, dass bei einem Realeinsatz in der Erkundungsphase zu viele individuelle Parameter bei der Einsatzraumfestlegung berücksichtigt werden müssen, die den Einsatzleiter vermutlich nur unnötig in seiner Entscheidungsfindung behindern und den Einsatzablauf verzögern. Außerdem spielen Angaben über das Geschlecht oder die Mortalitätsrate vergleichbarer Suchen primär eine untergeordnete Rolle in einem laufenden Einsatz. Jedoch können beispielsweise Angaben, wie lange sich Personen zeitlich fortbewegt hatten, um eine Höchstentfernung abschätzen zu können, hilfreich sein. Genauso ist die Differenzierung zwischen Stadt und Land sinnvoll, da die Suchmaßnahmen zwischen Stadt und Land in der Regel sehr unterschiedlich sind (kaum Flächensuchen im Stadtgebiet). Eine weitere Tabelle in der Studie von Koester zeigt eine Veränderung zwischen dem PLS: Place last seen (hier: lbA) und dem Höhenunterschied des Auffindeort an und wird in Fuß angegeben. Das bedeutet, dass aufgezeigt werden soll, ob die jeweilig vermisste Person eher bergauf oder bergab gegangen ist. Die Entfernung zum lbA in bergigen Gebieten und die damit getrennte Auflistung sind insbesondere für Länder wie Österreich, Schweiz oder Süddeutschland mitunter interessant.

9 Das Verhalten von vermissten Personen

Die Einsatzszenarien bei einer Vermisstensuche könnten unterschiedlicher nicht sein. Daher ist es schwierig, immer nur nach einem bestimmten Ablaufplan zu verfahren. Aus diesem Grund soll in diesem Kapitel auf das Verhalten der vermissten Personen und ihre unterschiedlichen Profile eingegangen werden, um unter Umständen die Einsatztaktik darauf auszurichten und dadurch schneller zum Einsatzerfolg zu gelangen.

Die verschiedenen Altersunterschiede, Gesellschaftsschichten sowie die Individualität jedes Einzelnen machen es problematisch, feste Gruppen abzugrenzen. Und trotzdem muss eine Abtrennung erfolgen, um eine grobe Übersicht für den Einsatzleiter der Feuerwehr zu schaffen und entsprechend angepasste erfolgsversprechende Maßnahmen ergreifen zu können. Das befreit den Einsatzleiter der Feuerwehr keinesfalls von einer selbstständigen sorgfältigen Erkundung, die das individuelle Verhalten der vermissten Person verdeutlichen soll. Eine hundertprozentige Aussage ist letztendlich definitiv nicht möglich.

Ein Verhaltensmuster kann nicht für jeden Fall erstellt werden. So sind beispielsweise Unfallopfer, die unter Schock weggelaufen sind, in ihrem Verhalten kaum berechenbar. Und trotzdem gibt es in den meisten Fällen parallelen im Verhalten abgängiger Personen. Die Einteilung in bestimmte Profile basiert bis auf einige Abweichungen auf Koester (2008). Die Beschreibung der einzelnen Profile ist bereits im Kapitel 8.3.1 erfolgt und wird für das Kapitel 9 übernommen.

9.1 Mögliches Verhalten, erweiterte profilbezogene Fragen, erweiterte profilbezogene Maßnahmen

Nachfolgend werden in den einzelnen Profilen ein mögliches typisches Verhalten beschrieben, das zum Verschwinden führen kann und wie sich das Verhalten der vermissten Person während des Vermissteneinsatzes entwickeln kann.

Das mögliche Verhaltensmuster der einzelnen Personengruppen basiert auch hier grundlegend auf Koester (2008), wurde aber durch eigene Erfahrungen des Autors ergänzt und komplementiert. Um unnötige wiederholende Angaben im Verhalten zu vermeiden, wurden die einzelnen Profile in fünf Obergruppierungen eingeteilt. So entstanden folgende Kategorien:

9 Das Verhalten von vermissten Personen

1. vermisste Kinder und Jugendliche (im Alter von 1 bis 17 Jahre),
2. vermisste Sammler, Wanderer und Jogger,
3. vermisste Personen mit körperlicher und geistiger Beeinträchtigung sowie vermisste Personen mit Vorerkrankungen,
4. vermisste demente Personen,
5. vermisste Personen mit suizidaler Absicht.

Neben der Beschreibung des möglichen Verhaltens der einzelnen Profile, helfen zielgerichtete Fragen, das Verhalten des einzelnen Vermissten besser zu bestimmen und sein mögliches Vorhaben vorauszusagen. Ein Vorschlag für die erweiterten profilbezogenen Fragen ist ebenfalls für jedes Profil hinzugefügt. Sie bauen auf den allgemeinen Fragenvorschlägen im Kapitel 11.2.2 auf und ergänzen diese (Verschiedene Fragen wiederholen sich unter Umständen in den einzelnen Profilen, sind aber unverzichtbar in der ersten Phase für den Einsatzleiter und deswegen im allgemeinen Fragenkatalog aufgelistet). Manche profilbezogenen Fragen wurden mit ähnlichen Profilen zusammengefasst und zusätzlich ergänzt.

Des Weiteren wird bei jedem Profil ein individuelles Maßnahmenpaket vorgeschlagen, das mitunter die Einsatztaktik entscheidend beeinflussen kann. Auch hier werden die Maßnahmen bei ähnlichen Verhaltensprofilen zusammengefasst dargestellt, um eine Wiederholung zu vermeiden. Die aufgezeigten Maßnahmenpakete können insbesondere ab der Phase 3 des später vorgesellten Vermisstensuchkonzeptes (siehe Kapitel 12) die bereits durchgeführten Maßnahmen erweitern und entsprechend angepasst bzw. ergänzt werden.

Merke:
Im Einsatz müssen unbedingt auch zumindest das Profil, die profilbezogenen Fragen und profilbezogenen Maßnahmen der angrenzenden Altersgruppen berücksichtigt werden, da die Übergänge zwischen dem Verhalten der verschiedenen Altersgruppen fließend sein können. Dies bedeutet bspw., dass bei einem vermissten Jungen von sieben Jahren auch die Aussagen zu den vier- bis fünfjährigen und zehn- bis zwölfjährigen Jungen berücksichtigt werden sollten. Ebenso kann sich das Profil von vermissten Kindern dem geistig beeinträchtigter vermissten Personen sowie dementer vermissten Personen ähneln.

9.1 Mögliches Verhalten, erweiterte profilbezogene Fragen/Maßnahmen

9.1.1 Vermisste Kinder und Jugendliche (im Alter von 1 – 17 Jahre)

Selbst kleine Kinder sind in der Lage, auch über längere Strecken zu gehen oder gar zu Laufen. Dabei sind (Vor)Schulkinder bzw. Jugendliche natürlich leistungsfähiger und schneller zu Fuß als Kleinkinder im Alter von ein bis drei Jahren. Trotzdem können auch die Kleinkinder über kleinere Hindernisse hüpfen oder sogar über größere klettern. Sie sind ebenfalls in der Lage aufgrund ihrer Größe, durch Zäune oder andere Hindernisse hindurch zu schlüpfen, um diese zu überwinden.

Kleinkinder haben nicht unbedingt das Verständnis »Verloren zu sein«. Dies entwickelt sich erst ab dem dritten Lebensjahr. Sie versuchen schließlich nach Hause, an einen vertrauten Ort oder zu einer Bezugsperson zurückzukehren. Oftmals wandern sie aber auch nur ziellos herum. In der Regel ist ihre zurückgelegte Strecke eher gering. Vermisste (Klein)**Kinder** fallen normalerweise in der Öffentlichkeit auf und werden oftmals schnell gefunden, da sie ungewöhnlicherweise allein unterwegs sind oder anfangen zu weinen und zu schreien, wenn sie merken allein zu sein oder generell Angst haben. In unwegsamem Gelände haben die Kinder die gleichen Ängste wie Erwachsene (z. B. Dunkelheit, unbekannte (tierische) Geräusche). Es gibt (Klein)Kinder, die ein bestimmtes festes Gebiet zum Spielen von ihren Eltern eingegrenzt zugewiesen bekommen (z. B. eigener Garten). Doch nicht immer gehorchen die (Klein)Kinder dieser Eingrenzung und brechen aus den Grenzen heraus. Manchmal laufen sie auch aus Spaß vor den Eltern weg, um sich einfangen zu lassen.

Noch häufiger als bei den (Klein)kindern haben **Vorschulkinder** und insbesondere **Schulkinder** ein bestimmtes festes Gebiet zum Spielen von ihren Eltern eingegrenzt bekommen und dürfen auch bereits kurze Wegstrecke (z. B. zum Nachbarn) allein zurücklegen. Die Kinder brechen oftmals aus Neugier, oder um ihren eigenen Willen durchzusetzen, aus dem begrenzten Terrain aus. Ab einem gewissen Alter lassen sich die Kinder mitunter auch gerne von älteren Spielkameraden verleiten, sich von dem mit den Eltern verabredeten Gebiet zu entfernen. Sie haben bestimmte Interessen und könnten versuchen, selbstständig zu diesen Orten zu reisen.

Die meisten Kinder jeden Alters lassen sich gerne von Tieren, Pflanzen, Wasser, unbekannten Geräuschen, Lichtern und Spielkameraden ablenken oder anziehen und vertiefen sich gerne in phantasievolle Spiele. Wenn sie ein Ziel verfolgen, dann meist auf einem Weg, den sie bereits kennen (z. B. zu den nahewohnenden Großeltern, Freunden oder anderen Bekannten und Verwandten). Sie nutzen gerne vermeintliche Abkürzungen oder folgen anderen Spuren. Dabei haben sie oftmals den Drang, sich zu verstecken, insbesondere wenn sie müde werden. So müssen auch

Büsche, Hinterhöfe, Nebengebäude, Schuppen, Freiräume unter Felsvorsprüngen, Anhänger oder Autos (unter den Autos) abgesucht werden. Sie verstecken sich innerhalb der Gebäude gerne unter Tischen, in Schränken oder anderen geeigneten Unterschlüpfen.

Je jünger die Kinder sind, desto eher reagieren sie nicht auf Pfiffe oder Zurufe oder sie schlafen unter Umständen so tief, dass selbst die Rufe der Eltern nicht gehört werden. Sie besitzen die Fähigkeit trotz lauten Geräuschen weiter zu schlummern.

Bei älteren Kindern hingegen kann es sein, dass sie ebenfalls auf Zurufe nicht reagieren, da ihnen schon früh beigebracht wurde, nicht auf fremde Menschen zu hören und mit ihnen mitzugehen. Daher kann auch hier nicht unbedingt erwartet werden, dass sie sich auf Zurufe bemerkbar machen, sondern sich dadurch ggf. erst recht verstecken. Es kann auch vorkommen, dass sich die Kinder absichtlich verstecken, um Aufmerksamkeit zu bekommen, sich einer Strafe zu entziehen oder einfach nur zu schmollen – bei Schulkindern wäre das Schulschwänzen auch möglich. Wenn sie absichtlich weggelaufen sind, kann es sein, dass sie bei Hunger oder Dunkelheit selbstständig zurückkommen. Wenn sie gefunden werden wollen, hören sie auch auf ihren Namen.

Kinder unter sechs Jahren haben fast keinen Orientierungssinn oder wirkliche Navigationsfähigkeiten. Aber je nach Entwicklungsstand (spätestens ab dem sechsten Lebensjahr), sind sie in der Lage, sich dominante Orientierungspunkte (z. B. einen Kirchturm) einzuprägen, um dahin wieder zurückzukehren. Wenn sie dann merken, dass sie sich verirrt haben, suchen sie nach bekannten Wegen oder diesen Orientierungspunkten. Die visuellen und räumlichen Fertigkeiten sind in der **Altersklasse von sechs- bis neunjährigen Kindern** in der Regel viel weiter entwickelt. Sie sind in der Lage, einfache Karten zu lesen und können klare und eindeutige Aussagen mitteilen. Sie haben ihre bekannte Umgebung als geistige Karte im Kopf gespeichert, die aber oftmals verzerrt oder falsch sein kann. In einer neuen Umgebung können sie sich schnell verirren.

Die räumlichen Fähigkeiten der **Kinder im Alter zwischen zehn und zwölf Jahren** sind soweit ausgeprägt, dass sie sich auf den Wegen orientieren, Karten lesen und gegebenenfalls zeichnen können. Sie haben ihre bekannte Umgebung als geistige Karte im Kopf gespeichert, die aber weiterhin oftmals falsch sein kann. Sie verstehen »Verloren zu sein« und versuchen strategisch nach Hause, an einen vertrauten Ort oder zu einer Bezugsperson zurückzukehren. Die Orientierung durch bekannte Orientierungspunkte oder gemerkte Anhaltspunkte (z. B. Orthopädiegeschäft an einer Straßenecke) ist ähnlich fortgeschritten wie bei einem Erwachsenen. Das von ihren Sorgeberechtigten zum Spielen eingegrenzte Gebiet kann mitunter recht groß sein, außerdem werden ihnen bestimmte Wegstrecken erlaubt,

9.1 Mögliches Verhalten, erweiterte profilbezogene Fragen/Maßnahmen

die z. B. zu einem Schulfreund führen. Sie gehen häufig verloren, weil sie bei den bekannten Wegen vermeintliche Abkürzungen suchen. Sie vergessen zudem häufig die Zeit beim Spielen, gehen mit Freunden die Umgebung erkunden oder suchen nach Abenteuern.

Die Entwicklung von **Jugendlichen ab dem 13. Lebensjahr** ist in Bezug auf das Wiedererkennen und Orientieren im unbekannten Gelände gleichzusetzen mit dem Stand von Erwachsenen. Sie sind in der Lage, deduktive Überlegungen durchzuführen und abstrakte Gedanken zu entwickeln. Daher sind ihre potenziellen Navigationsfähigkeiten in der Regel so gut wie die eines Volljährigen. Was ihnen fehlt, ist die Reife und die Erfahrung. Wenn sie merken, dass sie sich verirrt haben, sind sie ähnlich erfolgreich wie Erwachsene, um einen Weg zu finden oder um Hilfe anzunehmen. Die Orientierung durch bekannte Orientierungs-/Anhaltspunkte ist auch hier ähnlich fortgeschritten wie bei einem Erwachsenen. Von ihren Eltern haben sie wenige Einschränkungen bzgl. eines festgelegten Bewegungsradius. Sie vergessen oft die Zeit beim Spielen bzw. beim Treffen mit Gleichaltrigen. Sie gehen mit Freunden die Umgebung erkunden oder suchen nach Abenteuern, wobei sie ggf. auch Mutproben sowie Gefahren aufgrund eines Gruppenzwangs erleben. Gerade in der Pubertät testen die Jugendlichen die Grenzen der Eltern aus, insbesondere wenn sie mit ihren Lebens-, Verhaltens- oder Behandlungsweisen nicht einverstanden sind. Eine vorangegangene Trennung vom Partner oder Streit mit Freunden kann ebenfalls ein Grund für das Verschwinden sein. Sie sind in der Lage, öffentliche Verkehrsmittel selbstständig zu benutzen und fallen durch ihr Alter auch nicht unbedingt in der Gesellschaft auf. Die Jugendlichen können feste Partner haben, die ihnen Geheimnisse anvertrauen, die die Erwachsenen nicht kennen. Es kommt öfter vor, dass sie sich bei (neuen) Freunden aufhalten, insbesondere wenn sie sich neu orientieren.

Allgemein erweiterte profilbezogene Fragen für vermisste Kinder und Jugendliche (im Alter von 1 bis 17 Jahren)

- Gab es einen Auslöser vor dem Verschwinden oder einen Grund? (Streit in der Familie, Bei Schulkinder evtl. schlechte Noten?)
- Wohnen in der Nähe Bekannte, Verwandte oder Freunde?
- Gibt es in der Nähe irgendwelche Plätze, die auf das Kind/den Jugendlichen anziehend wirken können und/oder Gefahren bergen (z. B. Spielplätze, Baggerseen, Flüsse, Baustellen etc.)?
- Wie reagiert das Kind/der Jugendliche auf fremde Menschen? (Eher misstrauisch oder kontaktfreudig?)

9 Das Verhalten von vermissten Personen

Erweiterte profilbezogene Fragen für vermisste Kleinkinder und Kinder (im Alter von 1 bis 5 Jahren)

- Hört das Kind auf seinen Namen und reagiert es darauf? Hat das Kind einen Spitznamen?
- Wie war das Kind für die bestehende Wettersituation bekleidet? (Insbesondere bei Kleinkindern besteht die Gefahr des schnellen Auskühlens!)
- Ist das Kind in der Lage, weitere Strecken zu laufen?
- Würde das Kind eine (größere) Straße überqueren?
- Ist das Kind in der Lage, zu klettern oder zu balancieren?
- Hat das Kind einen Schlafplan? (Wird es zu einer bestimmten Uhrzeit müde und legt sich zum Schlafen hin?)
- Schläft das Kind auch bei lauten Geräuschen weiter?

Zusätzlich erweiterte profilbezogene Fragen für vermisste Kinder, Schulkinder und Jugendliche (im Alter von 4 bis 17 Jahren)

- In welchem Bewegungsraum darf sich das Kind/der Jugendliche selbstständig bewegen und fühlt sich auch sicher?
- Wie reagiert das Kind/der Jugendliche auf Sirenen, Lichter, Hunde, Tiere, Polizei, Feuerwehr? Hat Angst und läuft weg oder kommt interessiert zur Quelle?
- Wie glauben Sie, reagiert das Kind/der Jugendliche, wenn es merkt, allein zu sein? Weint oder schreit das Kind? Bleibt das Kind/der Jugendliche unbekümmert? Sucht das Kind/der Jugendliche bei fremden Menschen Hilfe?
- Ist das Kind/der Jugendliche mit einem Fahrrad oder anderem Mobilen Gerät unterwegs? (z. B. Roller, Skateboard, Inline Skates etc.)
- Kann das Kind/der Jugendliche schwimmen?
- Kann das Kind/der Jugendliche tauchen?
- Welche Wege kann das Kind/der Jugendliche sicher gehen und sind ihm bekannt?

Zusätzlich erweiterte profilbezogene Fragen für vermisste Schulkinder und Jugendliche (im Alter von 6 bis 17 Jahren)

- Hat das Kind/der Jugendliche Geld dabei?
- Hat das Kind/der Jugendliche jemals öffentliche Verkehrsmittel benutzt?
- Welche öffentlichen Verkehrsmittel werden häufig genutzt? Um welche Strecke handelt es sich?

9.1 Mögliches Verhalten, erweiterte profilbezogene Fragen/Maßnahmen

- Hat das Kind/der Jugendliche ein Handy dabei? Eventuell mit Ortungsfunktion?
- Kann das Kind/der Jugendliche Karten lesen oder hat eine Karte auf seinem Handy oder einem anderen Gerät gespeichert?

Zusätzlich erweiterte profilbezogene Fragen für vermisste Jugendliche (im Alter von 13 bis 17 Jahren)

- Gibt es eine Liebesbeziehung zu einer Person? Weiß sie etwas über das Verschwinden oder gab es Beziehungsstreit?
- Gibt es neue Freunde? (Neue Freunde, die vielleicht den Eltern unbekannt sind?)
- Ist der Jugendliche möglicherweise alkoholisiert oder steht er unter Drogen?
- Ist eine Mutprobe vorangegangen? (Möglicherweise Absuchen der Bahnschiene, Brücken oder von Türmen etc.).

Allgemein erweiterte profilbezogene Maßnahmen für vermisste Kinder und Jugendliche (im Alter von 1 bis 17 Jahren)

- Profilfragenbogen abfragen und mögliche Hinweise abarbeiten.
- Die eigene Wohneinheit mehrmals in gewissen zeitlichen Abständen absuchen (kommt unter Umständen selbstständig zurück).
- Die unmittelbare Umgebung um die Wohneinheit herum absuchen.
- Gebiete in denen das Kind/der Jugendliche gerne spielt oder sich aufhält absuchen, auch wenn diese bereits zuvor überprüft worden sind (Dynamik).
- Kontaktliste erstellen von Verwandten, Nachbarschaft, Freunden (z. B. allgemeine Freunde, Kindergarten-/Schulfreunde, Vereinsfreunde).

Erweiterte profilbezogene Maßnahmen für vermisste Kleinkinder, Kinder und Schulkinder (im Alter von 1 bis 9 Jahren)

- Der empfohlene Flächensuchradius vom letzten IbA sollte mindestens der jeweiligen Angabe des Mittelwertes der vorliegenden Statistiktabelle aus Kapitel 8 entsprechen.
- Ggf. dominante Orientierungspunkte absuchen.
- Kontrollieren von Kisten, Wasser, Unterstellmöglichkeiten, Büschen und in Frage kommenden Gebäuden.

Erweiterte profilbezogene Maßnahmen für vermisste Schulkinder und Jugendliche (im Alter von 10 bis 17 Jahren)

- Ab dem Alter von zehn Jahren sollte der 25 % Suchradius aus Kapitel 8 gewählt werden, da zu erwarten ist, dass sich die Kinder/Jugendlichen in diesem Alter schneller und ausdauernder fortbewegen und somit eine komplette Flächensuche bei einem Mittelwert bzw. 50 % Radius aus der dargestellten Statistiktabelle primär schwierig abzusuchen wäre. Da es in der Trierer Statistik bei den zehn- bis zwölfjährigen Kindern keine Angabe in der 25 % Spalte gibt, wird hier auf die Angaben von Koester verwiesen. Diese betrug ca. 300 m in bewohntem Gebiet bei 18 gelisteten Einsätzen. Der 50 % Suchradius betrug bei Koester ca. 1500 m, der ähnlich wie bei dem hier abgebildeten Mittelwert (1 930 m) als erste Mindestsuchmaßnahme nicht empfohlen wird.
- Mögliche Abkürzungen der Wege kontrollieren (Empfohlen: Mittelwert bzw. dem 50 % Suchradius aus der Statistiktabelle).
- Mit dem Handy Kontakt aufnehmen bzw. Handyortung durchführen, falls mitgeführt.
- Mit Zurufen oder anderen Gegenständen (Trillerpfeife) auf sich aufmerksam machen, falls die vermisste Person gefunden werden will.
- Social Media auf Hinweise überprüfen.

9.1.2 Vermisste Sammler, Wanderer und Jogger

Innerhalb der Sammler (unter dem Begriff Sammler werden alle Personen, die sich im Wald aufhalten, um dort einer Tätigkeit wie beispielsweise Beeren, Pilze sammeln oder Holz abholen zusammengefasst), den Wanderern und Joggern gibt es im Verhalten parallelen, weswegen sie in diesem Kapitel zusammengefasst betrachtet werden.

Diese aufgezählte Personengruppe ist meist physisch und psychisch fit. Wenn die Feuerwehr alarmiert wird, ist oft schon viel Zeit vergangen, da nicht erwartet wird, dass sich Personen dieses Profils verirren. Meist wird davon ausgegangen, dass sie sich in einer hilflosen Lage befinden. So kommt es bei einer Vermisstenlage oftmals vor, dass sie einen Abhang abgerutscht oder einfach nur gestolpert sind und sich von allein nicht mehr helfen können, insbesondere wenn Gefahren aufgrund der Dunkelheit nicht erkannt wurden. Eigene Überschätzung der körperlichen Ausdauer/Überanstrengung oder eine bekannte Vorerkrankung beispielsweise des Herzens kann ein Mitgrund sein, dass sie nicht nach Hause kommen. Da diese

9.1 Mögliches Verhalten, erweiterte profilbezogene Fragen/Maßnahmen

Profilgruppe gefunden werden will, werden sie, falls sie bei Bewusstsein sind, auf Rufe antworten oder selbst um Hilfe rufen.

Unerfahrene **Sammler** können unter Umständen giftige Gegenstände sammeln und bereits vor Ort konsumiert und dadurch eine hilflose Lage herbeigeführt haben. Die Sammler befinden sich in der Regel im Gegensatz zu den Wanderern und Joggern außerhalb eines Weges oder Pfades. Oftmals sind die Areale zum Sammeln bekannt, werden aber aufgrund von Konkurrenzangst nicht immer verraten. Die Orientierung kann beim Sammeln verloren gehen, weil sich der Sammler auf die Suche konzentriert (»Blick auf den Boden«) und sich immer mehr ins unwegsame Gelände begibt. Dabei können Orientierungspunkte für den Sammler verloren gehen wie zum Beispiel Landmarken oder andere dominante Orientierungspunkte (z. B. Strommast, Hochsitz etc.). Sobald sie merken, dass sie ihre Orientierung verloren haben, versuchen sie einen Weg zu finden, dem sie folgen können. Dabei verlassen sie unter Umständen den letzten Ort, an denen sie vermutet werden.

Wanderer hingegen verirren sich oftmals, weil sie bei bestimmten Kreuzungen falsch abgebogen sind, da diese entweder schlecht sichtbare oder gar keine Richtungen bzw. Markierungen vorweisen (z. B. Wege/Kreuzungen sind zerstört oder ungepflegt oder durch Schnee bedeckt), sie Kartenmaterial falsch gelesen haben (z. B. Karte falsch herum gehalten, oder Kompass nicht richtig gelesen) oder weil sie eine vermeintliche Abkürzung nehmen wollten. Dabei kann die mögliche Abkürzung auch querfeldein durch unwegsames Gelände führen, obwohl von Wanderern erwartet wird, dass sie auf den Wegen bleiben. Ein Erdrutsch könnte auch den geplanten Wanderweg versperren, sodass sich der Wanderer einen alternativen, unbekannten Weg suchen muss und dabei »verloren« geht.

Die **Jogger** laufen meist zur späten Stunde nach Feierabend. Dabei spielt die Dunkelheit und fehlende Beleuchtung für den Läufer eine wesentliche Rolle, wenn sie weiter laufen als gewohnt und/oder unter Erschöpfung langsamer werden und somit zeitlich länger unterwegs sind. Normalerweise laufen sie eine bekannte Laufstrecke und verbleiben auf den Wegen. Die Laufbekleidung ist nicht immer der Wetterlage oder an die kommende Dunkelheit optimal angepasst. Dem hingegen sind **Sammler und Wanderer** häufig für einen längeren Aufenthalt im Freien, für eine wechselnde Wetterlage oder für eine kommende Dunkelheit gut ausgerüstet.

Sammler und Wanderer orientieren sich oftmals mit Navigationsgeräten oder Handys über entsprechende Apps, um sich mit Hilfe der dort gespeicherten Karte zu orientieren. Fällt das Gerät aufgrund des fehlenden Empfangs oder leeren Akkus aus, kann der momentane Standort komplett unbekannt sein. Es kann sein, dass sich in solchen Fällen die vermisste Person bergauf bewegt, um Handyempfang zu bekommen oder den visuellen Überblick zu bekommen und sich neu zu orientieren.

9 Das Verhalten von vermissten Personen

Manchmal lassen sie auch ihre Ausrüstung, weil diese unter Umstände zu schwer geworden ist, wie zum Beispiel einen Sammlerkorb oder Wanderrucksack, zurück. Beim Auffinden von Equipment und der eindeutigen Zuordnung zum Vermissten, gilt dieser Punkt als der IbA. **Jogger** hingegen sind seltener mit Handy oder anderem Equipment (evtl. tragen sie Pulsuhr) ausgestattet, die eine Orientierung oder Erreichbarkeit möglich machen, da sie so wenig Gewicht wie möglich mittragen wollen.

Allgemein erweiterte profilbezogene Fragen für vermisste Sammler, Wanderer und Jogger

- Gibt es Vorerkrankungen? (z. B. bekannte Erkrankungen des Herzens, die vielleicht bei körperlicher Überschätzung hervorgerufen werden können, Verletzungen des Bewegungsapparates)
- Hat der Vermisste ein Handy dabei? Eventuell mit Ortungsfunktion?
- Kann die vermisste Person Karten lesen oder hat eine Karte auf seinem Handy oder einem anderen Gerät gespeichert?
- Trägt die vermisste Person eine Pulsuhr? Wird er vor einer körperlichen Überlastung gewarnt? Evtl. GPS-Funktion?
- Was wäre die vermutete größte Entfernung, die die gesuchte Person gehen/laufen könnte?
- Hat die gesuchte Person genügend Verpflegung dabei oder ist sie für eine längere Zeit für die momentane Wetterlage/Dunkelheit ausreichend ausgerüstet?

Erweiterte profilbezogene Fragen für vermisste Sammler

- Hat die gesuchte Person einen bestimmten und öfter besuchten Sammlerpunkt?
- Gibt es Hinweise oder Unterlagen über Sammelplätze?
- Wie sieht der Sammelkorb aus?
- Ist bekannt, ob der Sammler seine gefundenen Früchte bereits vor Ort verspeist?
- Gibt es Bekannte, die mit dem Sammler zusammen unterwegs waren? Vielleicht gibt es Auskunft über die Sammlerpunkte
- Entfernt sich der Sammler weit ab von einem Weg oder Pfad?
- Wurde eine Kettensäge mitgeführt? Wollte der Sammler im Wald alleine Holzarbeiten durchführen?

9.1 Mögliches Verhalten, erweiterte profilbezogene Fragen/Maßnahmen

Erweiterte profilbezogene Fragen für vermisste Wanderer
- Hat die gesuchte Person bestimmte öfter durchgeführte Wanderrouten?
- Neigt die vermisste Person querfeldein zu laufen oder hält sich normalerweise auf Wegen auf?
- Gibt es Hinweise oder Unterlagen über eine geplante Wanderroute? (z. B. Wanderführer, Bilder etc.)

Erweiterte profilbezogene Fragen für vermisste Jogger
- Hat die gesuchte Person längere Erfahrung im Bereich des Joggens?
- Ist bekannt, welche Route die vermisste Person für gewöhnlich läuft?
- Gab es neue Laufrouten, die der vermisste Jogger ausprobieren wollte?

Allgemein erweiterte profilbezogene Maßnahmen für vermisste Sammler, Wanderer und Jogger
- Profilfragenbogen abfragen und mögliche Hinweise abarbeiten.
- Die eigene Wohneinheit mehrmals in gewissen zeitlichen Abständen absuchen (kommt unter Umständen selbstständig zurück).
- Die unmittelbare Umgebung um die Wohneinheit herum absuchen.
- Mit dem Handy Kontakt aufnehmen bzw. Handyortung durchführen, falls mitgeführt.
- Mit Zurufen oder anderen Gegenständen (Trillerpfeife) auf sich aufmerksam machen.

Erweiterte profilbezogene Maßnahmen für vermisste Sammler
- Der empfohlene Flächensuchradius vom IbA sollte der 25 % Angabe aus der Statistiktabelle sein. Da es in der Trierer Statistik auch hier keine Angabe in der 25 % Spalte gibt, wird ein Wert von 800 m Radius empfohlen. Auf Koesters Zahlen wird hier nicht zurück gegriffen. Diese betrug ca. 1 500 m bei 94 gelisteten Einsätzen. Es lässt die Vermutung zu, dass insbesondere in dünnen besiedelten Ländern wie den USA die Entfernungen zu einem Sammlerpunkt weiter ausfallen als in Deutschland.
- Das eigentliche Ziel ausmachen und einen bestimmten Radius herum absuchen.
- Mit (erfahrenen) Sammlern Kontakt aufnehmen und weitere bekannte ertragreiche Areale ausfindig machen und absuchen.

Erweiterte profilbezogene Maßnahmen für vermisste Wanderer und Jogger
- Bewegungsrichtung herausfinden und eine Wegsuche durchführen.
- Das eigentliche Ziel ausmachen und eine mögliche Suche in Richtung Startpunkt zurück beginnen (Zangensuche).
- 50 % bzw. Mittelwertsuchradius der Statistiktabelle als Wegsuche durchführen.
- Auf alternativen möglichen Wegen eine Wegsuche durchführen.

Zusätzlich erweiterte profilbezogene Maßnahmen für vermisste Wanderer
- Flächensuchradius von 600 m absuchen.

9.1.3 Vermisste Personen mit körperlicher und geistiger Beeinträchtigung sowie vermisste Personen mit Vorerkrankungen

Körperlich beeinträchtigte Menschen unterliegen in ihrem täglichen Leben bestimmten Einschränkungen, die auf den Bewegungsapparat Einfluss haben und die Fortbewegungen begrenzen können. Diese Personengruppe ist meist geistig komplett gesund. Eine Prognose zu ihrem Verhalten aufzustellen, ist schwierig.

Geistig beeinträchtigte Menschen zeichnen sich hingegen durch einen andauernden Zustand unterdurchschnittlicher kognitiver Fähigkeiten sowie Einschränkungen des affektiven Verhaltens aus. Die Diagnose für eine geistige Behinderung wird oft durch einen sogenannten Intelligenztest festgestellt. Ist der Intelligenzquotient unterhalb der Zahl 70, wird von einer geistigen Behinderung gesprochen. Das Verhalten kann dem eines Kindes oder einer dementen Person gleichen. Wobei mental retardierte Kinder sich eher wie altersadaptierte Kinder und Erwachsene sich mehr dem dementen Muster entsprechend verhalten. Sie werden oft in Gebäuden, Fahrzeugen oder Nebengebäuden gefunden, weil sie unter Umständen Schutz suchen (beispielsweise vor Gewitter) oder Angst vor der Dunkelheit haben, jedoch werden auch viele in unwegsamem Gelände aufgegriffen, insbesondere da, wo ein Unterschlupf (z. B. Busch) vorhanden ist. Interesse gerade für Tiere, Wasser oder Pflanzen sind genauso wie bei dem Profil der Kinder denkbar. Zu dem Vermisstenkreis mit geistiger Beeinträchtigung zählen auch Personen mit psychischen Störungen, die denen der geistig beeinträchtigten Personen im Verhalten ähneln.

Personen mit Vorerkrankungen leiden unter bestimmten Erkrankungen, die aber nicht unbedingt im Alltag das Leben einschränken müssen, sofern sie medizinisch gut versorgt sind. Darunter fallen Erkrankungen wie beispielsweise eine

9.1 Mögliches Verhalten, erweiterte profilbezogene Fragen/Maßnahmen

Herzinsuffizienz oder Diabetes Mellitus. Wenn sie wie gewohnt oder vereinbart nicht mehr nach Hause oder zu einem Verabredeten Ort kommen, gibt es schnell die Annahme, dass aufgrund ihrer Vorerkrankung etwas passiert sein könnte, wie beispielsweise Medikamente vergessen oder ein erneutes Auftreten bzw. Verschlimmerung der bestehenden Erkrankung.

Innerhalb dieser zusammengefassten Profilgruppe anzunehmen, dass Menschen, die eine körperliche, geistige Beeinträchtigung haben oder unter einer Vorerkrankung leiden, keine weiten Strecken zurücklegen können, ist falsch. Es kommt auf die Einschränkung an.

Bei der körperlichen Beeinträchtigung kann die Möglichkeit fehlen, Barrieren oder Hindernisse zu überwinden. So ist beispielsweise ein Rollstuhlfahrer in unwegsamem Gelände eingeschränkter in der Fortbewegung als ein Beinamputierter mit Prothese. Menschen mit einer geistigen Beeinträchtigung sind meist physisch gesund und können somit weite Strecken gehen oder Hindernisse überwinden. Es kann vorkommen, dass die gleiche Person an einem Tag mehrere Kilometer von dem gewohnten Umfeld entfernt ist und am anderen Tag sich in unmittelbarer Nähe aufhält. Bei den Personen mit Vorerkrankungen können ebenfalls, je nach Leiden, trotzdem große Strecken überwunden werden.

Der Grund, warum die Feuerwehr zu Hilfe gerufen wird, ist oftmals gleich. Die Verwandten, Bekannten oder Freunde machen sich nach einer gewissen Zeit große Sorgen, dass etwas passiert sein könnte und man von einer hilflosen Lage ausgehen muss. Es kann bei einer Vermisstenlage nämlich vorkommen, dass die Vermissten erschöpft sind, das Bewusstsein verlieren oder nur gestolpert sind und sich von allein nicht mehr helfen können. Eigene Überschätzung der körperlichen Ausdauer/Überanstrengung können ebenfalls ein Grund für die hilflose Lage sein. Nicht selten kommen diese Personen aber auch selbstständig zurück.

Wenn die gesuchte **Person mit körperlicher Beeinträchtigung oder Vorerkrankungen** bei Bewusstsein ist, wird sie auf Rufe antworten oder selbst um Hilfe rufen, da sie gefunden werden will. Oftmals gehen vermisste Personen eine bekannte Strecke und verbleiben auf den Wegen. Das ist bei Menschen mit geistiger Beeinträchtigung leider nicht immer der Fall. Es ist oft nicht kalkulierbar, ob sie ein bestimmtes Ziel verfolgen. Oftmals sind sie dafür bekannt, schon mal weggelaufen zu sein bzw. nicht nach Hause zu kommen. Unter Umständen hören sie nicht auf ihren Namen und könnten sich aus Furcht auch vor den Einsatzkräften verstecken oder von ihnen entfernen.

Allgemein erweiterte profilbezogene Fragen für vermisste Personen mit körperlicher und geistiger Beeinträchtigung sowie vermisste Personen mit Vorerkrankungen

- Gibt es Vorerkrankungen? (z. B. bekannte Erkrankungen des Herzens, die vielleicht bei körperlicher Überschätzung hervorgerufen werden können, Verletzungen des Bewegungsapparates)
- Wie lautet der Kontakt des Facharztes/Hausarztes? Genaue Bezeichnung der Erkrankung bzw. körperlichen/geistigen Behinderung; vorhandene/ fehlende Fähigkeiten beschreiben lassen.
- Was wäre die vermutete größte Entfernung, die die gesuchte Person gehen könnte?
- Hat die gesuchte Person bestimmte Wanderrouten oder Gewohnheiten, Hobbys?
- Hat die gesuchte Person genügend Verpflegung dabei oder ist sie für eine längere Zeit für die momentane Wetterlage/Dunkelheit ausreichend ausgerüstet?
- Welche Medikamente werden aktuell eingenommen und welche braucht der Vermisste unbedingt? (Zeitfenster)

Erweiterte profilbezogene Fragen für vermisste Personen mit körperlicher Beeinträchtigung

- Welche Einschränkungen genau hat die vermisste Person?
- Gibt es Hindernisse oder Barrieren in der unmittelbaren Umgebung und kann sie diese überwinden?

Erweiterte profilbezogene Fragen für vermisste Personen mit geistiger Beeinträchtigung

- Gab es einen Auslöser vor dem Verschwinden oder einen Grund? (Streit in der Familie, bei Schulkinder evtl. schlechte Noten?)
- Ist der vermissten Person der eigene Name noch bekannt?
- Antwortet oder reagiert die Person auf ihren Namen? Und kommt sie bei Zuruf? Gibt es einen Spitznamen? Hat die Person Weglauftendenzen, wenn sie gerufen wird?
- Erkennt die geistig beeinträchtigte Person noch ihre eigenen Familienmitglieder, Freunde oder Bekannte?
- Weiß die gesuchte Person, wo sie aktuell wohnt? Erkennt sie die unmittelbare Nachbarschaft?

9.1 Mögliches Verhalten, erweiterte profilbezogene Fragen/Maßnahmen

- In welchem Bewegungsraum bewegt sich die vermisste, geistig beeinträchtigte Person normalerweise selbstständig? Gibt es eine vorgeschriebene Einschränkung des Bewegungsraums?
- Wie reagiert die geistig beeinträchtigte Person auf Sirenen, Lichter, Hunde, Tiere, Polizei, Feuerwehr? Hat sie Angst und läuft weg oder kommt sie interessiert zur Quelle?
- Liegt eine Psychose vor?
- Hat die gesuchte Person emotionale Veränderungen wie z. B. Wahnvorstellungen, Paranoia, Halluzinationen, Depressionen?
- Ist sie gewalttätig gegenüber Dritten? Oder gegen sich selbst?
- Gibt es aktuelle Lieblingsplätze?
- Besteht bei der geistig beeinträchtigten Person Angst vor fremden Menschen, Hunden, Wasser, lauten Geräuschen oder der Dunkelheit?
- Gibt es Sachen oder ausgesprochene Wörter, die für die vermisste Person Angstzustände oder katastrophale Reaktionen/Panikreaktionen hervorrufen würden?
- War die Person schon einmal vermisst? Wenn ja, wie weit war die Strecke entfernt vom lbA?
- Hat die geistig beeinträchtigte Person öfters über Orte/Plätze gesprochen sowie Personen/Freunde, die sie gerne besuchen wollte?
- Hat die geistig beeinträchtigte Person Geld dabei und kann sie damit umgehen?
- Hat die geistig beeinträchtigte Person jemals öffentliche Verkehrsmittel benutzt?
- Welche öffentlichen Verkehrsmittel werden häufig genutzt? Um welche Strecke handelt es sich?
- Verirrt sich die Person bei bekannter Umgebung? Versucht sie sich zurechtzufinden und bittet sie um Hilfe?
- Wir die geistig beeinträchtigte Person von Wasser angezogen? Kann sie sicher schwimmen oder tauchen?
- Ist die geistig beeinträchtigte Person mit einem Fahrrad oder anderem mobilen Gerät unterwegs? (z. B. Roller, Skateboard, Inline Skates etc.)
- Wie glauben Sie, reagiert die vermisste Person, wenn sie merkt allein zu sein? Weint oder schreit der geistig Behinderte? Bleibt unbekümmert? Sucht bei fremden Menschen Hilfe oder meidet er sie eher?
- Gab es für die geistig beeinträchtigte Person irgendwelche Instruktionen, was sie unternehmen soll, sobald sie merkt »verloren« zu sein? (z. B. Am Ort warten, Hilferufe etc. …)

- Hat die gesuchte Person Zugang zu einem Fahrzeug? Alle Fahrzeugschlüssel vorhanden?

Allgemein erweiterte profilbezogene Maßnahmen für vermisste Personen mit körperlicher und geistiger Beeinträchtigung sowie vermisste Personen mit Vorerkrankungen
- Profilfragenbogen abfragen und mögliche Hinweise abarbeiten.
- Die eigene Wohneinheit mehrmals in gewissen zeitlichen Abständen absuchen (kommt unter Umständen selbstständig zurück).
- Die unmittelbare Umgebung um die Wohneinheit herum absuchen.
- Mit dem Handy Kontakt aufnehmen bzw. Handyortung durchführen, falls mitgeführt.
- Bewegungsrichtung herausfinden und eine Wegsuche durchführen.
- Das eigentliche Ziel ausmachen und einen bestimmten Radius herum absuchen.

Erweiterte profilbezogene Maßnahmen für vermisste Personen mit körperlicher Beeinträchtigung
- 100 m als Flächensuche und 300 m als Wegsuche durchführen.
- In der Nähe befindliche Barrieren oder Hindernisse absuchen.
- Mit Zurufen oder anderen Gegenständen (Trillerpfeife) auf sich aufmerksam machen.

Erweiterte profilbezogene Maßnahmen für vermisste Personen mit geistiger Beeinträchtigung
- 25 % bzw. Suchradius der Statistiktabelle als Flächensuche durchführen.
- Je nach möglichen Verhaltenstendenz der gesuchten Person entweder eine Flächensuche oder eine Wegsuche innerhalb dem 50 % Suchradius aus der Statistiktabelle.
- Wichtige Plätze, Adressen oder Lieblingsorte ausfindig machen und absuchen.
- Falls die Person schon mal vermisst war, die damalige Auffindestelle aufsuchen.
- Liste mit den Verwandten, Bekannte, Freunde und Betreuer erstellen (für die Befragung wichtig).
- Mit Zurufen oder anderen Gegenständen (Trillerpfeife) auf sich aufmerksam machen, falls die vermisste Person gefunden werden will oder keine Angst hat.

9.1 Mögliches Verhalten, erweiterte profilbezogene Fragen/Maßnahmen

Erweiterte profilbezogene Maßnahmen für vermisste Personen mit Vorerkrankungen

- 50 % bzw. Mittelwertsuchradius der Statistiktabelle als Wegsuche durchführen.

9.1.4 Vermisste demente Personen

Die Demenz ist eine Erkrankung im Gehirn, die eine psychiatrische Kombination aus Symptomen hervorruft. Sie führt zu einer großen Bandbreite von Veränderungen im Verhalten. Insbesondere werden die kognitiven, sozialen und emotionalen Fähigkeiten der Person abgebaut, die ein selbstständiges Handeln möglich machen. Oftmals ist das Denkvermögen, das Kurzzeitgedächtnis, die Merk- und Orientierungsfähigkeit, die Sprache sowie die Motorik beeinträchtigt, bis hin zur Veränderung der eigenen Persönlichkeit. Im späteren Verlauf können die erkrankten Personen immer weniger auf bereits eingeprägte Inhalte des Langzeitgedächtnisses zurückgreifen. Dadurch können auch frühere Erinnerungen, Kenntnisse und Fähigkeiten verloren gehen. Demenz ist somit der Verlust des eigenen Gedächtnisses, der Vernunft, des Urteilsvermögens und der Sprache in einem solchen Ausmaß, dass es das tägliche Leben beeinträchtigt und die erkrankte Person auf Hilfe angewiesen ist.

Die häufigste Form der Demenz ist die Alzheimer Demenz (Andere Demenzformen sind z. B. Vaskuläre Demenz oder Parkinson Demenz). Aus der Perspektive des Feuerwehreinsatzes gibt es keinen nennenswerten Unterschied zwischen den verschiedenen Demenzformen. Je schwerer die Demenz fortgeschritten ist, desto eher muss damit gerechnet werden, dass die vermisste Person hilflos umherwandert. Manchmal werden von den Vermissten auch öffentliche Verkehrsmittel unbemerkt genutzt, da in kurzen Gesprächen die vorliegende Demenz nicht unbedingt auffallen muss. Sie können ebenfalls von unwissenden Mitmenschen mit dem Auto mitgenommen werden, um sie zu ihrem Ziel zu bringen (oftmals alte Wohnadresse oder Arbeitsplatz). Es scheint, als haben sie die Orientierungsfähigkeit verloren und können/wollen nicht umkehren. Sie gehen bis zur kompletten Erschöpfung oder bis sie an einem Hindernis nicht mehr weiterkommen (z. B. mit den Haaren in einem Busch verfangen).

Oft haben die dementen Personen Vorerkrankungen und können aufgrund der unterschätzten Überanstrengung lebensbedrohliche Probleme erleiden (z. B. Herzinfarkt, Erschöpfungsstürze, Exsikkose etc.). Falls die Richtung bekannt ist, in der die Person gegangen ist, kann es sein, dass sie versuchen markante Stellen anzulaufen wie ein alleinstehendes Haus oder sie versuchen sich an Straßen zu orientieren, um aus ihrer misslichen Lage heraus zu kommen. Je schwerer die Demenz fortgeschritten ist, desto mehr leben sie in der Vergangenheit. Dies bedeutet für den Einsatzleiter, dass er den alten Arbeitsplatz, das alte Wohnhaus oder andere Lieblingsorte (z. B. Fußballplatz) absuchen lassen sollte. Ebenfalls sind Friedhöfe oder Kirchen ein oft angesteuertes Ziel. Der Glaube im hohen Alter oder das Verlangen, einen verstorbenenMenschen auf dem Friedhof zu besuchen, können Motivationsfaktoren sein.

Demente Personen werden in der Öffentlichkeit eher durch unangemessenes Verhalten, ungewöhnliche Reaktionen oder im persönlichen Gespräch auffallen, da sie wiederholende oder verwirrende Sätze oder nur einzelne Wörter aussprechen. Außerdem fallen Sie durch unpassende Kleidung wie zum Beispiel dem Tragen des Schlafanzuges am helllichten Tag, ungeschützter leichter Kleidung im Winter, möglicherweise mit Pantoffeln, auf. In bebautem Gebieten werden die vermissten dementen Personen normalerweise innerhalb von Gebäuden (z. B. Mitunter auf dem Dachboden oder Keller; auch wenn von Verwandten oder Bekannten ausgeschlossen wird, dass sie aufgrund ihrer Konstitution in der Lage sind, diese zu erreichen) oder unmittelbar an Gebäuden oder entlang von Straßen, Wegen und Pfaden gefunden. Wenn die vermisste Person die Straße oder den Weg verlässt, geht sie in der Regel nicht weit. Sie bleiben in der Fläche häufig in Büschen oder anderen Hindernissen hängen. Oftmals laufen demente Personen ins Wasser hinein. Vielleicht ohne zu merken, dass es Wasser ist.

Demente Personen sind in der Regel nur für kurze Zeit mobil. Die Hälfte der Vermissten war weniger als eine Stunde aktiv unterwegs (Koester 2008). Sie reagieren kaum auf Zurufe, denn oftmals sehen sie sich selbst gar nicht als vermisst oder in einer hilflosen Lage. Es muss daneben auch damit gerechnet werden, dass aufgrund des Alters, Einschränkungen der Sinnesorgane vorliegen könnten, wie zum Beispiel eine bestehende Schwerhörigkeit oder ein vermindertes Sehvermögen. Demente Personen hinterlassen leider kaum Hinweise auf ihr verschwinden. Die Mortalitätsrate liegt bei ca. 25 %, wenn die Person nicht innerhalb von 24 Stunden gefunden wird (ebd.). Gründe dafür sind die möglich vorliegenden Grunderkrankungen oder beispielsweise Hypothermie.

Erweiterte profilbezogene Fragen für vermisste demente Personen

- Wie lautet der Kontakt des Hausarztes? Demenz beschreiben lassen mit den vorhandenen/fehlenden Fähigkeiten.

9.1 Mögliches Verhalten, erweiterte profilbezogene Fragen/Maßnahmen

- Wie weit ist die Demenz fortgeschritten? Wenig, Mittel, Schwer? Kurzzeitgedächtnis betroffen? Schwerer Verlust von physischer Kontrolle? Langzeitgedächtnis betroffen?
- Ist der vermissten Person der eigene Name noch bekannt?
- Antwortet oder reagiert die Person auf ihren Namen? Und kommt bei Zuruf?
- Weiß die demente Person, wo sie aktuell wohnt?
- Wo wohnte die demente Person früher? Kann Sie sich daran erinnern sowie an die Nachbarschaft?
- Erkennt die demente Person noch ihre eigenen Familienmitglieder?
- Hat die gesuchte Person emotionale Veränderungen wie z. B. Wahnvorstellungen, Paranoia, Halluzinationen, Depressionen?
- Ist Sie gewalttätig gegenüber Dritten?
- Welchen Beruf übte die demente Person früher aus und wo war sie beschäftigt? (Alte Arbeitsadresse absuchen)
- Gibt es aktuelle oder alte Lieblingsplätze?
- Hat die gesuchte Person bestimmte Wanderrouten oder Gewohnheiten, Hobbys?
- Besteht bei der dementen Person Angst vor fremden Menschen, Hunden, Wasser, lauten Geräuschen oder der Dunkelheit?
- Hat die Person Weglauftendenzen, wenn sie gerufen wird?
- Welche Medikamente werden aktuell eingenommen und welche braucht der Vermisste unbedingt? (Zeitfenster)
- Was wäre die vermutete größte Entfernung, die die gesuchte Person gehen könnte? (Achtung: Oftmals werden die Gehleistung sowie die Gehgeschwindigkeit unterschätzt.)
- Wie lange ist die Person am Tag unterwegs und welche Strecke legt sie in der Zeit zurück?
- War die demente Person schon mal vermisst? Und wo wurde sie gefunden? Wie weit war die Strecke entfernt vom lbA?
- Hat die gesuchte Person öfter über Orte/Plätze gesprochen sowie über Personen, die sie gerne besuchen wollte?
- Wurde über eine Person gesprochen, die verstorben war? Den (Friedhof absuchen lassen)
- Ist die Person religiös? (Kirchen absuchen)
- Ist die demente Person in der Lage, mit öffentlichen Verkehrsmitteln zu fahren?

9 Das Verhalten von vermissten Personen

- Hat die gesuchte Person den Wunsch geäußert, Auto zu fahren? Wäre sie in der Lage, ein Auto zu fahren? Hat sie Zugang zu einem Autoschlüssel?
- Verirrt sich die Person bei bekannter Umgebung? Versucht sie, sich zurechtzufinden und bittet sie um Hilfe?
- Besteht eine Schwerhörigkeit oder Sehbehinderung?

Erweiterte profilbezogene Maßnahmen für vermisste demente Personen
- Profilfragebogen abfragen und mögliche Hinweise abarbeiten.
- Mindestens 25 % Suchradius der Statistiktabelle als Flächensuche absuchen.
- Neben der eigenen Wohneinheit der vermissten Person auch die Umgebung der unmittelbaren Nachbarschaft durchsuchen.
- Die eigene Wohneinheit mehrmals in gewissen zeitlichen Abständen absuchen (kommt unter Umständen selbstständig zurück).
- Alle Wege absuchen, die sich vom lbA entfernen mindestens im Suchradius von 65 % der Statistiktabelle.
- Alte Wohnadresse(n) anfahren.
- Wichtige Plätze, Adressen oder Lieblingsorte ausfindig machen aus der Vergangenheit bis zur Kindheit der vermissten Person, auch wenn sie nicht mehr existieren (z. B. alter Arbeitsplatz, Kirchen, ehemaliger Sportverein etc.).
- Falls die Person schon mal vermisst war, die damalige Auffindestelle aufsuchen.
- Liste mit den Verwandten, Bekannten, Freunden und dem Pflegepersonal erstellen (für die Befragung wichtig).
- Das mögliche Ziel ausmachen und einen bestimmten Radius herum absuchen.

9.1.5 Vermisste Personen mit suizidalen Absichten

Suizidalität ist der Zustand, bei dem ein Mensch darauf ausgerichtet ist, seinen eigenen Tod herbeizuführen. Dabei sind die Selbstmordversuche sehr viel häufiger als die erfolgreich vollendeten Suizide. In der Bundesrepublik Deutschland sterben jedes Jahr ca. 10 000 Menschen durch die Selbsttötungsversuche. Die Zahl der Suizidversuche ist um einiges höher. Schätzungsweise 250 000 Patienten werden jedes Jahr aufgrund eines misslungenen Suizidversuchs eingewiesen (Knorr, 2018).

9.1 Mögliches Verhalten, erweiterte profilbezogene Fragen/Maßnahmen

Dabei sind die Mittel der Suizidversuche umfangreich. Angefangen von Tablettenintoxikation, Kohlenstoffmonoxidvergiftung durch einen Grill oder Feuer in der Wohnung, Überfahren lassen durch einen Zug, Erhängen oder der Sprung von einer Brücke. Suizidalität ist keine Krankheit, sondern ein Symptom einer psychischen Störung (z. B. Depressionen, Bipolare Störungen, Schizophrenie, Sucht etc.) oder psychosoziale Krisen (z. B. Trennung, Tod eines Angehörigen, Mobbing, Erfolgsdruck auf der Arbeit, Arbeitslosigkeit, bevorstehende Gefangenschaft, wenig soziale Beziehungen etc.). Ein weiterer Grund kann vorliegen, wenn starke Schmerzen aufgrund einer Erkrankung vorliegen, die Angst bei einer unheilbaren Krankheit nicht mehr »Herr seiner Sinne« zu sein, Behinderungen oder sogar allgemeine Altersschwächen. Oftmals finden sich innerhalb der Familiengeschichte vergangene Selbstmordversuche. Einige Personen mit suizidalen Absichten entscheiden sich aufgrund der möglicherweise bevorstehenden Schmerzen bei einem missglückten Suizidversuch, der nachfolgenden Konsequenzen für Angehörige/Freunde oder aufgrund des Selbsterhaltungstriebs doch noch selbständig gegen den Suizid. Sie kommen unter Umständen nach einer gewissen Zeit zurück.

Die Einschätzung, ob eine Suizidalität wirklich vorliegt, kann unter Umständen schwierig sein. Oftmals sprechen die Betroffenen nicht über ihre Probleme oder sie stehen bei Bekanntsein ihres Vorhabens den Hilfsangeboten ablehnend gegenüber. Von einer suizidgefährdeten vermissten Person, die in einer professionellen Therapie ist und möglicherweise auch medikamentös behandelt wird, kann letztlich trotzdem niemand mit Sicherheit sagen, ob sie von einer Selbsttötung abgehalten werden kann. Viele mögliche Suizide, zu denen die Feuerwehr gerufen wird, sind auch nur Hilferufe der Betroffenen. Das Vorhaben eines Suizidversuchs verschafft den Vermissten die Form der Aufmerksamkeit, die sie vielleicht benötigen, um wahrgenommen zu werden. Trotzdem darf niemals davon ausgegangen werden, dass der Suizidversuch möglicherweise gar nicht ernsthaft vollzogen werden könnte. Es sollte immer vom Ernstfall ausgegangen werden. Leider kann es auch vorkommen, dass der erfolgreiche Suizid für die Hinterbliebenen ein vorwurfvolles Zeichen darstellen soll, insbesondere wenn er öffentlich und für alle sichtbar durchgeführt wurde.

Falls sich die gesuchte suizidgefährdete Person nicht in der eigenen Wohnung auffällt, ist es oft so, dass sie außer Sicht sein möchte und die Abgeschiedenheit sucht. Dies bedeutet, dass sie in relativer Nähe gefunden werden kann, gerne bei kleineren urbanen Gebieten, beim Übergang von bewohnter Gemeinde und ländlichem Bereich (z. B. Wald). Des Weiteren werden unter Umständen Ziele angesteuert, die ihren Suizidversuch erst möglich machen. Da kämen zum Beispiel Brücken, Klippen oder Wasser in Frage. Ebenso können bekannte und für den

9 Das Verhalten von vermissten Personen

Vermissten schöne Orte aufgesucht werden. Zum Beispiel ein Aussichtspunkt, ein Platz am See, der Sportverein oder andere erinnerungsträchtige Bereiche aus seinem Leben. Der Vollzug wird jedoch auch hier meistens außer Sicht durchgeführt. Auf dem Weg zum Zielort laufen sie gegebenenfalls nicht auf Wegen. Die Vermissten mit Selbstmordabsichten werden kaum auf die Zurufe der Einsatzkräfte reagieren. Männer haben tendenziell eine höhere Bereitschaft mit Gewalt aus dem Leben (z. B. Erhängen, Erschießen) zu scheiden als Frauen (z. B. Medikamentenintoxikation).

Erweiterte profilbezogene Fragen für vermisste Personen mit suizidalen Absichten

- Wurde ein Abschiedsbrief hinterlassen? Oder gibt es andere Hinweise?
- Hat die vermisste Person vor kurzem Abschied von einem Verwandten, Bekannten oder Freund genommen? Oder andere Andeutung gemacht in Richtung Selbstmord?
- Sind konkrete Pläne oder Vorbereitungen für einen Selbstmord erkennbar?
- Wurde jemand mit SMS oder anderen Nachrichten kontaktiert, die ein Selbstmord ankündigen? Oder wurde angerufen?
- Wurden wichtige Besitztümer abgegeben bzw. verschenkt?
- Wurde vor kurzem ein Testament verfasst, eine (Lebens-)Versicherung abgeschlossen oder größere Geldtransaktionen durchgeführt?
- Gibt es Zugang zu verschiedenen Suizidmittel wie z. B. starke Seile, hohe Anzahl von Medikamenten, Pistole, Messer? Sind diese Sachen noch an ihrem Platz?
- Wie ist der Beziehungsstatus (möglicherweise getrennt oder verwitwet)? Gibt es in diesem Bezug einen Zusammenhang?
- Hat die vermisste Person ihren Arbeitsplatz verloren oder ist sie unzufrieden?
- Gab es einen schweren finanziellen Rückschlag?
- Gab es in jüngster Zeit ein stressiges Erlebnis? Tod eines naheliegenden Menschen?
- Ist die gesuchte Person schwer/unheilbar erkrankt? Oder hat sie vor kurzem von einer Krankheit erfahren? Bestehen heftige Schmerzen?
- Sind in letzter Zeit Stimmungsänderungen aufgefallen?
- Gibt es aktuell Drogenprobleme? (Inklusive Alkohol)
- Sind psychische Störungen bekannt wie beispielsweise Depressionen, Bipolare Störungen, Schizophrenie?

9.1 Mögliches Verhalten, erweiterte profilbezogene Fragen/Maßnahmen

- Gab es bereits in der Familiengeschichte Selbstmorde?
- Hat die vermisste Person jemals von der Art einer möglichen Selbsttötung erzählt? (z. B. Klippe oder Brücke springen – Suchfeld eingrenzen)
- Gibt es Lieblingsplätze, von denen sich die gesuchte Person angezogen fühlt wie beispielsweise ein Aussichtspunkt, Platz am See oder der Sportverein?
- Ist die vermisste Person schon einmal weggelaufen? Wenn ja, wo hielt sie sich auf?
- Gab es bereits schon einmal einen versuchten Selbstmord in der Vergangenheit? Wie wurde dieser durchgeführt?
- Ist die suizidgefährdete Person mit einem Auto oder anderem mobilen Gerät unterwegs? (z. B. Fahrrad)
- Welche Medikamente werden aktuell eingenommen und welche braucht der Vermisste unbedingt? (Zeitfenster)
- Führt die gesuchte Person einen gefährlichen Gegenstand bei sich und könnte gegenüber Einsatzkräften aggressiv reagieren?
- Wurde über eine Person gesprochen, die verstorben war? (Den Friedhof absuchen lassen)

Erweiterte profilbezogene Maßnahmen für vermisste Personen mit suizidalen Absichten

- Besteht eine konkrete Gefahr ausgehend von der vermissten Person für die Einsatzkräfte? Falls ja, ist dies kein Einsatz für die Feuerwehr!
- Profilfragenbogen abfragen und mögliche Hinweise abarbeiten.
- Das tatsächliche Suizidrisiko abschätzen.
- Mindestens 25 % Suchradius der Statistiktabelle als Flächensuche absuchen.
- Die eigene Wohneinheit mehrmals in gewissen zeitlichen Abständen absuchen (kommt unter Umständen selbstständig zurück).
- Bewegungsrichtung herausfinden und eine Wegsuche durchführen.
- Lieblingsplätze anfahren (z. B. Aussichtspunkt, Platz am See, Sportverein) und die Umgebung absuchen.
- Mögliche Orte eines Suizidversuches anfahren und absuchen (z. B. Klippe, Brücke, Wasser etc.).
- Falls die Person schon mal vermisst war, die damalige Auffindestelle aufsuchen.

9 Das Verhalten von vermissten Personen

- Liste mit den Verwandten, Bekannten und Freunde erstellen (für die Befragung wichtig).
- Handyortung durchführen.

10 Einsatzvorbereitung und Einsatzplanung

Die Durchführung der Gefahrenabwehr bei einer Vermisstensuche wird von der Einsatztechnik und der Einsatztaktik geprägt. Die Einsatztechnik wird durch die Verwendung der Einsatzmittel und die Anwendung von Verfahrensweisen der Einsatzkräfte bestimmt. Daher ist das zielgerichtete Einsetzen von gut ausgebildeten Einsatzkräften mit geeigneten Einsatzmitteln in Abhängigkeit von der jeweiligen Lage in der Vermisstensuche unverzichtbar. Durch die Einsatztaktik werden Entscheidungen zu einem bestimmten Verhalten und Handeln herbeigeführt, um das schnelle Auffinden und Retten einer vermissten Person zu erreichen.

Da bei einer Alarmierung der Feuerwehr in einer Vermisstensuche meistens von einer Gefahr für Leib und Leben ausgegangen werden muss, ist es sinnvoll im Vorfeld Vorbereitungen in der Einsatztechnik sowie in der Einsatztaktik für eine Gefahrenabwehr zu treffen. Dadurch sind die alarmierten Kräfte in der Lage, effektiv und effizient arbeiten zu können. Eine gute Einsatztaktik ist im Wesentlichen von der Einsatzvorbereitung und Einsatzplanung abhängig. Somit können bestimmte Verfahrensweisen, Maßnahmen und Handlungen herbeigeführt werden, die zum höchstmöglichen Erfolg der Vermisstensuche beitragen können. Durch eine gute Vorbereitung können Abläufe in einer angespannten Einsatzsituation vereinfacht und die Einsatzleitung entlastet werden. Ebenfalls können hier die Handlungen und Maßnahmen, allen voraus die Erkundung, erleichtert werden, damit alle relevanten Aspekte der Vermisstensuche beachtet werden.

Dieses Kapitel soll als Leitfaden dienen, um den Einsatzleitern oder den Führungskräften die Aufgaben zu vereinfachen und die Einsatzleitung zu optimieren. Da die Vermisstensuche umfangreich und dynamisch in ihrem Einsatzverlauf ist, muss darauf hingewiesen werden, dass auch hier die Einsatzvorbereitungen und Einsatzplanungen an ihre Grenzen stoßen. Das Kapitel soll lediglich Möglichkeiten zur Vorbereitung aufzeigen.

Ohne eine klare Richtung oder Vorbereitung muss die Vermisstensuche aus der jeweiligen Lage heraus geführt werden, was unter Umständen die Einsatzleitung am Anfang schnell überfordert und zeitliche Verzögerungen im Einsatzablauf bedingen könnten. Das führt dazu, dass beispielsweise alarmierte Einsatzkräfte am Bereitstellungsraum zu lange auf ihren Befehl warten oder falsche beziehungsweise fehlende Einsatzmittel mitgeführt werden. Trotz allen positiven Aspekten der Vorplanung muss gewährleistet sein, dass man bei der Ausführung des Führungs-

10 Einsatzvorbereitung und Einsatzplanung

vorgangs immer flexibel auf wechselnde Situationen reagieren kann und nicht stur den ausgearbeiteten Einsatzplan verfolgt.

10.1 Alarmplan

In einem Alarmplan sind alle wichtigen Adressen, Telefonnummern, Alarmierungsmöglichkeiten und Informationen von wichtigen Behörden, Einrichtungen, Institutionen, Fachberatern, Einheiten, Organisationen, Feuerwehren oder Personen hinterlegt. Somit können bei Bedarf und je nach Einsatzsituation die erforderlichen Stellen schnell alarmiert oder informiert werden. Für die Vermisstensuche sollten im Alarmplan folgende Stellen aufgelistet werden:

Kreisfeuerwehrinspektor (KFI)/Stadtfeuerwehrinspektor (SFI) und seine Stellvertreter
Eine Information an den KFI oder SFI bei einer Vermisstensuche ist unabdingbar, da in der Regel eine Gefahr von Leib und Leben für die gesuchte Person besteht. Ein weiterer Grund ist das große Ausmaß und Dimension des Sucheinsatzes, das spätestens nach der ersten Erkundung ein Unterrichten des KFI oder SFI notwendig macht. Unbedingt muss der SFI/KFI des Nachbarlandkreises bzw. Nachbarstadt informiert werden, wenn innerhalb seines Zuständigkeitsbereiches die Suche stattfindet oder seine Einsatzkräfte aufgrund überörtlicher Hilfe hinzugezogen wurden.

Wehrleiter (WL) und seine Stellvertreter
Unbedingt muss der WL der Nachbarverbandsgemeinde bzw. Nachbarstadt informiert werden, wenn innerhalb seines Zuständigkeitsbereiches eine Suche stattfindet oder Kräfte im Rahmen der überörtlichen Hilfe aus seinem Bereich alarmiert sind. Ebenso kann der Informationsfluss dahingehend interessant sein, dass bei einem weiteren Einsatz gegebenenfalls Kräfte des Nachbarkreises hinzugezogen werden. Die zuständige Leitstelle muss bei einer temporären geänderten Ausrückeordnung unbedingt informiert werden.

Wehrführer (WF) und seine Stellvertreter
Der WF muss informiert werden, wenn in seinem Zuständigkeitsbereich der Gemeinde eine Suche stattfindet aufgrund von grenzüberschreitenden Suchgebieten. Wichtig ist ebenfalls, dem WF eine Information darüber zu geben, dass seine Feuerwehreinheit aufgrund einer möglichen Einsatzbereitschaft nicht mitalarmiert

10.1 Alarmplan

wurde (Erhalt der Grundsicherheit) oder einige Einheiten um ihn herum im Einsatz gebunden sind (Nachalarmierung bei einem weiteren Einsatz begrenzt möglich).

Ordnungsbehörde
In der Regel ist die Ordnungsbehörde über den Vermisstensucheinsatz informiert. Trotzdem kann es wichtig sein, diese während des Einsatzes zu kontaktieren und über verschiedene Maßnahmen zu unterrichten.

Polizei/Bundespolizei/Örtliche Polizeidienststelle/Wasserschutzpolizei
Die Landespolizei ist spätestens nach der Alarmierung der Feuerwehr über einen Sucheinsatz durch die Leitstelle zu informieren. Trotzdem ist es nötig, die Kontaktdaten für den Austausch von Informationen bereitzuhalten, falls kein Verbindungsbeamter der Polizei in der Feuerwehr-Einsatzleitung anwesend ist.

Falls noch nicht geschehen, sollte auch die Bundespolizei über die Suchaktion der Feuerwehr informiert werden. Durch die Weitergabe von persönlichen Daten und einer Personenbeschreibung können auch sie in ihrem Zuständigkeitsbereich die Suche unterstützen (z. B. Absuchen von Bahnhöfen).

Viele vermisste Personen sind leider während des laufenden Sucheinsatzes bereits verstorben und werden unter Umständen treibend auf dem Wasser oder in der nächsten Talsperre/Staustufe gefunden. Nicht immer ist sofort eine Identität feststellbar. Da die Überprüfung der Identität in den Aufgabenbereich der Polizei fällt, muss diese hier zwangsläufig informiert werden.

Krankenhäuser/Rettungswachen
Rettungswachen und Krankenhäuser müssen über die Suchaktion informiert und die persönlichen Daten sowie eine äußerliche Beschreibung der vermissten Person angegeben werden. Es kann sein, dass die gesuchte Person bereits durch Freunde, Angehörigen oder fremde Menschen ins Krankenhaus gebracht worden ist oder durch den Rettungsdienst transportiert wurde. Aufgrund ihrer körperlichen und/oder geistlichen Verfassung, könnten die persönlichen Daten noch nicht vorliegen, da sie keine eigenen Angaben machen konnten und/oder keine Ausweisdokumente bei sich führten.

Rettungshundeeinheiten
Die Erreichbarkeit der umliegenden Rettungshundeeinheiten in den verschiedenen Organisationen mit ihrer jeweiligen Entfernung zur Einsatzstelle sollte im Alarmplan hinterlegt sein. Wenn möglich sollte eine aktuelle Liste vorliegen, welche Art von Rettungshunden (siehe Kapitel 6) es in den jeweiligen Einheiten gibt, verbunden mit

der Anzahl der einsatzfähigen Hunde sowie der technischen Ortungsmöglichkeiten und dem Einsatzwert.

Fachberater
Für den Einsatz »Vermisstensuche« dienliche Fachberater, die oftmals in den Rettungshundeeinheiten vertreten sind, sollen ebenfalls aufgelistet werden. Diese können in der Regel auch unabhängig von den jeweiligen Rettungshundeeinheiten alarmiert werden. Es wird zwischen dem »Fachberater Rettungshunde« und »Fachberater Vermisstensuche« unterschieden. Eine genaue Beschreibung sowie Unterschiede der jeweiligen Fachberater folgen in Kapitel 11.1.10.3.

Hilfsorganisationen
Alle Möglichkeiten der Erreichbarkeit der Hilfsorganisationen (z. B. THW), die für die Suchmaßnahmen einen einsatztaktischen Wert haben, sollen im Alarmplan hinterlegt sein.

Schnelle – Einsatzgruppen (SEG)
Alle SEG Einheiten sollten ebenfalls in dem Alarmplan aufgelistet sein. So kann bei längeren Einsätzen eine Betreuung von Angehörigen realisiert werden oder die Verpflegung der Einsatzkräfte. Außerdem kann ein Rettungsmittel zur Verfügung gestellt werden außerhalb vom Regelrettungsdienst für die Einsatzkräfte sowie für die vermisste Person.

Psychosoziale Notfallversorgung (PSNV)
Die PSNV sollte nicht nur bei Abbruch des Einsatzes oder nach Übermitteln von schlechten Nachrichten hinzugezogen werden, sondern frühzeitig mit der Betreuung der Angehörigen beginnen, da diese auch während des Einsatzes Ängste und Sorgen um die vermisste Person empfinden. Eine PSNV-Fachkraft kann damit mitunter die Arbeit des Einsatzleiters stark entlasten.

Forstamt/Förster/Jagdpächter/Jäger
Diese Stellen müssen darüber informiert werden, dass in ihrem Zuständigkeitsgebiet eine Suche nach einer vermissten Person stattfindet. Da leider viele Wälder in Privatbesitz sind, ist es unmöglich alle Stellen zu erreichen und zu informieren. Es sollte aber abgefragt werden, ob irgendwelche besonderen Gefahren im Wald vorhanden sind, wie zum Beispiel aktuelle Baumfällarbeiten. Um Gefahren für die Einsatzkräfte zu vermeiden, ist es zudem erforderlich auch Jagdpächter bzw. Jäger über den Einsatz zu unterrichten und sich gleichzeitig darüber zu informieren, ob eine

10.1 Alarmplan

Jagd im Einsatzgebiet stattfindet oder gegebenenfalls Tierfallen (Gefahr für die Rettungshunde) aufgestellt sind (siehe Kapitel 14). Aufgrund ihrer besonderen Ortskenntnis im Waldgebiet, über mögliche Wege, Höhlen oder Gefahren, ist es sinnvoll Förster oder Jäger als Berater in der Einsatzleitung heranzuziehen oder zu befragen.

(Ober-) Bürgermeister oder Ortsvorsteher der Gemeinde
Der (Ober-) Bürgermeister oder Ortsvorsteher der Gemeinde muss über den Einsatz informiert werden, da er die politische gesamtverantwortliche Leitung hat.

Öffentliche Beförderungsstellen
Zu den öffentlichen Beförderungsstellen gehören die Straßenbahnen, Busse, U-Bahnen und Züge. Diese sollten ebenfalls über die Suchaktion informiert werden und eingeschränkte Angaben der persönlichen Daten des Vermissten sowie eine Personenbeschreibung erhalten. Somit können der Busfahrer, Schaffner, Zugbegleiter oder sonstige Beschäftigte des Unternehmens während der Arbeit auffällige Personen direkt der Einsatzleitung melden. Vielleicht wurde aber auch die gesuchte Person bereits transportiert.

Taxiunternehmen (private Beförderungsstellen)
Die Taxiunternehmen sollten über die Suchaktion informiert werden und eingeschränkte Angaben der persönlichen Daten des Vermissten sowie eine Personenbeschreibung erhalten. Somit können die Beschäftigten des Unternehmens während ihrer Arbeit auffällige Personen direkt der Einsatzleitung melden. Vielleicht wurde aber auch die gesuchte Person bereits transportiert.

Medien
Wichtige Kontaktdaten von Radio, örtlichen Fernsehsendern (Offene Kanäle) und örtlicher Zeitung sollen im Alarmplan hinterlegt sein.

Verpflegungsstellen
Stellen, die eine Verpflegung mit Essen und Getränken der Einsatzkräfte, auch bei ungünstigen Zeiten, möglich machen (z. B. Metzgereien), sollten hinterlegt sein.

10 Einsatzvorbereitung und Einsatzplanung

10.2 Alarm- und Ausrückeordnung sowie Ausrückefolge

Durch die **Alarm- und Ausrückeordnung (AAO)** wird sichergestellt, dass bei einer Vermisstensuche die erwünschte Feuerwehr mit der geeigneten Anzahl von Einsatzkräften mit ihren Einsatzmitteln in einer bestimmten Reihenfolge ausrücken. Die AAO ist somit unterteilt in einen Alarmierungsplan und der Ausrückeordnung. Ein Teil der Ausrückordnung ist die Ausrückefolge.

Das Erstellen eines **Alarmierungsplans** dient zur schnellen Einleitung notwendiger Maßnahmen, mit dem Ziel der Alarmierung eigener und gegebenenfalls fremder, notwendiger Einsatzkräfte/Feuerwehren sowie der Benachrichtigung weiterer Dienststellen, Fachberater und Organisationen. Dadurch wird der Einsatz der Vermisstensuche eingeleitet. Im Gegensatz zum Alarmplan sollten hier nur die wichtigsten Einheiten, Einrichtungen, Dienststellen und Einzelpersonen erreicht werden, die für den ersten Abmarsch notwendig sind und dringend alarmiert oder informiert werden müssen. Durch ein Einsatzstichwort »Personensuche« oder »Vermisste Person« werden schließlich durch die zuständige Leitstelle diese Kräfte alarmiert oder benachrichtigt.

Über die Anzahl der Feuerwehren und die weiteren Stellen bei einer Alarmierung entscheidet der Träger des örtlichen Brandschutzes. Er erstellt vorher einen Alarmierungsplan in seinem Zuständigkeitsbereich. Dieser wird schließlich durch Mitarbeiter der Leitstelle in dem Leitstellenrechner eingepflegt. Es ist wichtig, die Alarmierungspläne immer aktuell zu halten und der zuständigen Leitstelle zu melden, da sich die Einheiten in ihrer Art und ihrem Umfang ändern können. Sinnvoll wäre es zwei unterschiedliche Alarmierungspläne zu erstellen. Es gibt Einheiten, die eine Tagesbereitschaft eingeschränkt oder gar nicht bereithalten können, jedoch nachts gut besetzt sind. Ist von vornherein aufgrund der örtlichen Begebenheit und Größe der Feuerwehr oder der Tageserreichbarkeit der Einsatzkräfte klar, dass die Mindeststärke bei einem Vermisstensucheinsatz nicht erreicht werden kann, muss eine weitere Feuerwehreinheit direkt in das Leitstellensystem eingepflegt werden. Somit kann beispielsweise die benachbarte Feuerwehr unmittelbar im Erstabmarsch mitalarmiert werden.

Erstalarmierung

Da bei einer Vermisstensuche bei Einsatzbeginn oftmals schwer einzuschätzen ist, welches flächenmäßige und zeitliche Ausmaß der Einsatz annehmen wird und um innerhalb der beispielsweise von Rheinland-Pfalz geforderten Grundzeit von acht

10.2 Alarm- und Ausrückeordnung sowie Ausrückefolge

Minuten nach der Feuerwehrverordnung tätig zu werden und wirksame Hilfe einzuleiten, wird empfohlen bei der Erstalarmierung für den Erstabmarsch mindestens die örtliche Feuerwehr (Gemeinde- oder Stadtteilfeuerwehr) sowie einen zusätzlichen Einsatzleiter (Zugführer) ggf. mit Führungstrupp zu alarmieren. Die Mindeststärke der Einsatzkräfte bei einem Vermisstensucheinsatz in der Erstalarmierung sollte eine Gruppenstärke umfassen. Mit einer Feuerwehrgruppe lassen sich die ersten wichtigsten Suchmaßnahmen in verhältnismäßig kürzester Zeit gut realisieren. Dieser Alarmierungsvorschlag birgt Vor- und Nachteile aufgrund des zunächst geringen Personalaufwandes für den bestehenden Einsatz, wird aber aus gutem Grund von vielen Feuerwehren so praktiziert.

Meist sind die Informationen bei einer Vermisstensuche sehr lückenhaft und die Größe des Einsatzraums am Anfang nicht einschätzbar. Daher ist es für den Einsatzleiter erst einmal wichtig die Erkundungsphase des Führungsvorgangs sorgfältig durchzuführen. Diese anscheinend »verlorene Zeit« ist durch die sorgfältige Erkundung und Lagefeststellung im Anschluss schnell wieder eingeholt. Die »örtliche« Feuerwehr ist trotzdem parallel in der Lage, in der ersten Phase wichtige Suchmaßnahmen durchzuführen (mehr dazu in einem Vorschlag in der Phase 1 des Vermisstensuchkonzeptes in Kapitel 12). Dem Gegenüber ist leider in den meisten Fällen der Vermisstenlage schon oft sehr viel Zeit vergangen bis »auffällt«, dass jemand vermisst wird. Manchmal wird auch einfach zu lange gewartet bis die zuständigen Behörden informiert werden, da man hofft, die Person könnte von allein wieder zurückkehren. Oft tauchen die »Vermissten« tatsächlich innerhalb der ersten Stunde wieder auf. Doch je länger man wartet, umso größer könnte das Einsatzgebiet sein. Innerhalb gerade mal einer Stunde, könnte sich eine Person über 5 km zu Fuß von der eigentlichen Einsatzstelle entfernt haben. Ein solches Gebiet lückenlos abzusuchen ist schier unmöglich (ca. 78 539 800 m^2).

In der Erstalarmierung sollte das direkte hinzu ziehen einer Rettungshundeeinheit verzichtet werden. Denn ohne Erkundung kann nicht gesagt werden, ob oder welche Rettungshunde gebraucht werden. Hier sollte der Einheitsführer vor Ort die Chance haben, den Führungskreislauf mindestens einmal durchlaufen zu haben. Eine Beratung durch einen Fachberater »Vermisstensuche« kann jederzeit durchgeführt werden.

Bei der Erstalarmierung soll inhaltlich auf einen Vorbefehl verzichtet werden. Die Einsatzkräfte der im Einsatzgebiet örtlich beheimateten Feuerwehren können sich nach Beendigung der ersten Suchmaßnahmen anschließend dem Einsatzgeschehen entsprechend nachrüsten.

Nachalarmierung (zweiter Abmarsch)
Durch die ersten Erkundungsvorgänge kann der Einsatzleiter bereits die Lage ungefähr abschätzen und ausmachen, wie viele und welche Einsatzkräfte er braucht, um die bisherigen bzw. geplanten Suchmaßnahmen zu unterstützen. Das Hinzuziehen einer Führungskomponente (z. B. Führungsstaffel) wird empfohlen, um einen geordneten Einsatzablauf zu gewährleisten. Denn die Größenordnung eines Vermisstensucheinsatzes ist in der Regel so enorm, dass der Einsatzleiter Führungspersonal für die Erfüllung seiner Aufgaben benötigt. Die nachalarmierte Führungskomponente braucht zudem auch eine gewisse Vorlaufzeit, um sich aufzubauen und einen geordneten Einsatzablauf gewährleisten zu können. Daher wird zunächst empfohlen, dass die Größe der bereits Gesamtalarmierten Einsatzkräfte der Feuerwehr einen Erweiterten Zug nicht überschreiten soll, solange keine unterstützende Führungskomponente ihre Aufgaben übernehmen kann.

Des Weiteren kann bei Bedarf eine Rettungshundeeinheit alarmiert werden. Nicht überall ist eine Einheit unmittelbar in der Nähe. Daher muss damit gerechnet werden, dass die Rettungshundeeinheiten einen längeren Anfahrtsweg sowie eine längere Ausrückezeit haben. Trotzdem muss der Einsatzleiter entscheiden, ob oder welche Art von Rettungshund überhaupt nötig ist. Denn nicht jeder Sucheinsatz erfordert den Einsatz von Rettungshunden. Er muss den einsatztaktischen Wert der unterschiedlichen Rettungshunde kennen oder einen Fachberater »Rettungshunde« zu Rate ziehen und nach seiner Erkundung entscheiden, ob das potenzielle Suchgebiet und die vorhandenen Ansatzpunkte für die jeweiligen unterschiedlich arbeitenden Hunde geeignet und ausreichend sind. Eine Person, die beispielsweise in einer Großstadt vermisst wird und in dem Einsatzgebiet weder Parkanlagen oder sonstige geeignete Suchgebiete vorhanden sind, macht eine Alarmierung für Flächensuchhunde unnötig. Jedoch könnte ein Vermisstenspürhund als Einsatzmittel die richtige Wahl sein. Vorausgesetzt es gibt Zugang zu einem Geruchsartikel der gesuchten Person. Bei unklaren Einsatzlagen, z. B. Hilferufe aus dem Wald, ist der Flächensuchhund zu bevorzugen. Denn hier gibt es weder einen klaren Abgangsort noch einen Geruchsartikel, der für den VSH benötigt wird. Es muss neben den Rettungshundeeinheiten noch mal erwähnt werden, dass Feuerwehren außerhalb des Zuständigkeitsbereiches oder andere ehrenamtliche Einsatzkräfte eine längere Anfahrt zur Einsatzstelle haben oder möglicherweise eine längere Vorlaufzeit bedürfen.

Nachalarmierungen sollen in Form eines Vorbefehls getätigt werden. So können die nachrückenden Stellen notwendige Vorbereitungen treffen, um den Einsatzkräften aus Gründen der Fürsorge entgegenzukommen (z. B. kleine Wasserflaschen mitbringen, geignetes Schuhwerk, leichte Marschbekleidung etc.). Zudem können durch den Vorbefehl der genaue Anfahrtsweg und Anfahrtspunkt (Ordnen des

10.2 Alarm- und Ausrückeordnung sowie Ausrückefolge

Raumes) mitgeteilt werden sowie eine Eintreffzeit, um gegebenenfalls zusätzliche Ausrüstung auf ihren Fahrzeugen zu verladen (z. B. Besenstöcke, Kartenmaterial, Flatterband, Reservebatterien für Funkgeräte und Feuerwehrlampen etc.). Die Einsatzleitung kann somit die Suchgebiete nach der Stärkerückmeldung planen und im Vorfeld zuweisen.

Neben dem Fachberater und Hilfskräften für die Einsatzleitung kann ebenfalls der PSNV hinzugezogen werden. Die Auflistung im Kapitel 10.1 beschreibt die verschiedenen Stellen, die informiert oder alarmiert werden können.

Die **Ausrückeordnung** beschreibt, mit welchen Feuerwehrfahrzeugen, in einer bestimmten Reihenfolge nach einer Alarmierung ausgerückt werden soll. Es gibt nicht unbedingt das bestimmte einsatztaktisch wichtige Fahrzeug wie beispielsweise die Drehleiter bei einem Kaminbrand. Zu beachten ist jedoch, dass primär Feuerwehrfahrzeuge mit einer großen Aufnahme von Feuerwehrangehörigen ausrücken sollten, da bei der Vermisstensuche mit einem erhöhten Personalbedarf zu rechnen ist. Genauso können die geländefähigen und geländegängigen Fahrzeuge einen wertvollen einsatztaktischen Wert haben, da diese bei einer Fahrzeugbezogene Wegsuche (Siehe Kapitel 5.1.2.1) auch bei schlechtem Zustand des Weges einsatzbereit sind. Bei größeren Feuerwehren und damit verbundene Auswahl an Feuerwehrfahrzeugen sollte die Bekanntmachung der Ausrückeordnung durch eine Schulung/Dienstbesprechung erfolgen oder ein Aushang an einem schwarzen Brett innerhalb des Feuerwehrhauses gemacht werden.

Tabelle 6: *Beispiel einer Ausrückeordnung*

Ausrückeordnung der Freiwilligen Feuerwehr Musterstadt			
Einsatzart	**Reihenfolge der Fahrzeuge**		
Personensuche	MTF	RW	HLF 10
…			

Der andere Teil der Ausrückordnung ist die **Ausrückefolge** (Reihenfolge oder Abmarschfolge). In dieser wird festgelegt, welche Feuerwehren von den jeweiligen Standorten nach der Reihe alarmiert werden, wenn nicht die gewünschte Anzahl von Einsatzkräfte ausrücken. Schließlich wird solange nachalarmiert, bis die gewünschte Mindeststärke an der Einsatzstelle bzw. am Bereitstellungsraum ist. Die Reihenfolge der ausrückenden Feuerwehreinheiten sollte nach ihrem taktischen Einsatzwert und ihrer Entfernung zum Einsatzort beziehungsweise zu einem möglichen bereits im Vorfeld festgelegten Bereitstellungsraum für den Vermisstenfalleinsatz hinterlegt sein. Bei der Vermisstensuche ist in der Regel ein hoher personeller Aufwand nötig. Daher ist zu berücksichtigen, dass nicht alle Feuerwehren eines bestimmten Radius alarmiert werden dürfen, damit eine gewisse Grundsicherheit innerhalb eines Gebietes gewährleistet ist (z. B. jede zweite Feuerwehr). Auch wenn grundsätzlich immer der aktuelle Einsatz zählt und nicht der womöglich Folgende, sollte trotzdem in Erwägung gezogen werden, eine weiter entfernte Feuerwehr zu alarmieren. Falls nämlich die Feuerwehrangehörigen, die im Wald verstreut auf der Suche nach einer hilflosen Person sind, bei einem einlaufenden weiteren Einsatz (z. B. Verkehrsunfall mit eingeklemmter Person) vom Einsatzleiter von dem Vermisstensucheinsatz abkommandiert werden, ist die mitunter sehr lange Zeit für die Rückkehr zum Einsatzfahrzeug und dem erneuten Ausrücken zum neuen Einsatz zu berücksichtigen. Eine weitere Möglichkeit besteht durch die überörtliche Hilfe, mit der Feuerwehren aus anderen Zuständigkeitsbereichen hinzugezogen werden können.

Da Vermisstensucheinsätze oftmals länger dauern, sollte auch hier darauf geachtet werden, ortskundige Feuerwehren als Reserven bei einer Auswechslung der Einsatzkräfte bereitzustellen.

10.3 Aus- und Fortbildung in der Vermisstensuche

Die Aus- und Weiterbildung in der Vermisstensuche für die Feuerwehrangehörigen ist durch ein Aus- und Fortbildungsangebot innerhalb der Feuerwehr möglich. Auf Grundlage dieses Buches oder durch Lehrgänge können Einsatzabläufe, Einsatzvorbereitungen, Vorgehen in der Flächensuche oder andere taktische relevante Informationen den Feuerwehrangehörigen in einer Ausbildungsveranstaltung nähergebracht werden.

Aus- und Fortbildung der Führungskräfte
Innerhalb der Aus- oder Fortbildungsveranstaltung sollten Führungskräften alle wichtigen Informationen einer Vermisstensuche vermittelt werden. Eine anschließende Diskussion und das Beantworten von möglichen Fragen runden die Veranstaltung ab. Die dadurch erworbenen Kenntnisse und Informationen müssen anschließend den Einsatzkräften im laufenden Feuerwehrdienst, ggf. auf das Wichtigste reduziert, geschult werden.

10.3 Aus- und Fortbildung in der Vermisstensuche

Bild 44: *Fortbildung der Führungskräfte*

Aus- und Fortbildung der Einsatzkräfte

Während der Feuerwehrübung sollen die Führungskräfte das Konzept der Vermisstensuche und die Aufgaben der Einsatzkräfte erläutern. Ob in der Praxis oder nur in der Theorie unterrichtet wird, obliegt der jeweiligen Feuerwehreinheit. In welchem Umfang, Dauer und Wiederholung eine solche Übung durchgeführt werden soll, ist dem Einheitsführer der örtlichen Feuerwehr überlassen. Es wird aber empfohlen im jährlichen Rhythmus zu trainieren und dies in den Übungsplänen entsprechend zu vermerken. Es hat sich gezeigt, dass eine Flächensuchübung eine Menge Disziplin und Konzentration von den Feuerwehrkräften einfordert.

10 Einsatzvorbereitung und Einsatzplanung

Bild 45: *Theorieausbildung in der Flächensuche*

> **Beispiel einer Feuerwehrübung:**
> Innerhalb eines absuchenden Geländes in der Größenordnung von ca. 30 000 m², sollte ein Gegenstand in der Größe eines Unterschenkels gelegt werden, um die Suche etwas zu erschweren. (Wenn eine Rettungspuppe abgelegt wurde, kann diese mit Blättern oder ähnlichem natürlichem Material bis auf eine Unterschenkelgröße abgedeckt werden). Der Suchgegenstand soll nicht unbedingt am Anfang des Suchgebietes liegen. Es können aber auch zwei Gegenstände versteckt werden. Einer bereits unter Umständen am Anfang, um die Konzentration von Anfang an aufrecht zu erhalten. Für die Feuerwehrübung sollte ein zeitlicher Rahmen von ca. 40 Minuten angestrebt werden. Die Einteilung der Mannschaft mit ihren Aufgaben und die Wahl der jeweiligen Suchtechnik können im Kapitel 4.1.1 und 5.1.1 entnommen werden.

10.4 Befehlsstelle, Bereitstellungsraum und Unterkunft

Bereits vor einem Vermisstensucheinsatz können die Standorte der Befehlsstelle, des Bereitstellungsraums und der Unterkunft für die Einsatzkräfte festgelegt werden. Unter Umständen ist die Interimsbefehlsstelle zunächst nahe am lbA, wechselt aber normalerweise in eine geeignetere Lage. Der Einsatzleiter muss in der Regel nicht wie in anderen alltäglichen Feuerwehreinsätzen nahe der Einsatzstelle sein. Zumal es im laufenden Vermisstensucheinsätze verschiedene Einsatzstellen (Suchgebiete) in einem großen Einsatzraum gibt. Ideal wäre ein räumlich getrennter Zusammenschluss von Befehlsstelle, Bereitstellungsraum und Unterkunft. Sie können jedoch nur zusammengeführt werden, wenn es auch genügend Abstellmöglichkeiten für die Einsatzfahrzeuge gibt. Die Voraussetzungen für eine die Befehlsstelle, den Bereitstellungraum und der Unterkunft können im Kapitel 11.1.5 entnommen werden.

10.5 Beschaffung und Instandhaltung der Einsatzmittel

Zu den Einsatzmittel allgemein gehören Geräte, Materialien, aber auch Einrichtungen und Fahrzeuge der Feuerwehr oder anderen Organisationen. Diese sollen den Einsatzkräften zur Erfüllung ihrer Aufgabe in der Vermisstensuche zur Verfügung stehen. Es ist für eine Feuerwehr oder andere Hilfsorganisation neben der Vorhaltung der PSA absolut selbstverständlich ihre Einsatzmittel zu warten, pflegen und gegebenenfalls instand zu halten. Eine zusätzliche Beschaffung von Einsatzmitteln, um bei einem Vermisstensucheinsatz die notwendige Vollständigkeit zu erreichen, muss den örtlichen Gegebenheiten und der Ausrüstung benachbarten Feuerwehren angepasst sein.

Einsatzkiste »Vermisstensuche«
Es kann eine Einsatzkiste für die Vermisstensuche vorbereitet werden. Die Größe muss der jeweiligen Feuerwehr angepasst sein. Eine Mindestausrüstung für eine Gruppe sollte aber angestrebt werden. In der Kiste können neben den vorbereiteten Wäscheklammern und Suchstöcken möglicherweise auch haltbare Lebensmittel für die Versorgung der Einsatzkräfte sowie Reservebatterien enthalten sein. Nicht genormte Taschenlampen ermöglichen für jede Einsatzkraft eine kostengünstige und leichte Alternative zu den vorhandenen Beleuchtungsmitteln der Feuerwehr. Des Weiteren können eine Erste-Hilfe-Ausrüstung mit den wichtigsten Utensilien sowie Kartenmaterial vom eigenen Zuständigkeitsbereich ergänzend mitgeführt werden.

> **Beispiel einer Einsatzkiste »Vermisstensuche« von der Berufsfeuerwehr Trier, ausgelegt für eine Gruppe:**
> - 8 Suchstöcke
> - Wäscheklammern mit befestigten Flatterband in einem aussortieren Leinenbeutel (+ ein zusätzlicher leerer aussortierter Leinenbeutel zum Einsammeln)
> - Flatterband (Absperrband)
> - Wichtigste Erste-Hilfe-Ausrüstung mit Infektionshandschuhen
> - Reservebatterien sowie Reserve-Akkus für 9 Funkgeräte
> - 9 Taschenlampen
> - 1 Trillerpfeife

10 Einsatzvorbereitung und Einsatzplanung

- 9 Gesichtsschutz
- Verpflegung: Müsliriegel und kleine Wasserflasche für eine Gruppenstärke
- Wasserfester Stift mit Papier
- 1 Feuerwehrleine mit Feuerwehrgurt
- Örtliches Kartenmaterial
- Warnkleidung
- Reservefunkgerät
- GPS-Gerät

Bild 46: *Beispiel einer Einsatzkiste »Vermisstensuche« von der Berufsfeuerwehr Trier, ausgelegt für eine Gruppe*

10.6 Einsatzleiterhandbuch

Es wird empfohlen ein Einsatzleiterhandbuch »Vermisstensuche« zu erstellen. Damit hat man für die Vermisstensuche ein kleines Nachschlagewerk, welches dem Einsatzleiter zügig wichtige Angaben und Maßnahmen aufzeigt, die zu einem möglichst günstigen einsatztaktischen Vorgehen und schnellen Auffinden der vermissten Person führen. Aufgrund des breit gefächerten Aufgabenbereichs in der Feuerwehr, kann ein Einsatzleiter trotz Fort- und Weiterbildungen nicht alle Festlegungen, Konzepte und Informationen ständig abrufbar aus dem Gedächtnis parat haben.

Eine Festlegung über den Umfang eines Feuerwehr-Einsatzplanes gibt es nicht. Dieser richtet sich im Wesentlichen nach den örtlichen Begebenheiten des jeweiligen Zuständigkeitsbereichs. Bei dem Erstellen des Einsatzleiterhandbuchs sollten Grundsätze aufgestellt werden, von denen nur in Ausnahmefällen abgewichen werden sollte. Denn ohne festgelegten Einsatzablauf, kann sich der Einsatz verzögern oder aufgrund seiner vielen Möglichkeiten nicht mehr überblickt werden. Erst bei näherer Erkundung in der Lagefeststellung und Ansammlung von Informationen beziehungsweise neuen Erkenntnissen muss der Einsatz dem Geschehen angepasst werden. Das bedeutet, dass festgeschriebene Vorgehensweisen flexibel abgeändert werden müssen. Trotzdem bleibt das Einsatzleiterhandbuch ein wichtiges Nachschlagewerk, welches den Vermisstensucheinsatz begleiten soll. Das Nachschlage-Einsatzleiterhandbuch enthält nur die wichtigsten Informationen. Erklärungen sollen hier auf das Minimum begrenzt sein, um es übersichtlicher zu halten. Hintergrundwissen über manche Handlungen und Vorgehensweisen sollen in diesem Buch jedem Interessierten nähergebracht werden, haben aber im Einsatzgeschehen erstmal nichts zu suchen. In diesem Feuerwehr-Einsatzleiterhandbuch können alle erarbeiteten Einsatzvorbereitungen, Einsatzplanungen und das für die Vermisstensuche zugeschnittene Führungssystem einfließen. Zudem sollten wichtige Informationen, Erreichbarkeiten von bestimmten Stellen, Einsatzkonzepte und die Fragenkataloge für die Erkundungsphase aufgeführt sein. Nach Erstellen des Handbuches ist es wichtig, dieses in regelmäßigen Abständen zu aktualisieren und die Änderungsvorschläge der Führungskräfte und Einsatzkräfte einzupflegen, die für die Örtlichkeit und das Einsatzgeschehen von Bedeutung sein könnten. Dieses Buch besitzt alle Informationen, um ein Einsatzleiterhandbuch zu erstellen.

10.7 Funkkonzept

Ein vorbereitetes Funkkonzept ist bei einer Vermisstensuche unabdingbar. Dabei sollte die Funkverbindung so geplant werden, dass bei einem größeren personellen Umfang der Einsatzlage, einzelne Funkgruppen geplant werden, um die Führungskanäle nicht unnötig zu belasten. Zudem sollte der Abschnittsleiter mit dem Einheitsführer der jeweiligen taktischen Einheit verbunden sein. Dies hat zur Folge, dass jeder Einheitsführer über zwei Funkgeräte verfügen muss. Innerhalb der jeweiligen taktischen Einheiten ist es zu empfehlen, eine separate Funkgruppe den einzelnen taktischen Einheiten zuzuordnen. Ein Zuordnen von festen Gruppen, gekoppelt an

10 Einsatzvorbereitung und Einsatzplanung

festen Suchgebieten ist nicht empfehlenswert. So verbleibt eine Funkgruppenzuordnung immer bei der gleichen taktischen Einheit und wechselt nicht bei der Änderung des Suchgebietes.

Die einzelnen Funkgruppen der jeweiligen Einheiten müssen in der Einsatzleitung vermerkt und in der Lagekarte dargestellt werden. Bei einer Belegung von mehreren taktischen Einheiten auf eine Gruppe, muss aus dem jeweiligen Rufnamen ersichtlich sein, welche taktische Einheit gerade funkt. Dabei muss die Führungsgruppe unbedingt unberührt bleiben. Die Einsatzabschnittsleiter kommunizieren schließlich mit der Einsatzleitung und geben nur die wichtigsten Informationen gefiltert weiter.

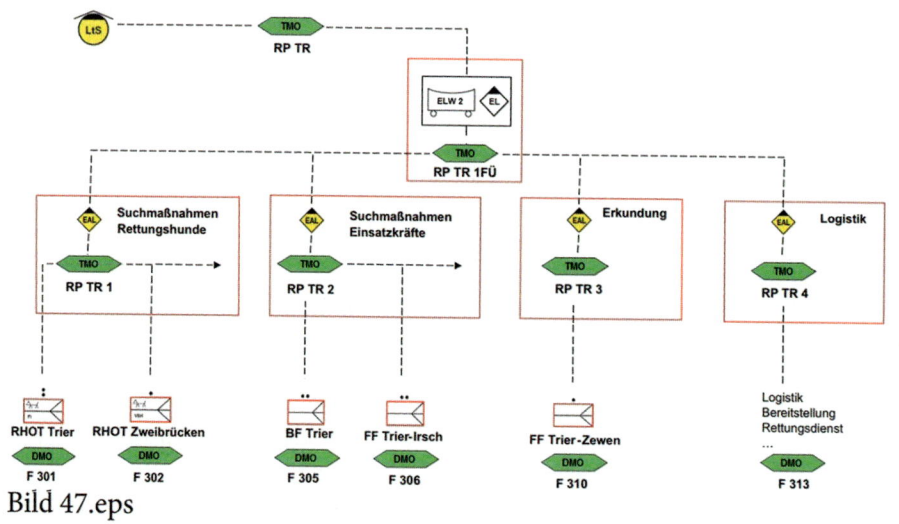

Bild 47: *Beispiel eines Funkkonzeptes*

10.8 Kartenmaterial

Kartenmaterial ist in der Vermisstensuche ein unverzichtbares Einsatzmittel. Es gibt Karten in digitaler und analoger Form. Wichtig ist, dass genügend Kartenmaterial oder die Möglichkeit einer Vervielfältigung vorliegen. Denn nicht nur die Einsatzleitung benötigt Kartenmaterial, sondern auch jede taktische Einheit muss über einen Kartenausschnitt ihres Suchgebietes verfügen. Bei der Feuerwehr und im Katastro-

10.8 Kartenmaterial

phenschutz werden meist Karten mit den Maßstäben 1:50 000 und 1:25 000 verwendet. Dadurch ergibt sich folgende Umrechnung:

- Maßstab 1:50 000 bedeutet, dass 1 cm auf der Karte 50 000 cm also 0,5 km in der Wirklichkeit entspricht. Also 2 cm auf der Karte entsprechen 1 km (gut geeignet für die Einsatzleitung)
- Maßstab 1:25 000 bedeutet, dass 1 cm auf der Karte 25 000 cm also 0,25 km in der Wirklichkeit entspricht. Also 4 cm auf der Karte entsprechen 1 km (gut geeignet für die Einsatzkräfte)

Das Kartenmaterial hat für die Einsatzleitung einen taktisch wichtigen Einsatzwert, ohne dieses ist die Abwicklung des Einsatzes kaum bis gar nicht möglich. Es dient nicht nur zum Eingrenzen des Einsatzraums, sondern auch zum Überblick des Einsatzgebiets bzw. jeweiligen Suchgebietes sowie über die laufenden, geplanten oder abgeschlossenen Maßnahmen. Außerdem geben die Karten neben der Orientierung der jeweiligen Einsatzgebiete, Aufschluss über Bodenbeschaffenheit, Befahrbarkeit, Höhen und Tiefen, Gebäude, Straßen, Wälder, Gewässer, Wiesen usw. Dadurch lassen sich wichtige Erkenntnisse für die Durchführung eines Einsatzauftrages gewinnen. Des Weiteren muss die Einsatzleitung auf der Karte taktisch erkennen können, welche taktischen Einheiten und Einsatzmittel in welches Suchgebiet geschickt werden. So soll beispielsweise ein Copter, als technisches Einsatzmittel, über ein in der Luft einsichtiges Feld gesendet werden, anstatt Fußtrupps durchzuschicken. Auf der anderen Seite macht das Einsetzen des Copters über ein Waldgebiet unter Umständen wenig Sinn.

Da in der Regel mehrere Feuerwehreinheiten und Organisationen in einem Vermisstensucheinsatz durch eine überörtliche Hilfe alarmiert worden sind, muss davon ausgegangen werden, dass die meisten dieser Einsatzkräfte ortsunkundig sind. Detailliertes Kartenmaterial kann dieses Defizit ausgleichen. Wichtig sind auch die Rettungskarten Forst mit ihren aufgeführten Rettungspunkten. Hier kann durch die verschiedenen Forstpunkte eine Orientierung im Wald erfolgen oder die eigentlichen Suchmaßnahmen gestartet werden.

10.8.1 Bestimmen des Einsatzraumes in der Einsatzplanung

Einer der wichtigsten Aufgaben des Einsatzleiters ist es, so schnell wie möglich den Einsatzraum anhand von Kartenmaterial festzulegen, um zügig mit den Suchmaßnahmen zu beginnen. Die Grundlage für die Bestimmung des Einsatzraumes ist eine ordentliche Erkundungsphase. Die Eingrenzung des Einsatzraums ermöglicht es dem

10 Einsatzvorbereitung und Einsatzplanung

Einsatzleiter danach, die Festlegung der einzelnen Suchgebiete auszumachen. Der Einsatzraum kann, neben den im Kapitel 8 vorgestellten statistischen Zahlen, auch auf verschiedene Modelle eingeteilt werden:

Einsatzraumbestimmung durch das Ringmodell

Das Ringmodell ist das gängigste in der Feuerwehr genutzte Modell zur Eingrenzung des Einsatzraums und beschreibt häufig einen Radius im Bereich von 300 m um den lbA. Oftmals ist dabei das eigentliche Ziel oder die Bewegungsrichtung der vermissten Person nicht bekannt. Auf der Karte werden nun mehrere Ringe gezogen, die letztendlich den Einsatzraum abgrenzen, aber gleichzeitig Prioritäten setzen. Der erste Ring ist bei dem 4 Phasenkonzept (vgl. Kapitel 12) in der Vermisstensuche meist bereits in der Anfangsphase (einschließlich Phase 2) zum großen Teil schon durchsucht worden und beschreibt einen festgelegten Radius.

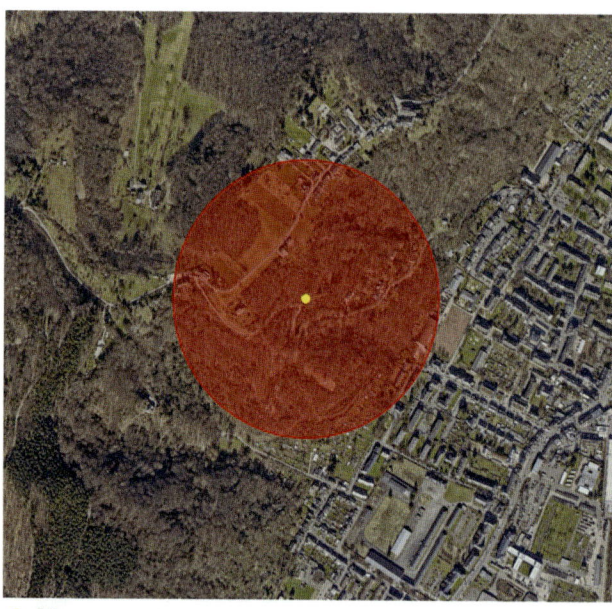

Bild 48: *Ringmodell (Quelle: Stadt Trier Geoportal GeoBasis-De, bearbeitet durch den Autor)*

● : lbA
roter Kreis: Einsatzraum 300 Radius

Anhand der Statistiken (vgl. Kapitel 8) kann beispielsweise der 25 % Quartile-Radius zwischen lbA und Auffindeort für das jeweilige Profil auch als ersten Ring angegeben werden und gilt ohne bestimmte Erkenntnisse als vorrangig abzusuchendes Gebiet. Darauf kommt schließlich der 50 % gefolgt von den 75 % und schließlich zum Schluss der 95 % Radius. Inwieweit der Einsatzleiter den Einsatzraum begrenzt, ist ihm überlassen. Er kann bereits ab dem 25 % Radiuskreis den Einsatzraum beschränken.

Einsatzraumbestimmung durch das Abstrahlwinkelmodell

Das Abstrahlwinkelmodell ist eine gute Methode, den Einsatzraum zu bestimmen, wenn neben dem lbA die Bewegungsrichtung bzw. sichere Route mit dem definierten Ziel bekannt ist. Dabei wird eine gerade Linie zwischen dem lbA und dem mutmaßlichen Ziel gezogen. Anhand dieser Linie werden Gradzahlen eingezeichnet, die den Einsatzraum festlegen. Der Spreizwinkel wird je nach Vermisstenprofil oder Erkundungsergebnissen individuell bestimmt.

Bild 49: *Abstrahlwinkelmodell (Quelle: Stadt Trier Geoportal Geo-Basis-De, bearbeitet durch den Autor)*

In der Praxis wurden Abstrahlwinkel auch ohne eine bestimmte Gradzahl festgelegt. Dafür dienten unter Umständen auf der Karte erkennbares Terrain oder befindliche markante Punkte, wie beispielsweise zwei andere Dörfer, die den Einsatzraum einschränkten.

Einsatzraumbestimmung durch das Wegsuchmodell

Das Wegsuchmodell beschränkt sich nur auf die vorhandenen Wege. Das Wegsuchmodell kennzeichnet alle möglichen begeh- und befahrbaren Wege. Darüber hinaus kann der Suchabstand vom Weg entfernt angezeigt werden. Voraussetzung für diese Einsatzraumbestimmung ist, dass ganz klar ausgeschlossen werden kann, dass sich die Person außerhalb oder weit ab vom Weg bewegt (z. B. durch abrutschen). Da ein Unfall jedoch jeder Person – unabhängig vom Alter und Gesundheitszustand – widerfahren kann, wird das Wegsuchmodell zumindest allein selten angewendet. Eine Kombination des Wegsuchmodells mit anderen Modellen hingegen wird sehr häufig genutzt. Insbesondere dann, wenn das abzusuchende Gebiet zu groß ist, um lückenfrei abgesucht werden zu können.

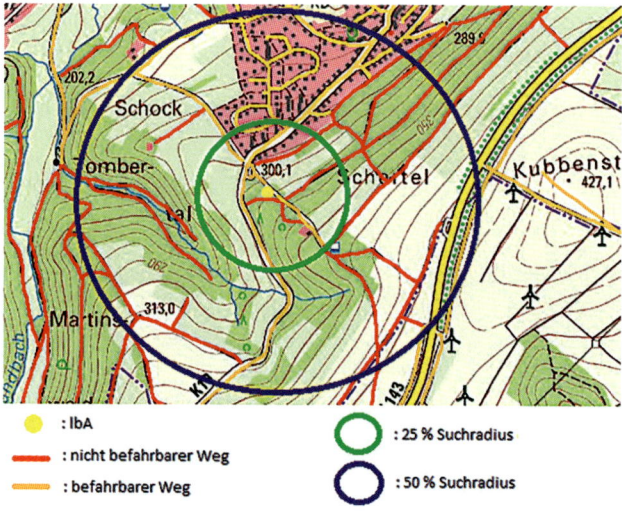

Bild 50: Wegsuchmodell (Quelle: Stadt Trier Geoportal Geo-Basis-De, bearbeitet durch den Autor)

So kann der Einsatzraum bei Eingrenzungen in Quartile, beispielsweise ab 50 % oder 75 %, von einer Flächensuche in die Wegsuche geändert werden. Bei der Entscheidung hilft ebenfalls die statistische Tabelle im Kapitel 8. Dort lässt sich erkennen, ob mehrheitlich eine vermisste Person auf einem Weg oder Straße gefunden wurde oder wirklich im Wald, Feld oder Wiese. Darauf lässt sich die Entscheidung, eine Wegsuche durchzuführen, zusätzlich begründen.

Weitere Modelle zur Einsatzraumbestimmung
Weitere Modelle, die allerdings selten genutzt werden, sind das Mobiltäts- und Terrainmodell. Das **Mobilitätsmodell** schränkt das Gebiet auf den Radius ein, der hinsichtlich der Zeitdauer, in der die Person vermisst wird und in Anbetracht der Mobilität des Vermissten am wahrscheinlichsten erreicht werden kann.
Das **Terrainmodell** begrenzt das Einsatzgebiet anhand der örtlichen Gegebenheiten. Das Terrainmodell allein zu nutzen ist nicht empfehlenswert. Eine Kombination

10.8 Kartenmaterial

aus den bereits genannten Modellen und dem Terrainmodell kann sinnvoll sein, wenn es aufgrund der Terrainlage unmöglich oder primär nicht möglich erscheint diese abzusuchen (bspw. ein steiler Berg).

10.8.2 Bestimmen von benötigten taktischen Einheiten

Eine wichtige Aufgabe der Einsatzleitung ist die richtige Bestimmung der Anzahl von benötigten taktischen Einheiten. Dafür gibt es terrainunabhängig eine einfache Rechnung, die grob die benötigten Einsatzkräfte aufschlüsselt. Benötigt werden für diese Rechnung eine Karte und der eingezeichnete vorgegebene und festgelegte Einsatzraum. Auf digitale Karten lässt sich ein Gitternetz auf die Karte projizieren. Aber auch auf den analogen Karten kann mit Hilfe einer Klarsichtfolie ein Gitternetz über die Karte gelegt werden. Dabei ist zu beachten, dass die Gitternetzkästchen, eine Größe von etwa 30 000 m² betragen.

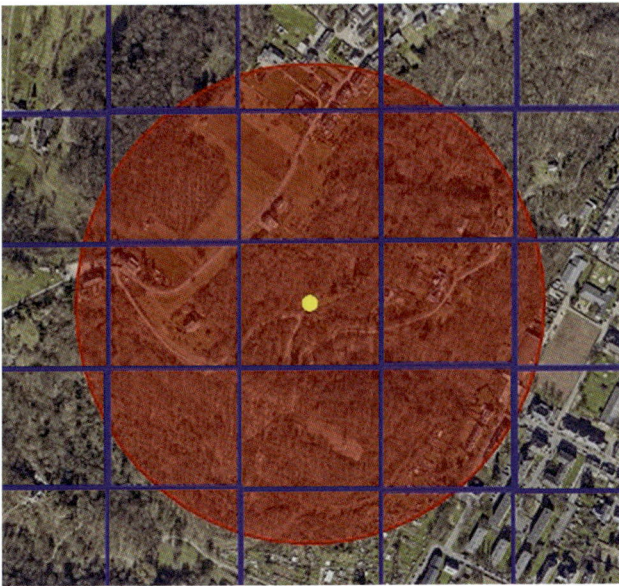

Bild 51: *Gitternetzkästchen zur Bestimmung der benötigten taktischen Einheiten (Quelle: Stadt Trier Geoportal Geo-Basis-De, bearbeitet durch den Autor)*

Somit lässt sich schnell für den Einsatzleiter bei einer Festlegung des gesamten Einsatzraums errechnen, wie viele Einsatzkräfte er benötigt und in welcher Zeit. Er muss lediglich die einzelnen Gitternetzkästchen innerhalb des festgelegten Suchgebietes zählen. Jedem Kästchen werden anschließend vom Einsatzleiter eine entsprechende Anzahl an Einsatzkräften als taktische Sucheinheit oder ein Flächensuchhund als Einsatzmittel mit Rettungshundeführer und ggf. eine weitere ortskundige Einsatzkraft zugeordnet.

> **Beispiel:**
> Der Einsatzleiter hat bei einem Vermisstenfall einen 300 m Suchradius vom lbA festgelegt. Dieser beträgt 282 743 m². Der Einsatzleiter erkennt aufgrund der aufgelegten Gitternetze eine Anzahl von rund zehn Kästchen. Nun kann er sich beispielsweise entscheiden, eine Mannschaftsstärke von zehn Gruppen zu alarmieren, um das Gebiet innerhalb von ca. 40 Minuten oder nur 5 Gruppen, um in ca. 100 Minuten zu durchsuchen. Ebenfalls kann eine Kombination von Rettungshunden und Einsatzkräften berücksichtigt werden. So ist ein Flächensuchhund in der Lage, ein Kästchen von 30 000 m² innerhalb von ca. 20 Minuten, oder in ca. 70 Minuten zwei Gitternetzkästchen, abzusuchen. (vgl. Kapitel 5.6)

Des Weiteren können bei einer geplanten Wegsuche die Wege, Pfade oder Straßen nach jedem Kilometer markiert werden. Daraus resultiert je nach Art der Wegsuche eine Suchgeschwindigkeit von 1,5 km/h bis hin zur durchschnittlichen Gehgeschwindigkeit von 5 km/h für die Einsatzkräfte. Auch hier hat die Einsatzleitung die Möglichkeit, durch abzählen der Markierungen auf Wegen, in einem bereits festgelegten Einsatzraum die Gesamtstrecke zu errechnen und die zu erwartende Einsatzzeit der Einsatzkräfte sowie den Personalaufwand abzuschätzen.

10.8.3 Bestimmen von Suchgebieten

Die Einsatzleitung hat die Aufgabe sinnvolle Suchgebiete innerhalb des Einsatzraums einzuteilen, damit die Suchteams mit ihren Suchmaßnahmen strukturiert so schnell wie möglich an den richtigen Ort eingebracht werden können. Dafür braucht sie Zeit, die bei einer Alarmierung der Kräfte berücksichtigt werden muss, um eine Wartezeit für die anrückenden Kräfte zu verhindern, falls durch eine Einsatzvorbereitung die Suchgebiete nicht bereits eingeteilt worden sind. Dabei sollen die einzelnen Suchgebiete eine Größe von ca. 30 000 m² aufweisen. Suchgebiete können zusammengeführt werden, um den taktischen Einheiten einen größeren Auftrag zu erteilen. Das vorliegende Terrain auf der Karte muss unbedingt berücksichtigt werden. Beachtet müssen beispielsweise unter Umständen Areale, die schwer zugänglich sind oder gar nicht betreten werden dürfen (z. B. Sumpfgebiet oder militärische Grundstücke). Die

10.8 Kartenmaterial

Suchgebiete müssen fortlaufend nummeriert werden, damit eine Zuordnung an die einzelnen taktischen Einheiten möglich ist.

Festlegen von Suchgebieten in der Einsatzvorbereitung

Optimal wäre es, im Rahmen der Einsatzvorbereitung das Kartenmaterial in bereits vorbereiteten Suchbereiche einzuteilen, noch bevor es zu einem Vermisstensucheinsatz und damit zur Festlegung eines Einsatzraums kommt. Dabei wäre es ideal auf einer vorhandenen Karte Suchgebiete so einzuteilen, dass Wege, Straßen oder ähnliche Grundrisse das Suchgebiet abgrenzen. Sie dienen für die Rettungsmannschaften als Orientierung und Abgrenzung ihres Einsatzgebietes zugleich. Die Größe eines Suchgebietes sollte im Bereich von 30 000 m² liegen. Dadurch bewegen sich die Sucheinheiten in einem klar festgelegten Suchabschnitt. Es soll darauf aber geachtet werden, die Suchgebiete möglichst in Form eines Vierecks oder Rechtecks einzugrenzen. Idealerweise wären die Maßgrößen von 30 m x 1000 m, 60 m x 500 m, 120 m x 250 m oder 160 m x 180 m zu erstellen.

Bild 52: *Einsatzvorbereitung: Einteilung in sinnvolle abzugrenzende Suchgebiete (Quelle: Stadt Trier Geoportal GeoBasis-De, bearbeitet durch den Autor)*

Ein zu verwinkeltes Suchgebiet lässt sich nur schlecht und mit viel Zeitaufwand in der Flächensuche für Einsatzkräfte realisieren. Solche unvermeidlichen Suchfelder sind dann den Flächensuchhunden bei Möglichkeit zuzuordnen. Eine Einteilung in größere Suchabschnitte von 90 000 m² können alternativ vorbereitet werden, da ein Entsenden einer taktischen Einheit meist mehrere hintereinander ablaufende Suchaufträge beinhaltet.

Weiterführend kann das auch für eine Wegsuche vorbereitet werden. Je nach Windungen und Höhenunterschieden, lässt sich nicht immer abschätzen, wie lange eine Strecke tatsächlich ist. Daher sollen die Wege, Pfade oder ähnliche begehbaren Strecken in einem Abstand von einem Kilometer markiert werden. Markante Stellen oder Kreuzungen können ebenfalls zusätzlich mit einer Entfernungsangabe gekennzeichnet werden. Diese Einsatzvorbereitung birgt einen erheblichen zeitlichen Mehraufwand, aber es vereinfacht, präzisiert und beschleunigt das Einsatzgeschehen bei der Vermisstensuche ungemein.

Festlegen von Suchgebieten in der Einsatzplanung
Während eines bestehenden Einsatzes ist es zeitlich kaum möglich, eine ordentliche Suchgebietseinteilung nach den vorliegenden Terrainbegebenheiten, wie in dem vorherigen Abschnitt beschrieben, durchzuführen. Doch es gibt mehrere Möglichkeiten das Kartenmaterial erst während des Einsatzes in Suchgebiete einzugrenzen.

In der Praxis sind grobe Einteilungen anhand von Wegen oder Terraineinflüssen auf der Karte gängig, die aber leider meist viel zu groß für die zugewiesenen Einsatzkräfte sind. Darauf muss unbedingt geachtet werden. Um dies während den laufenden Suchmaßnahmen zu kompensieren, wäre das Entsenden von mehreren taktischen Einheiten an unterschiedlichen Stellen eine Maßnahme, das große Suchgebiet aufzuteilen.

Eine weitere Methode ist das bereits beschriebene Gitternetz, welches innerhalb des festgelegten Einsatzraumes auf die Karte aufgelegt wird, um die Anzahl der benötigten taktischen Einheiten zu bestimmen, wie im Kapitel 10.8.2 beschrieben. Der Vorteil liegt ganz klar in der Schnelligkeit der Festlegung der Suchgebiete. Des Weiteren werden auch alle befindlichen Wege innerhalb eines Gitternetzes abgesucht, was unter Umständen nicht bei einer normalen Wegsuche bei zu vielen Abzweigungen realisierbar wäre. Der große Nachteil besteht jedoch darin, dass es schwierig bis gar keine Orientierung im Gelände durch bestimmte markante Stellen gibt. Eine Doppelabsuche an den Außengrenzen ist dann meist nicht vermeidbar. Außerdem könnte unter Umständen das Hineinbringen der Einsatzkräfte erschwert sein, wenn es keine Wege zu den weiter entfernten Gitternetzkästchen gibt (Mehrere hintereinander befohlene Suchaufträge können dieses Problem ausgleichen).

10.9 Ortskunde

Karten in der Einsatzleitung

Das Führen einer großen Landkarte in der Einsatzleitung ist bei der Vermisstensuche unabdingbar. Empfehlungswert ist die Darstellung von zwei Karten. Auf einer großen Karte sollte für alle sichtbar neben dem festgelegten Einsatzraum, die bereits abgesuchten, die laufenden und die geplanten bezifferten Sucheinsatzgebiete, farblich voneinander oder mit Schriften markiert, getrennt dargestellt werden. Das gleiche gilt für eine Wegsuche. Eine zusätzliche Aufzählung, wie oft ein Suchgebiet bereits abgesucht worden ist wäre eine zusätzliche Option, wenn davon ausgegangen werden muss, dass sich die gesuchte Person dynamisch bewegt.

Auf einer kleinen Karte sollte nur die momentanen Suchmaßnahmen aufgezeigt werden, mit der Erreichbarkeit, den Namen der Einheit sowie einen Verantwortlichen und eine geschätzte Zeitangabe, wann die Suchmaßnahme begonnen hatte, um eine grobe Einschätzung zu bekommen, wann die Suche beendet wird (Ordnen der Zeit). Mit diesem Duo-Kartensystem bekommt man eine ordentliche und nicht überfüllte Übersicht über alle Maßnahmen sowie eine grobe zeitliche Angabe, um weitere Planungen und Einsatzgebietsverteilung rechtzeitig zuzuweisen.

10.9 Ortskunde

Ortskenntnisse durch eine Einsatzkraft sind eine gute Vorrausetzung, um bei einer Vermisstensuche eine erfolgreiche Gefahrenabwehr zu leisten. Gerade in der ersten Phase der Suchmaßnahmen können Personen mit Ortskenntnis schnell ohne nähere Einweisung und Kartenmaterial eingesetzt werden. Es sind meist nicht nur die allgemeinen Strukturen der Gemeinde einschließlich des Umlandes bekannt, sondern auch Kenntnisse über unbekanntere Wegenetze, Befahrbarkeit von Pfaden und Versteckmöglichkeiten in unwegsamem Gelände vorhanden.

Zum Teil sind die vermissten Personen auch den Ortskundigen bekannt. Das macht die Suche für den einzelnen emotional nicht einfacher, aber so lassen sich vielleicht Gewohnheiten oder bekannte Wanderwege des Vermissten ermitteln. Eine ortskundige Person sollte in der Einsatzleitung verbleiben und dem Einsatzleiter beratend bei Fragen zu Verfügung stehen. Falls möglich, kann bei jeder taktischen Einheit eine ortskundige Person integriert werden, gerade bei weiter entfernt anrückenden Rettungshundeeinheiten. Eine Ortsbegehung macht in einer Feuerwehrübung keinen großen Sinn. In der Regel befinden sich immer Personen in der Feuerwehr, die in der Gemeinde oder dem Stadtteil aufgewachsen sind und sich gut auskennen.

11 Führungssystem

Der Einsatzraum bei einem Vermisstensucheinsatz hat flächenmäßig oftmals ein größeres Ausmaß als die meisten anderen Einsätze der Feuerwehr. So gilt es außerdem eine Vielzahl von Einsatzkräften mit ihren Einsatzmitteln zu koordinieren. Dabei kann eine Vermisstensuche über Stunden andauern und sich in ihrem Verlauf stetig verändern. Damit nicht erst an der Einsatzstelle bestimmte Aufgaben zugeordnet werden, müssen diese vorher weitgehend festgelegt sein. Dies wird durch die Feuerwehr-Dienstvorschrift 100 »Führung und Leitung im Einsatz« (FwDV 100) geregelt.

Das Führungssystem der Feuerwehr hat die Aufgabe, die eintretenden und zu erwartenden Schadenereignisse und Gefahrenlagen mit Einsatz- und Führungskräften erfolgreich zu meistern. Ebenfalls beschreibt sie alle Aufgaben und Möglichkeiten einer Einsatzleitung. Diese beginnt mit der Alarmierung der Einsatzkräfte bis zur Beendigung des Einsatzes. Deswegen müssen nicht nur der Einsatzleiter und die Führungskräfte der Feuerwehr, die bei dem Sucheinsatz mitwirkenden Hilfsorganisationen, den Einsatzwert der Einsatzkräfte sowie der Einsatzmittel kennen, sondern auch das Führungssystem der Feuerwehr.

Das Führungssystem ist aufgegliedert in:
- Führungsorganisation (Aufbau).
- Führungsvorgang (Ablauf).
- Führungsmittel (Ausstattung).

Es sollen bei einer Vermisstensuche die richtigen Einsatzmittel zum richtigen Zeitpunkt am richtigen Ort eingesetzt werden. Daher muss der Einsatzleiter die Führungsorganisation und die Führungsmittel sowie den Ablauf des Führungsvorgangs kennen. Vorbereitende Entscheidungen und Einsatzplanungen können ihm dabei helfen.

11.1 Führungsorganisation

Die Führungsorganisation legt die Aufgabenbereiche der Führungskräfte fest. Außerdem werden die Art und Anzahl der Führungsebenen bestimmt. Sie stellt auch in der Vermisstensuche sicher, dass die Arbeit des Einsatzleiters und der Einsatzleitung reibungslos und kontinuierlich abläuft.

11.1 Führungsorganisation

11.1.1 Arbeitsziele in der Vermisstensuche

Bei einem Vermisstensucheinsatz verfolgt die Feuerwehr zwei Arbeitsziele. Einmal die **Suchmaßnahmen** nach der vermissten Person an sich und die **Aufenthaltserkundung** als gesonderte Aufgabe. Das Suchen nach der vermissten Person ist eine gängige Praxis innerhalb der Feuerwehr und wird durch Einsatzkräfte sowie der biologischen und technischen Ortung durchgeführt. Diese Maßnahmen führen oft zu einem erfolgreichen Ergebnis.

Eine weitere Aufgabe der Feuerwehr muss es aber auch sein, den möglichen Aufenthaltsort der gesuchten Person herauszufinden. Die Aufenthaltserkundungen haben nichts mit Aufenthaltsermittlungsaufgaben der Polizei zu tun. So hat jeder Einsatzleiter das Recht, Erkundungen durchzuführen, um einen möglichen Aufenthaltsort (mAo) der vermissten Person zu bestimmen. Zusätzlich dient diese Erkundung auch dafür, die eigentlichen Suchmaßnahmen an einem bestimmten Ort durchzuführen. Die Feuerwehr darf bei einem Vermisstensucheinsatz nie darauf beschränkt werden, nur reine Suchmaßnahmen durchzuführen.

Sobald die Feuerwehr zu einem Sucheinsatz durch die Polizei hinzugezogen wurde, sollten die Aufgaben abgestimmt werden, damit keine parallelen Doppelarbeiten durchgeführt werden. Trotzdem wird empfohlen, grundsätzlich den Einsatz von vorne zu beginnen, um festgelegten Maßnahmen nicht zu überspringen und gar zu vergessen. Das fängt beispielsweise mit der Befragung der Hilfeersuchenden Person an. Dieser Vorgang ist ein wichtiger Baustein der Erkundungsphase für den Einsatzleiter und sollte ihm nicht verwehrt werden. Außerdem verläuft eine Vermisstensuche oftmals dynamisch, daher kann das erneute Absuchen des lbA oder des vermuteten mAo niemals schaden, auch wenn die Polizei diese bereits abgesucht hat, gerade in der ersten Phase des Vermisstensucheinsatzes, solange die Erkundungen des Einsatzleiters parallel durchgeführt werden und keine weiteren sachdienstlichen Hinweise vorliegen. Die Suchmaßnahmen werden schließlich auf Grundlage der Wahrscheinlichkeit, Statistik und Erfahrung durchgeführt. Frühestens ab Phase 3 des im Kapitel 12 vorgesellten 4-Phasenkonzept in der Vermisstensuche werden die Suchmaßnahmen durch Erkundungsergebnisse gezielt eingesetzt. Da beide Arbeitsziele während des Einsatzes parallel abgearbeitet werden, können die Maßnahmen oftmals ineinanderfließend sein. Daher sollte der Einsatzleiter in jeder Phase des Vermisstensuchkonzeptes die Arbeitsziele klar trennen und genauso wie die Suchmaßnahmen, die Aufenthaltserkundung fortwährend durchführen. Denn das Auffinden der gesuchten Person hängt maßgeblich von den Erkundungsarbeiten ab.

11.1.2 Einsatzleiter

Der Einsatzleiter handelt nach der FwDV 100 und leitet gesamtverantwortlich alle ihm an der Einsatzstelle unterstellten Einsatzkräfte, inklusive der mitwirkenden Hilfsorganisationen (z. B. DRK Rettungshundeeinheit) und herangezogene Hilfskräfte (z. B. ortkundiger Jäger). Er hat die Maßnahmen aller beteiligten Stellen zu koordinieren und ihm obliegt die Befehlsgewalt. Er hat die Aufgabe, die Lage zu erkunden und den Einsatz zu führen, um das Einsatzziel zu erfüllen, die vermisste Person zu retten.

In der Regel ist der Einsatzleiter bei der Erstalarmierung, der Einheitsführer der örtlich zuständigen Feuerwehr (Wehrführer). Je nach Alarmierungsplan können unmittelbar im ersten Abmarsch mehrere Feuerwehren aus den umliegenden Nachbargemeinden mitalarmiert werden. Bis zum Eintreffen des Orts-Einheitsführers ist der funktionshöchste Einheitsführer, bei funktionsgleichen Einheitsführern der zuerst eintreffende Einheitsführer, der Einsatzleiter. Es darf an einer Einsatzstelle grundsätzlich nur einen Einsatzleiter der Feuerwehr geben. Meist wird dafür ein höher qualifizierter Einheitsführer zusätzlich alarmiert, der aufgrund seiner Ausbildung mehrere taktische Einheiten führen darf. Unbedingt muss sich der Einsatzleiter als solcher auch durch farbige Westen oder Koller kenntlich machen. Als Einsatzleiter kommt gelb in Betracht. Somit können anderen Personen außerhalb der Feuerwehr (Polizei, Hilfsorganisationen und Ähnliche) erkennen, wer für sie der primäre Ansprechpartner ist. Dem Einsatzleiter sind Befugnisse von Dritten übertragen. So kann er beispielsweise Personen oder Hilfsmittel, wie bspw. ein privates Quad für die Fahrzeugbezogene Wegsuche im Wald, heranziehen.

11.1.3 Einsatzleitung

In der Einsatzleitung wird der Vermisstensucheinsatz koordiniert. Egal welche Art, Dimension und Größe die Personensuche annimmt, muss in der Einsatzleitung der Sucheinsatz ohne Komplikationen ablaufen können. Bestimmte Aufgabenbereiche werden durch die FwDV 100 bereits vorher festgelegt und zugeordnet. Die Einsatzleitung besteht aus dem Einsatzleiter und einer Führungseinrichtung sowie Führungsassistenten und gegebenenfalls Führungshilfspersonal. Darüber hinaus können auch andere Führungskräfte oder Hilfskräfte hinzugezogen werden. Dies können Fachberater für Rettungshunde, Vertreter von Behörden (z. B. Jäger), Verbindungsbeamte der Polizei oder Verbindungspersonen von Hilfsorganisationen sein. Die beteiligten

Stellen sollen beratend und unterstützend tätig sein und gegebenenfalls in Ihrem Zuständigkeitsbereich handeln.

11.1.4 Aufbau und Umfang der Einsatzleitung bei einer Vermisstensuche

Der folgende Aufbau und die Gliederung einer Einsatzleitung soll ein Vorschlag des später vorgestellten »4-Phasenkonzept in der Vermisstensuche« aufweisen. So unterschiedlich die Einsatzarten und der Einsatzumfang in der Vermisstensuche auch sind, so unterschiedlich muss der Einsatzleiter darauf reagieren können und schließlich rechtzeitig den Begebenheiten anpassen. Daher soll dieser Vorschlag der Gestaltung und Aufgabenbereiche innerhalb der Einsatzleitung nur eine Orientierung darstellen.

In vielen Feuerwehreinsätzen innerhalb der täglichen Gefahrenabwehr kann der Einsatzleiter ohne weitere Führungskräfte und Hilfskräfte die anstehende Aufgabe bewältigen. Jedoch muss man bei einer Vermisstensuche von einem Einsatz ausgehen, indem viele Einsatzkräfte in einem unüberschaubaren Einsatzraum benötigt werden und somit die Unterstützung von Führungseinheiten und Führungseinrichtungen erforderlich machen.

Die zwei wichtigsten Führungseinheiten, die den Einsatzleiter bei einem Vermisstensucheinsatz unterstützen ist der kleinere Führungstrupp und die größere Führungsstaffel (siehe auch dazu Kapitel 11.1.8). Trotzdem kann auch die Zahl der eingesetzten Kräfte in der Einsatzleitung erhöht werden, falls die Art und Größe des Vermisstensucheinsatzes es notwendig machen.

Der Führungstrupp besteht aus einem Führungsassistent, einem Melder sowie einem Fahrer und die erforderlichen Führungsmittel. In den meisten Fällen der Vermisstensuche gestaltet sich aber der Einsatz als zu umfangreich, um allein durch den Führungstrupp bewältigt zu werden. Daher empfiehlt es sich, weitere Führungsassistenten und Führungshilfspersonal in die Einsatzleitung einzubeziehen. Die einsatzbereite Führungsstaffel wird spätestens in der Phase 3 des Vermisstenkonzeptes empfohlen.

11.1.5 Befehlsstellen, Bereitstellungsraum, Unterkunft

Die **Befehlsstelle** ist der Sitz der Einsatzleitung und dient zur Bewältigung der Einsatzleitaufgaben für die Vermisstensuche. Die Befehlsstelle muss kenntlich ge-

11 Führungssystem

macht werden und ihr Standort muss allen Einsatzkräften bekannt sein. Sie wird unterschieden in ortsfeste und bewegliche Befehlsstellen.

Eine **ortsfeste** Einsatzleitung ist in der ersten Zeit der Suchmaßnahmen kaum möglich, da vor Inbetriebnahme meist geeignetes Personal (Führungsassistenten) die Befehlsstelle einrichten und in Betrieb nehmen müssen. Trotzdem ist im laufenden Einsatz eine ortsfeste Befehlsstelle aufgrund der wahrscheinlich langen Einsatzdauer und der personell großen Einsatzleitung zu empfehlen. Die ortsfeste Befehlsstelle sollte eine geeignete Räumlichkeit sein (z. B. Feuerwehrhaus, Gemeindehaus, Verwaltungsgebäude o. Ä.). Natürlich muss die ortsfeste Einsatzleitung mit geeigneten Einsatzmitteln, wie Fernmeldeanschlüssen, Informationstechnik und Kommunikationstechnik ausgestattet sein. Sie kann durch eine ortsbewegliche Befehlsstelle (z. B. ELW 1) unterstützt werden, um beispielsweise eine Funkverbindung sicherzustellen.

Die **ortsbewegliche** Befehlsstelle (z. B. KdoW) ist mit ausreichender Kommunikationstechnik sowie Informationstechnik ausgestattet. Bei dem Vermisstensucheinsatz ist sie in der Anfangsphase die Befehlsstelle und sollte je nach Einsatzlage durch

Bild 53: *ortsbewegliche Befehlsstelle (ELW 2)*

11.1 Führungsorganisation

eine ortsfeste Befehlsstelle ergänzt und gegebenenfalls, um eine weitere ortsbewegliche Befehlsstelle (z. B. ELW 2) erweitert werden.

Der **Bereitstellungsraum** ist ein größerer Platz, an denen Einheiten gesammelt werden, um unmittelbar in den Sucheinsatz entsendet werden zu können. Die **Unterkunft** soll fernab von der eigentlichen Einsatzstelle sein. Den Einsatzkräften sollten sanitäre Einrichtungen und ein warmer, trockener »Ruheraum« zur Verfügung gestellt werden. Ein Ruheraum eignet sich zudem, um Verpflegung bereit zu stellen.

11.1.6 Sachgebiete in der Vermisstensuche

Die Führungsassistenten sollen für die Erfüllung ihrer Aufgabe in bestimmte Sachgebiete aufgeteilt werden. Folgende Sachgebiet werden in der Feuerwehr wie folgt unterteilt:

- Sachgebiet 1 (S 1): Personal/Innere Dienst
- Sachgebiet 2 (S 2): Lage
- Sachgebiet 3 (S 3): Einsatz
- Sachgebiet 4 (S 4): Versorgung
- Sachgebiet 5 (S 5): Presse- und Medienarbeit
- Sachgebiet 6 (S 6): Informations- und Kommunikationswesen

Es können auch Sachgebiete zusammengelegt und von einem Sachgebietsleiter geführt werden. Gerade in der Vermisstensuche kommt dies häufig vor.

Manche Aufgaben der einzelnen Sachgebiete ähneln sich. Eine klare Abgrenzung, falls nötig, wird bei jeder örtlichen Führungseinheit unterschiedlich zu entscheiden sein. Für die Auftragsdurchführung muss das Einsatzziel eindeutig formuliert sein und trotzdem darf bei den Führungs- und Einsatzkräften eine große Handlungsfreiheit bestehen, um auf neue Erkenntnisse und Ereignisse selbstständig und flexibel zu reagieren. Wichtig ist das Erreichen des vorgegebenen Kernziels: Auffinden der vermissten Person.

11.1.7 Aufgaben der Sachgebiete in der Vermisstensuche

Grundsätzlich ist die Aufgabenverteilung je nach Erfordernissen der Schadenlage in der Einsatzleitung vorzunehmen. Die beschriebenen Aufgaben in der FwDV 100 haben dadurch unterschiedliche Bedeutungen. Außerdem ist ein Interpretationsspielraum unter den einzelnen in der FwDV 100 festgeschriebenen Synonymen gegeben und könnte je nach Ausbildung anders zugeordnet sein. Nachfolgend sind einige Aufgaben für die Vermisstensuche konkreter beschrieben und sollen dem Einsatzleiter und den Sachgebietsleiter beziehungsweise Führungsassistenten als Anregung, Erinnerung und Unterstützung dienen. Unter regionalen Umständen kann es sein, dass manche nachfolgend aufgelisteten Aufgaben unter einem anderen Sachgebiet fallen, als hier dargestellt. Zusätzlich müssen auch die weiteren, hier nicht genannten Aufgaben der FwDV 100 berücksichtigt werden.

11.1.7.1 S 1: Personal/Innere Dienst:

Alarmieren von Einsatzkräften
Damit sind nicht nur Feuerwehreinsatzkräfte gemeint, sondern auch andere Organisationen oder Behörden (z. B. Nachalarmierung von Feuerwehren, Rettungshundeeinheit etc.)

Anfordern oder Heranziehen von fach-, orts- und betriebskundigen Kräften oder sonstiger Hilfskräfte
Personen, die keine besondere feuerwehrdienliche Ausbildung, aber einen einsatztaktischen Wert für die Vermisstensuche haben, können vorübergehend herangezogen werden, um die Einsatzleitung bei ihren Aufgaben zu unterstützen (z. B. ein ortskundiger Jäger, Fachberater für Rettungshunde oder betriebskundige Mitarbeiter eines Altenheims u. Ä.).

Einrichten von Bereitstellungsräumen und Unterkünften für Einsatzkräfte
Ein Feuerwehrgeräteraum oder das Gemeindehaus können gute Bereitstellungsräume und gleichzeitig Unterkünfte sein, da oftmals eine große Anzahl von Parkplätzen vorhanden ist und die Einrichtungen meist über eine sanitäre Anlage verfügen. Außerdem sind diese Örtlichkeiten in der Regel auch den nachrückenden ortsunkundigen Einsatzkräften bekannt. Alternativ kann eine Lotsenstelle eingerichtet werden, um die Kräfte zum Bereitstellungsraum oder sogar direkt zum Einsatzsuchgebiet zu führen (siehe Kapitel 11.1.5).

Einrichten von Befehlsstelle
Die Befehlsstelle kann als ortsfeste Einsatzleitung auch in einem Feuerwehrgerätehaus oder Gemeindehaus untergebracht werden. Zusätzlich kann ein ELW 1 bzw.

11.1 Führungsorganisation

ELW 2 die Arbeit unterstützen oder gar die Aufgabe als bewegliche Einsatzleitung übernehmen (siehe Kapitel 11.1.5).

Führen von Kräfteübersichten und bilden von taktischen Einheiten
Ein wichtiger Punkt ist die Kräfteübersichtanzeige, die beispielsweise auf einer transportablen Tafel vermerkt werden kann. Außerdem können taktischen Einheiten gebildet werden und zusätzlich auf der Tafel (u. Ä.) angezeigt werden.

Bereitstellen von Reserven
Grundsätzlich muss der Zustand der einzelnen Einheiten beobachtet und kontrolliert werden, um rechtzeitig festzustellen, wann diese abgelöst werden müssen. Auch das Wetter und die jeweiligen Suchgebiete spielen eine entscheidende Rolle über die zumutbare Dauerbelastung des Einsatzes. Daher ist es notwendig unter Berücksichtigung der Anfahrtszeit, rechtzeitig Reserven bereitzustellen oder während der Ruhephasen der einzelnen Einheiten Reserven vorzuhalten, um diese einzusetzen.

11.1.7.2 S 2: Lage

Beschaffen von Informationen
Bei der Beschaffung von Informationen sollte ein Einsatzabschnitt gebildet werden. Die Möglichkeiten der Informationsbeschaffung sind so umfangreich, dass allein der Sachgebietsleiter nicht in der Lage wäre, diese abzuarbeiten. Dem Einsatzabschnittsleiter sollte für seine Arbeit eine taktische Einheit »Erkunder« einsetzen können. Daher wird empfohlen, ein Selbstständiger Trupp mit Feuerwehrfahrzeug zur Verfügung zu stellen. Die genauen Aufgaben des Erkundertrupps sind unter dem Kapitel 11.1.10.2 zu entnehmen.

Führen einer Landkarte und Darstellen von eingesetzten und geplanten Einsatzkräften
Das Führen einer großen Landkarte ist bei der Vermisstensuche unabdingbar. Hier sollten unbedingt die aktuellen, bereits abgesuchten Suchgebiete und geplanten Gebiete sowie Wegsuchen farblich markiert werden. Des Weiteren soll bei der Karte angegeben werden, wie oft das einzelne Suchgebiet bereits abgesucht wurde. Denn man muss grundsätzlich davon ausgehen, dass sich die Person dynamisch bewegt. Auf einer weiteren Karte können ebenfalls die momentanen Suchmaßnahmen eingezeichnet werden. Dazu werden die Einheiten vermerkt, die den jeweiligen Einsatzsuchgebiet zugeteilt sind. Somit werden frühzeitig die Suchmaßnahmen

11 Führungssystem

getrennt, um eine ordentliche Übersicht zu gewährleisten (siehe dazu Kapitel 10.8.4).

Darstellen der Einsatzleitung und der Einsatzabschnitte
Eine Zeichnung soll den Überblick der momentanen Führungsebene zeigen und klarstellen sowie Ihre Erreichbarkeit.

Durchführen von Lagebesprechungen
In unterschiedlichen Zeitintervallen muss über den Sachstand der Vermisstensuche informiert werden. Es muss für alle Beteiligten bekannt sein, wann eine Lagebesprechung durchgeführt werden soll. Eine Lagebesprechung soll grundsätzlich nicht nur für Führungskräfte durchgeführt werden, sondern auch für alle beteiligten Einsatzkräfte.

Veranlassen von Suchhinweisen an verschieden Stellen und der Bevölkerung
Verschiedene Stellen (z. B. Krankenhaus, Busunternehmen etc.) über die Suchmaßnahmen zu unterrichten, ist ein wichtiger Bestandteil der Vermisstensuche. Es muss abgewogen werden, wie viel an persönlichen Daten preisgegeben werden kann. Manche Stellen haben eine Verschwiegenheitspflicht und dürfen somit keine Informationen weitergeben. Das Unterrichten der Bevölkerung durch Medien wie Radio oder soziale Netzwerke zur Mithilfe einer Vermisstensuche ist kritisch zu sehen und sollte nur in Ausnahmenfälle geschehen. Durch eine solche »Fahndung« wird innerhalb kurzer Zeit zwar eine große Anzahl von Menschen erreicht, die bei der Suche helfen können, aber einmal im Internet eingestellt verbreiten sich die persönlichen Angaben der vermissten Person unkontrollierbar. Gerade in sozialen Medien können Behauptungen und weitere persönliche Informationen zugetragen werden, die für die betroffene Person und Angehörigen nicht immer angenehm sind. Auch die Arbeiten der Feuerwehr und Polizei werden nach einer solchen Bekanntgabe von der Bevölkerung genau beobachtet. Sicherlich muss vor diesen Maßnahmen nicht nur der Einsatzleiter darüber entscheiden, wie und in welchem Umfang die Information an die Bevölkerung weitergeleitet werden soll, sondern auch die Polizei. Den Angehörigen soll unbedingt ein Mitspracherecht eingeräumt werden oder zumindest eine vorherige Ankündigung der geplanten Maßnahmen und ihren möglichen Konsequenzen angesprochen werden.

Erstellen einer Personenbeschreibung
Jeder Einsatzkraft müssen eine Personenbeschreibung und die wichtigsten Informationen über die vermisste Person vorliegen. Ebenfalls ist ein aktuelles Foto nützlich.

11.1.7.3 S 3: Einsatz

Festlegen des Einsatzraums
Der Einsatzraum muss bestimmt werden, um die die Suchgebiete einteilen zu können und andere Maßnahmen durchzuführen. Eine Beschreibung der Einsatzraumbestimmung wurde bereits im Kapitel 10.8.1 erläutert.

Absperrmaßnahmen anordnen
Es können erforderliche Absperrmaßnahmen (z. B. Felsen oder Klippen) angeordnet werden. Häufiger kann es dazu kommen, dass Einsatzkräfte in der Nähe einer Straße suchen müssen. Nicht selten werden auch Rettungshunde eingesetzt, die unberechenbar auf die Straße laufen oder die Straßenseite wechseln. Hier müssen unbedingt Vorsichtsmaßnahmen getroffen werden. Grundsätzlich ist aber das Regeln des Straßenverkehrs Aufgabe der Polizei, es sei denn eine Gefahr ist in Vollzug. Dann kann eine Straßensperrung auch bis zum Eintreffen der Polizei von der Feuerwehr übernommen werden.

Kontakt zu anderen Ämtern, Behörden und Organisationen halten und Zusammenarbeiten
Der Kontakt bei einem Vermisstensucheinsatz zu anderen Stellen, insbesondere bei Behördenübergreifenden Zuständigkeiten, muss gewährleistet sein, falls diese nicht in einer gemeinsamen Einsatzleitung vertreten sind (z. B. Polizei, Ordnungsbehörde u. Ä.).

11.1.7.4 S 4: Versorgung

Heranziehen von Hilfs- und Einsatzmittel
Es können einzelne Hilfsmittel von privaten Personen oder Unternehmen (z. B. Traktoren, Quad u. Ä.) sowie Einsatzmittel von anderen Feuerwehren/Organisationen (z. B. Wärmebildkamera, Absturzsicherungsset u. Ä.) bereitgestellt oder herangezogen werden, wenn sie bei der Vermisstensuche benötigt werden.

Bereitstellung von Rettungsmittel zum Eigenschutz für die Einsatzkräfte
Eine Bereitstellung von Rettungsmitteln für die Einsatzkräfte muss je nach vorliegender Lage (z. B. heißes Wetter, Absuchen an einer Klippe etc.) entschieden

werden. Normalerweise reicht auch das bereitgestellte Rettungsmittel für die vermisste Person aus.

Verpflegung der Einsatzkräfte
Das Bereitstellen und Zuführen von Essen und Trinken für die Einsatzkräfte muss frühzeitig organisiert werden. Die Dauer eines Vermisstensucheinsatzes darf nicht unterschätzt werden. Es gibt keine genaue Aussage, die den zeitlichen Gesamtablauf bestimmen könnte.

11.1.7.5 S 5: Presse und Medienarbeit

Presse- und Medieninformation
Oftmals besteht ein hohes Interesse in der Bevölkerung bei einer Vermisstensuche, insbesondere bei vermissten Kindern. Hierfür muss es einen geschulten Ansprechpartner geben, der die Medien mit den nötigsten Informationen informiert.

11.1.7.6 S 6: Information und Kommunikation

Planen des Informations- und Kommunikationseinsatzes
Einen vorbereiteter Funkplan bzw. Kommunikationskonzept hilft schnell, bestimmte Funkkanäle direkt den Feuerwehren zu zuteilen. Ein Funkkonzeptvorschlag wurde bereits im Kapitel 10.7 dargestellt.

11.1.8 Führungsstufen im Vermisstensucheinsatz

Die Gliederung und personelle Besetzung der Einsatzleitung ergeben sich aus dem jeweiligen Einsatz. Je nach Umfang und Größe wird in vier verschiedene Stufen unterschieden (Führungsstufe A – D). Für den Vermisstensucheinsatz sind die beiden ersten Führungsstufen in der Regel ausreichend. Dadurch ergibt sich in der Führungsstufe nach dem »4-Phasen-Konzept in der Vermisstensuche« (vgl. Kapitel 12) im ersten Abmarsch der Phase 1 zuerst die **Führungsstufe A**: »Führen ohne Führungseinheit«. Anschließend wird empfohlen die **Führungsstufe B** »Führen mit örtlichen Führungseinheiten« auszurufen. Entweder für den zweiten Abmarsch oder spätestens in der Phase 3.

11.1 Führungsorganisation

- **Führungsstufe A: »Führen ohne Führungseinheit«**
  Bedeutet: Das Führen taktischer Einheiten bis zu einer Stärke von zwei Gruppen unterstützend durch eine Führungseinrichtung (z. B. Leitstelle).
- **Führungsstufe B: »Führen mit örtlichen Führungseinheiten«**
  Bedeutet: Das Führen taktischer Einheiten in der Größe eines Zugs oder Verbands. Die Führungseinheit besteht entweder aus einem Führungstrupp oder einer Führungsstaffel Zusätzlich unterstützend durch eine Führungseinrichtung (z. B. ELW 2).

In Abhängigkeit von der Art und Größe der alarmierten Kräfte, ist dem Einsatzleiter eine bestimmte Anzahl von taktischen Einheiten unterstellt. Der Einsatzleiter verfügt bis zu einer Größe eines Zugs nur über wenige Führungsassistenten und Hilfskräfte (z. B. Führungstrupp). Dem Zugführer sollte ein Führungsfahrzeug zur Verfügung stehen (z. B. Kommandowagen oder Einsatzleitwagen 1). Bei einem Verband besteht in der Regel die Einsatzleitung aus einer Führungsstaffel und somit aus mehreren Führungsassistenten und Führungshilfspersonal. Dem Einsatzleiter sollte mindestens ein ELW 1, besser ein ELW 2 zur Verfügung stehen (vgl. Kemper 2008).

11.1.9 Führungsebenen

Alle Führungskräfte mit vergleichbarem Zuständigkeitsbereich und in einem gleichen Unterstellungsverhältnis bilden eine Führungsebene. In Abhängigkeit von der Art und Ausmaß des Einsatzraumes sowie der Art und Umfang der Einsatztätigkeit können und sollen Einsatzabschnitte gebildet werden. Dabei werden die Führungsebenen nicht übersprungen. Die Einsatzaufträge werden von der Einsatzleitung der zuständigen Behörde an den Verbindungsmann (oder Verbindungsbeamten) der Feuerwehr weitergeleitet. Dieser gibt die Befehle schließlich an die jeweiligen Führungskräfte weiter (auch wenn die Feuerwehr Amtshilfe für eine andere Behörde leistet und sich dieser Einsatzleitung der anderen Behörde unterstellt). In der Vermisstensuche wird das bilden von Einsatzabschnitten (und somit weitere Führungsebenen) in der Phase 3 des Vermisstensuchkonzeptes (vgl. Kapitel 12) empfohlen, aufgrund der räumlichen Größe der Einsatzraums und der hohen Zahl der einzusetzenden Einsatzkräfte. Dadurch können eine oder mehrere taktische Einheiten einem Einsatzabschnittsleiter unterstellt werden. Es können dabei bis zu fünf Einsatzabschnitte und gegebenenfalls weitere Unterabschnitte gebildet werden.

Eine feste Zuordnung von Einheiten und Abschnitten kann grundsätzlich nicht gemacht werden. Dies muss je nach Art des Vermisstensucheinsatzes individuell entschieden werden. Sobald Einsatzabschnitte gebildet wurden, werden zusätzliche Führungskräfte benötigt, die diese Abschnitte übernehmen. Es hat sich aber aus der Erfahrung gezeigt, dass grundsätzlich ein Zusammenschluss von taktischen Einheiten mit gleichen Aufgaben in einem Einsatzabschnitt besser zu koordinieren war (Ebene der Einsatzabschnitte) als das Bilden von Einsatzabschnitten aufgrund von Suchgebieten/Einsatzstellen (Ebene der Einsatzstelle). Unter Umständen ändern sich die Einsatzstellen regelmäßig mit der Folge, dass die Einsatzabschnitte immer wieder neu benannt und festgelegt werden müssten. Ein Musterbeispiel für mehrere Führungsebenen im Vermisstensucheinsatz mit Einsatzabschnitten ist im Kapitel 11.1.10 vorgestellt.

11.1.10 Einsatzabschnitte und Unterabschnitte in der Vermisstensuche

Die Einsatzleitung kann Einsatzabschnitte (EA) und gegebenenfalls Unterabschnitte (UA) bilden, die den Vermisstensucheinsatz taktisch erforderlich machen. Insbesondere in der Phase 3 des »4-Phasenkonpt in der Vermisstensuche« wird empfohlen, aufgrund der hohen Anzahl von Einsatzkräften sowie Suchgebieten/Einsatzstellen und der Art der Einsatztätigkeit, diese abzugrenzen. Dies kann dem Sachgebietsleiter und Einsatzleiter helfen, Aufträge schneller und koordinierter durchführen zu können. Daher bieten sich bei der Vermisstensuche verschiedene Abschnitte an. Sollte es zweckmäßig sein die Einsatzabschnitte weiter zu unterteilen, können bei Bedarf Unterabschnitte gebildet werden.

Folgende Einsatzabschnitte werden bei der Vermisstensuche empfohlen:
- Einsatzabschnitt Suchmaßnahmen Einsatzkräfte
- Einsatzabschnitt Suchmaßnahmen Rettungshunde
- Einsatzabschnitt Erkundung
- Einsatzabschnitt Logistik

11.1.10.1 Einsatzabschnitt Suchmaßnahmen Einsatzkräfte/ Rettungshunde

In dem Einsatzabschnitt (EA) Suchmaßnahmen Einsatzkräfte sowie Rettungshunde werden alle taktischen Einheiten zusammengefasst, die bei der Suche beteiligt sind.

11.1 Führungsorganisation

Der Einsatzabschnittsleiter hat die Aufgabe, durch den Einsatzleiter zugewiesene Suchgebiete bzw. Einsatzstellen, in mögliche Einsatzsuchabschnitte einzugrenzen und sie je nach Größe der taktischen Einheiten zu verteilen, um schließlich die Suchmaßnahmen durchführen zu lassen. Die Anzahl der zusammenhängenden Einsatzsuchabschnitte für die jeweilige taktische Einheit muss je nach Lage (z. B. Wetter, Geländebeschaffenheit, Zustand der Einsatzkräfte etc.) entschieden werden.

Je nach Ausmaß und Anzahl der eingesetzten taktischen Einheiten können zusätzlich Unterabschnitte gebildet werden, jedoch sollten pro Abschnitt höchstens fünf taktische Einheiten zugeordnet werden. Denkbare Unterabschnitte wären zum Beispiel:

- UA Flächensuche
- UA Wegsuche
- UA Fahrzeugbezogene Wegsuche
- UA Personenbezogene Wegsuche
- UA Vermisstenspürhund
- UA Flächensuchhund

11.1.10.2 Einsatzabschnitt Erkundung

Der Einsatzabschnittsleiter hat die Aufgabe Informationen zu gewinnen und damit den Einsatzleiter in seiner Erkundung zu unterstützen. Um den Einsatzabschnittsleiter zu entlasten, sollte dieser taktische Einheiten zur Verfügung gestellt bekommen, um auch außerhalb der Einsatzleitung verschiedene Einsatzgebiete schnellstmöglich erkunden oder gegebenenfalls kleinere Suchmaßnahmen durchführen zu können.

Mögliche Aufgaben des Abschnittleiters Erkundung:

- Veranlassen von Suchhinweisen an verschieden Stellen durch Kommunikationsmittel (z. B. Taxiunternehmen, Krankenhäuser etc.).
- Betreuen eines Informationstelefon: Hier sollen alle ankommenden Informationen gebündelt werden (z. B. eigenes Telefon, E-Mail, o. Ä.). Dem Abschnittsleiter Erkundung obliegt die Aufgabe, die Informationen zu bewerten, bearbeiten und weiterzuleiten.
- Informationsgewinnung von Angehörigen, Freunden und Bekannten durch Kommunikationsmittel.
- Informationsgewinnung über soziale Medien (z. B. Facebook etc.): Vielleicht geben die sozialen Pattformen im Internet Hinweise über einen mAo der Person. Eventuell hat die vermisste Person selbst angekündigt zu

verschwinden (z. B.: angekündigter Suizid) oder Bilder gepostet, die Aufschluss über den Standort geben. Hier kann es nützlich sein, über ein Profil eines Freundes, Zugriff zu den Daten zu bekommen, Denn oftmals sehen vernetzte Freunde mehr Angaben über die gesuchte Person, als eine unbekannte Dritte Person.

- Führen seiner zugewiesenen taktischen Einheiten (z. B. Selbstständiger Trupp): Seine ihm unterstellte taktische(n) Einheit(en) sollte(n) mit einem Feuerwehrfahrzeug ausgestattet sein, um sich schnellstmöglich fortzubewegen. Denkbare Aufgaben der taktischen Einheit können sein:
  – Verschiedene Plätze schnell anzufahren (alte Wohnadresse, Lieblingsort, Sportvereine…),
  – Angehörige, Bekannte und Freunde anfahren,
  – Auch den mAo mehrmals anfahren (Person könnte sich dynamisch immer wieder in den einzelnen Suchgebieten hin und her bewegen),
  – Ortskern und umliegende Straßen, Wege, Pfade abfahren,
  – neue Erkenntnisse oder Hinweise als First Responder direkt überprüfen und anfahren,
  – Umkreise um den lbA abfahren sowie das Wohnhaus (unabhängig von den eigentlichen Suchmaßnahmen),
  – Veranlassen von ortsbegrenzten Suchhinweisen an die Bevölkerung: Zum Beispiel durch Megaphone oder Lautsprecherdurchsagen in der Gemeinde oder durch Ansprechen von Passanten/Fußgänger und Hauseigentümer in einem bestimmten Suchgebiet. Es wurden vermisste Personen schon in Weinkellern oder Gartenlauben von fremden Leuten gefunden. Daher kann man die Eigentümer bitten, ihr eigenes Grundstück zu überprüfen,
  – Verteilen von Suchflyern an Personen, Briefkästen oder an bestimmten öffentlichen Stellen aufhängen.

11.1.10.3 Einsatzabschnitt Logistik

Unter dem Aufgabenbereich des Einsatzabschnitt Logistik sind alle Maßnahmen zusammengefasst, die in den Bereich S4 fallen und ggf. darüber hinaus. Aufgrund des zu erwarteten hohen Personalaufwands, könnte ein Einsatzabschnitt Logistik erforderlich werden und die Einsatzleitung unterstützen und somit entlasten. Zum

11.1 Führungsorganisation

Beispiel durch: Organisation von Verpflegung, Aufbau eines Bereitstellungsraums, Organisation von Transport der Suchkräfte zu einem Suchgebiet (Hierfür können unter Umständen einzelne Einsatzkräfte vorgehalten werden, die als Fahrer mit einem MTF die Einsatzsuchkräfte in die einzelnen Suchgebiete einbringen oder abholen, falls diese nicht mit einem eigenen Feuerwehrfahrzeug zur Einsatzstelle gebracht werden).

Auch **andere Stellen,** wie beispielsweise anderen Behörden, Organisationen und Fachberater, können den Einsatzleiter und die Einsatzleitung unterstützen und in bzw. für die Einsatzleitung tätig sein. Einige Beispiele sind nachfolgend aufgelistet und erheben keinen Anspruch auf Vollständigkeit:

Verbindungsbeamte der Polizei oder Ordnungsbehörde
Der Verbindungsbeamte hat die Aufgabe, Missverständnisse in der Befehlssprache der unterschiedlichen Behörden zu entschlüsseln und weiterzuleiten. Außerdem kann er beratend die Einsatzleitung unterstützen und Maßnahmen weiterdirigieren. Des Weiteren können Maßnahmen besprochen, geplant und durchgeführt werden.

Ortskundige Berater
Ortskundige Personen können sehr nützlich sein in der Vermisstensuche. Sie wissen über mögliche Gefahren (z. B. Klippen, Höhlen etc.) in Einsatzgebieten Bescheid und verfügen meist über besondere Kenntnisse (z. B. Befahrbarkeit von Pfaden, unbekannte Wege etc.). Nicht selten ist die gesuchte Person dem ortskundigen Berater bekannt und kennt seine Gewohnheiten (z. B. Spazierrouten etc.). Ortskundige Personen können zum Beispiel Jäger, Forstmitarbeiter, Feuerwehrangehörige oder der Bürgermeister sein.

Fachberater Rettungshunde
Innerhalb jeder Feuerwehr Facheinheit Rettungshunde/Ortungstechnik und in den meisten anderen Rettungshundeeinheiten anderer Organisationen (z. B. THW, DRK, BRH) gibt es einen Fachberater für Rettungshunde. Dieser kann alle erforderlichen Informationen über den Einsatzwert sowie Einsatzmöglichkeit der einzelnen Rettungshunde und technischen Ortungsgeräten aufzeigen. Außerdem kennt er außerhalb der zuständigen rückwärtigen Führungseinrichtung die Standorte der nächsten Rettungshundeeinheiten.

11 Führungssystem

Fachberater Vermisstensuche

In manchen Rettungshundeeinheiten befinden sich neben den »Fachberater Rettungshunde« auch ein »Fachberater Vermisstensuche«. Diese haben die gleichen Kenntnisse wie der Fachberater für die Rettungshunde, können aber darüber hinaus den Vermisstensucheinsatz allgemein entscheidend unterstützen. Sie haben genügend Fachwissen und Erfahrung, um den Einsatzleiter oder der Einsatzleitung in ihrer Lagefeststellung, Planung oder Maßnahmen in der Vermisstensuche zu beraten. Die »Fachberater Vermisstensuche« können auch einzeln und nicht in Verbindung mit einer Rettungshundeeinheit alarmiert werden. Er kann außerdem aufgrund seiner Ausbildung (Qualifikation: mind. Zugführer) und Fortbildung einen Einsatzabschnitt übernehmen und leiten.

Rettungsdienst

Es wird empfohlen im Einsatz, einen Rettungswagen (RTW) oder mindestens Notfall-Krankenwagen (N-KTW) an einem bestimmten Bereitstellungsraum vorzuhalten. Dieses Rettungsmittel und die dazugehörige Besatzung sollte nicht aus dem Regelrettungsdienst abgezogen werden, sondern wenn möglich, durch ein Fahrzeug der SEG Einheit SAN ersetzt werden. Dadurch wird ein wichtiges Fahrzeug der Leitstelle über einen längeren Zeitraum nicht geblockt. Das Rettungsmittel kann sowohl

Bild 54: *Rettungsdiensteinsatzkraft an der Einsatzstelle (Quelle: Barbara Lauer)*

präventiv für die vermisste Person herangezogen werden, aber auch als Bereitstellungseinsatz für die Einsatzkräfte vorgehalten werden.

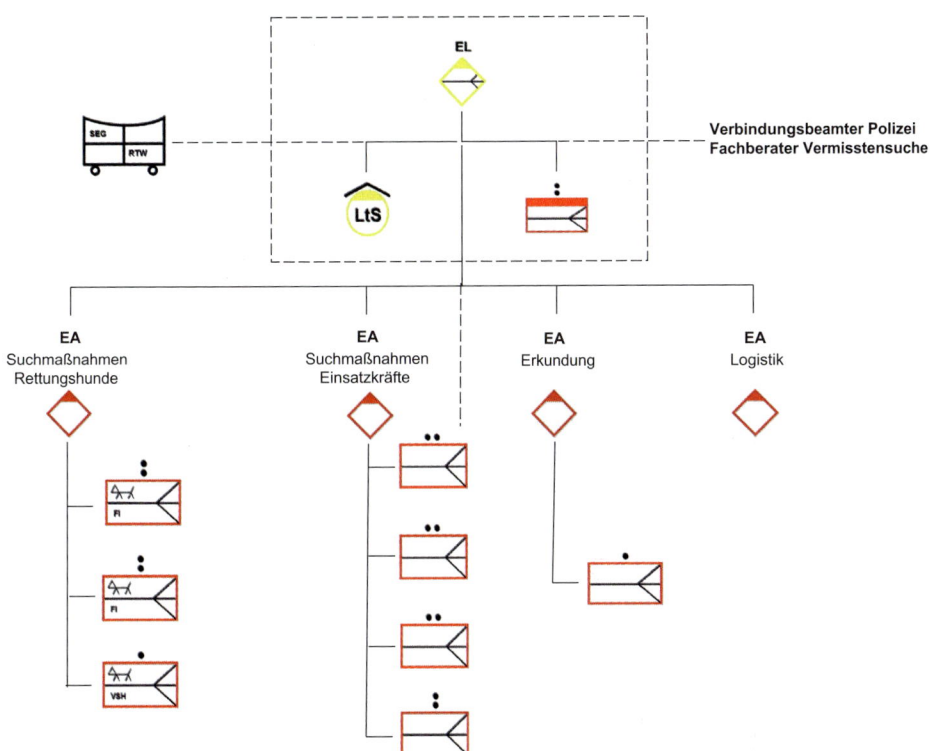

Bild 55: *Beispiel einer Einsatzleitung in der Vermisstensuche*

11.2 Führungsvorgang

Der Führungsvorgang ist ein zielgerichteter, immer wiederkehrender und in sich geschlossener Denk- und Handlungsablauf. Er wird nicht nur von dem Einsatzleiter genutzt, sondern von allen Führungskräften. Mit diesem Ablauf können in dem breiten Spektrum der Vermisstensuche, Entscheidungen vorbereitet und schließlich durch die entsprechenden Maßnahmen umgesetzt werden. Um den Einsatzauftrag nicht nur nach Gefühl, Erfahrung oder festgelegten Unterlagen zu erfüllen, muss ein

11   Führungssystem

Ablaufschema zur Verfügung stehen. Dafür ist der Führungsvorgang zweckmäßig und wird in folgende Punkte unterteilt (siehe Bild 56):

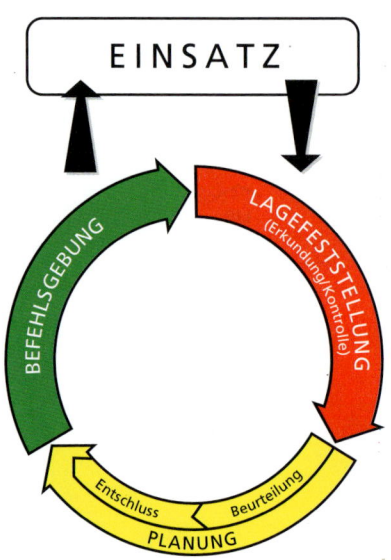

Bild 56:   *Führungskreislauf*

11.2.1 Führungsvorgang in der Vermisstensuche

Nachfolgend wird in diesem Buch weitgehend nur auf den Punkt der Lagefeststellung beziehungsweise **Erkundung** eingegangen. Alle Führungskräfte der Feuerwehr durchlaufen in ihrer Ausbildung die Schulung des Führungsvorgangs, sodass der grundsätzliche Ablauf als bekannt vorausgesetzt werden kann. Grundlage bildet die FwDV 100 unter dem Kapitel »Führungsvorgang«. Die weiteren Punkte der Planung und Befehlsgebung ergeben sich maßgeblich nach einer Erkundung und sind aufgrund ihrer Vielfältigkeit nicht einzugrenzen oder schriftlich festzuhalten. Vielmehr soll sie die nachfolgende Beurteilung, den Entschluss und damit verbundene Befehle sowie die anschließende Kontrolle unterstützen. Da bei einer Vermisstensuche für die Feuerwehr eine Gefahr für einen (oder mehrere Menschen) vorliegt, sollte möglichst schnell nach der ersten Erkundungsphase mit der Beurteilung und der Entschlussfassung begonnen werden, damit die erforderlichen Rettungsmaßnahmen nach dem Befehl eingeleitet werden können.

11.2 Führungsvorgang

Abschließend muss darauf hingewiesen werden, dass der Einsatzauftrag, »das Auffinden einer vermissten Person«, mit einem einmaligen Durchlauf des Führungsvorgangs nicht erreicht werden kann. Daher beginnt der Führungsvorgang wie ein Kreislauf wieder von vorne mit der erneuten Lagefeststellung und Erkundung.

11.2.2 Lagefeststellung

Dem Einsatzleiter muss bei einer Vermisstensuche eine ausreichende Anzahl von Einsatzkräften und die dazugehörigen Einsatzmittel an einen vorgegebenen Ort in einer bestimmten Zeit zur Verfügung stehen. Daher gilt es eine präzise Erkundung durchzuführen, um seine Ressourcen im Vermisstensucheinsatz sinnvoll einsetzen zu können.

Die örtlich bedingten Verhältnisse können die Anzahl der Einsatzkräfte für das Einsatzgebiet maßgeblich beeinflussen. Sei es durch unwegsames Gelände (z. B. Wald, Buschwerk), die Topographie (z. B. steile Berge, Flüsse), die Bebauung (z. B. Stadt, Dorf, Lagerhallen) oder die allgemeinen Verkehrsverhältnisse. Auch die Zeit spielt keine untergeordnete Rolle bei der Vermisstensuche. So beeinflusst die Tageszeit (z. B. schlechte Sicht bei Nacht) sowie die Jahreszeit (z. B. kalte Temperaturen im Winter) erheblich den Einsatz für Einsatzkräfte und die vermisste Person. Zusätzlich muss das Wetter mitbeachtet werden (z. B. Regen, heißer Sonnenschein). Abschließend muss er die benötigte Anfahrtszeit oder Ausrückzeit der einzelnen Einheiten, um das Einsatzgebiet erreichen zu können, berücksichtigen. Zuletzt müssen wichtige weitere einsatzspezifische Informationen über den Vermisstensucheinsatz gewonnen werden, damit die Erkundung bestmöglich abgeschlossen und in die Entschlussfindung übergehen kann.

Oft gibt es in der Anfangsphase keine wirkliche Einsatzstelle, die erkundet werden kann. Daher stützen sich die ersten Erkundungsvorgänge auf Befragung von Betroffenen oder anderen sonstigen anwesenden Personen und Unterlagen (z. B. Arztbriefe) anstatt auf Inaugenscheinnahme der eigentlichen Einsatzstelle. Die daraus resultieren Ergebnisse sind entscheidend für den Einsatzverlauf und haben eine besondere Bedeutung für die Informationsgewinnung. Jedoch darf die »Frontalansicht, Innenansicht und Rundumsicht« nicht vernachlässigt werden. Auch wenn es vielleicht im ersten Moment keine typische Einsatzstelle gibt, kann auf wichtige Hinweise geachtet werden, z. B:

- Wie hat die Person gelebt?
- Gibt es Hinweise in der Wohnung (z. B. Abschiedsbrief u. Ä.)?
- Steht das Auto/Fahrrad auf dem gewohnten Platz?
- Wurde Gepäck mitgenommen? Sind die Reispässe/Personalausweise noch vorhanden?
- etc.

Informationsgewinnung
Der Einsatzleiter kann selbst oder durch Weiterdelegieren an eine andere Stelle an die wichtigen Informationen gelangen. Er muss die erhaltenen Informationen, je nach Informationsquelle, oft unterschiedlich bewerten. Außerdem muss er entscheiden, welche Informationen er wirklich braucht und somit nach Bedeutsamkeit selektieren.

Die nachfolgende Auflistung soll dem Einsatzleiter bei der Informationsbeschaffung helfen und die Planung vereinfachen. Hier sollen primär die Menschen befragt werden, die näher mit der vermissten Person zu tun haben (z. B. Angehörige, Freunde, Pflegekräfte etc.). Wichtige Informationen können aber auch medizinischen Berichten, Abschiedsbriefen oder diversen anderen Unterlagen entnommen werden. Empfehlenswert ist eine zeitliche Einteilung nach Bedeutsamkeit der zu sammelnden Informationen. Denn nicht alle Auskünfte werden direkt in der ersten Phase des Einsatzkonzeptes benötigt. Sobald die ersten Maßnahmen anlaufen, wird nach der Kontrolle die Erkundung fortgesetzt und es bleibt dem Einsatzleiter mehr Zeit, um weitere Details und Informationen zu sammeln. Eine weitere empfehlenswerte Einteilung, ist die erweiterte profilbezogene Informationsgewinnung in der Phase 3 des Phasenkonzeptes in der Vermisstensuche. Die Einteilung mit ihren profilbezogenen Fragen sowie Maßnahmen wurde bereits im Kapitel 9 detaillierter beschrieben. Denn nicht alle Daten, Fragen und Handlungen sind für jeden Vermisstensucheinsatz von Bedeutung. Die nachfolgenden Fragen bieten allgemein für jedes Profil des Vermisstensucheinsatzes sowie für die Informationsgewinnung eine Sammlung von wichtigen Anregungen, Denkanstößen und Informationen, die bei der Aufenthaltserkundung von Bedeutung sein könnten. Sie können sich unter Umständen in den profilbezogenen Fragen ähneln oder wiederholen, sind aber für die erste Phase wichtig.

Beachtet werden muss, dass zweifelhafte oder ungenaue Antworten bei der Befragung erhalten werden. Es kann in der Stresssituation bei den zu befragenden Personen zu so genannten Scheinerinnerungen kommen, die sich nach mehrfacher Befragung unter Umständen sogar ändern können. Die besondere Ausnahmesituation, die Befragung durch eine uniformierte Person, kann dabei ebenso zu einer irrtümlichen Erinnerung und Informationsweitergabe führen wie die Erwartung, man müsse doch Helfen und etwas Wissen.

Ergänzende Informationen und allgemeine Fragen in der Vermisstensuche

Grund des Verschwindens?
Vielleicht gibt es einen bestimmten Grund des Verschwindens. (Streit in der Familie, Abenteuerlust etc.)

Die vermisste Person entspricht welchem Profil?
Hier kann bereits eine Eingruppierung in ein bestimmtes Profil erfolgen wie im Kapitel 8.3.1 beschrieben (z. B. demente Person).

Handelt es sich um ein Verbrechen oder geht von der vermissten Person Gefahr aus?
Sollte die Frage mit »Ja« beantwortet werden, ist der Einsatz von dem Einsatzleiter abzubrechen. Eigensicherung geht vor und die Einsatzkräfte sind dafür nicht ausgebildet und können nicht geschützt werden. Zuständig ist in diesem Fall die Polizei. Mögliche Einsätze können zum Beispiel sein:

- Vermisste Person hat Selbstmord angekündigt und ist mit einem Messer in den Wald gelaufen. Er ist bekannt gewalttätig.
- Vermisst wird ein Kind nach einer Entführung. Das Auto wurde im Wald gefunden. Es gibt keine Spur des Verdächtigen oder des Kindes.
- Nach einem Einbruch ist die gesuchte Person im Wald flüchtig.

Sollte jedoch keine Gefahr für die Einsatzkräfte bestehen, kann auch nach einem Verbrechen die Suche ggf. unterstützend zu den Maßnahmen der Polizei durchgeführt werden. Mögliche Einsätze wären zum Beispiel:

- Entführer festgenommen, vermisste Person immer noch abgängig und befindet sich möglicherweise in hilfloser Lage.

Seit wann wird die Person vermisst?
Je nach Zeitfenster zwischen dem Vermisstsein und der Alarmierung ergibt sich unter Umständen die Dringlichkeit und Schnelligkeit einer Nachalarmierung. Denn sollte die Person schon einige Stunden (manchmal auch Tage) vermisst sein, kann die Geschwindigkeit aus dem Einsatz genommen werden und eine längere Erkundung vertretbar sein, um die Einsatzkräfte effektiver einsetzen zu können. Außerdem lässt sich aufgrund der Mobilitätsklasse und die Dauer des Vermisstenseins Rückschlüsse

11　Führungssystem

über die mögliche Entfernung zum IbA herstellen und somit das Suchgebiet eingrenzen.

Wer wird vermisst?
Dieser Punkt enthält folgende Angaben:
- Name (Rufnamen/Spitznamen):
  Rufnamen oder Spitznamen haben für die vermisste Person oftmals etwas Vertrauliches, sodass sie bei Zurufen während der Suchmaßnahmen eher darauf reagiert, da die gesuchte Person annimmt, jemand Vertrautes würde nach ihr suchen,
- Alter,
- Geschlecht,
- Wohnanschrift,
- Telefonnummer (Erreichbarkeit der gesuchten Person – möglichst Mobil).

Wie sieht die gesuchte Person aus? (Personenbeschreibung)
Darunter fallen:
- Wie war die Person aktuell gekleidet?
- Welche Haarfarbe/Augenfarbe hat die gesuchte Person?
- Gibt es markante Auffälligkeiten: Tätowierung, Brille, Piercing, Narben?
- Ein aktuelles neutrales Foto sollte zur Verfügung gestellt werden.
- Die Größe und das Gewicht der vermissten Person sollten angegeben werden.

Wo wurde die vermisste Person das letzte Mal gesehen?
Wichtig ist die Information über den IbA, falls bekannt, denn hier beginnen meist die ersten Suchmaßnahmen.

Wie ist der körperliche (Gesundheitszustand) und geistige Zustand der Person? (Beschreibung)
Unterschieden wird in geistigen und körperlichen Gesundheitszustand. Körperlich Beeinträchtigungen können demnach Erkrankungen des Bewegungsapparates sein (z. B. Hüft-TEP, Lähmungen), die eine Fortbewegung erschweren oder Erkrankungen, die eine Kontrolle und/oder Medikamentengabe notwendig machen (z. B. Diabetes mellitus, Depressionen). Vielleicht liegt auch Drogenkonsum vor, der die körperliche sowie den geistigen Gesundheitszustand beeinträchtigt (z. B. Alkoholabhängigkeit). Unter der geistigen Beeinträchtigung können der Entwicklungsstand allgemein der gesuchten Person beschrieben und geistige Defizite benannt werden. Zusätzlich

11.2 Führungsvorgang

sollten auch Situationen, die für die vermisste Person Ängste auslösen können, eingekreist werden. Denkbar wäre eine Krankheit (z. B. Krebs) oder ein schwerer Schicksalsschlag innerhalb der Familie oder im näheren Bekanntenkreis (z. B. Tod des Ehepartners, Verlust eines engen Freundes), die das Verschwindensein erklären könnte.

Gibt es besondere Charakterzüge?
Die verschiedenen Charakterzüge können vielleicht ein Profil erkennen lassen, dass die Suche zielführend lenken kann.

Ist die vermisste Person in der Regel kontaktfreudig oder ängstlich, reagiert Sie auf Zurufe oder möchte Sie überhaupt gefunden werden?

Welche Mobilitätsklasse hat die vermisste Person?
Die Mobilitätsklassen (oder der Mobilitätsgrad) lassen erahnen, inwieweit sich die vermisste Person fortbewegen kann und in welcher Geschwindigkeit. Man unterteilt die Mobilität in fünf Klassen:

- **Mobilitätsklasse 1: Nichtgehfähig**
  Die vermisste Person (z. B.: stark körperlich beeinträchtigte Person) ist grundsätzlich nicht gehfähig und kann sich nur mit geeigneten Hilfsmitteln (z. B. Rollstuhl) fortbewegen.
- **Mobilitätsklasse 2: Innenbereichsgeher**
  Die vermisste Person (z. B. älterer Mensch) besitzt das Potenzial beziehungsweise die Fähigkeit kurze Wegstrecken (auf ebener Fläche) zu gehen (ca. 1 km) und bewegt sich in der Regel sehr langsam (ca. 1–2 km/h).
- **Mobilitätsklasse 3: Eingeschränkter Außenbereichsgeher**
  Die vermisste Person (z. B. Kinder) besitzt das Potenzial bzw. die Fähigkeit, sich langsam fortzubewegen (ca. 2–3 km/h) und dabei kleinere Hindernisse zu überwinden. Die Gehdauer/-strecke sind jedoch limitiert (ca. 2,5 km)
- **Mobilitätsklasse 4: Uneingeschränkter Außenbereichsgeher**
  Die vermisste Person (z. B. Suizid gefährdete Person) besitzt das Potenzial bzw. die Fähigkeit, sich mit variabler (auch hoher) Geschwindigkeit (ca. 3–5 km/h) in unterschiedlichem Terrain fortzubewegen. Die Gehdauer/-strecke sind unwesentlich limitiert (ca. 5 km).

- **Mobilitätsklasse 5: Uneingeschränkter Außenbereichsgeher mit erhöhter Aktivität**
  Die vermisste Person (z. B. Wanderer) besitzt das Potenzial bzw. die Fähigkeit sich wie der uneingeschränkte Außenbereichsgeher fortzubewegen. Gehstrecke und Dauer sind jedoch nicht limitiert.

Wo wollte die vermisste Person hin?
Das eigentliche Ziel der vermissten Person, falls bekannt, ist wichtig für die weiteren Suchmaßnahmen. Vielleicht ist auch ein bestimmter Wanderweg oder Wandrestrecke bekannt, die die vermisste Person gerne geht.

War die gesuchte Person schon mal vermisst gewesen? Wenn ja, wo gefunden?
Falls die vermisste Person schon mal abgängig war, macht es Sinn zu erfahren, wo die Person in der Vergangenheit aufgefunden wurde. Dort sollte ebenfalls noch mal gesucht werden auch wenn das eigentliche Ziel ein anderes war.

Wer gehört zum nahen Bekannten- und Freundeskreis sowie Angehörige?
Eine Auflistung der oben genannten Personen muss erstellt und ihre Erreichbarkeit festgehalten werden. Diese Personen sollten kontaktiert und zu der vermissten Person befragt werden. Vielleicht ist die gesuchte Person auch bei dem genannten Kreis zu Besuch. Eine Aufforderung durch die Einsatzleitung ebenfalls die eigenen Kellerräume, Gartenhäuser oder andere Punkte innerhalb des eigenen Grundstückes abzusuchen, wird gerade bei vermissten Kindern empfohlen, die sich verstecken wollen.

Gibt es eine eindeutige Bewegungsrichtung und ein definitives Ziel?
Diese Frage entscheidet im später vorgestellten 4 Phasenkonzept der Vermisstensuche im Kapitel 12, welche zweite Phase eingeleitet wird.

11.2.3 Planung

In der Planung werden die gesammelten Informationen und Fakten bewertet und die Maßnahmen festgelegt. Die Planung ist so durchzuführen, dass es weder zu überstürzten Handlungen kommt noch ein zeitgerechtes Handeln verhindert wird. Hier werden die jeweiligen Möglichkeiten im Vermisstensucheinsatz im Vergleich zu den Vor- und Nachteilen gegenüber den Alternativen in Betracht gezogen und schließlich eine Entscheidung herbeigerufen. Eine Vermeidung von einer konkreten Entscheidung bedeutet nicht unbedingt, die Entscheidung auf andere übertragen zu haben. Vielmehr gibt es die Möglichkeit, gerade in der Vermisstensuche, sich zu einem bestimmten Zeitpunkt nicht festzulegen (Unterlassungsalternative), weil noch nicht alle verwertbaren Informationen vorliegen. Dies kann eine zulässige Alternative sein. Daher kann die Wahl einer Möglichkeit auf einen späteren Zeitpunkt verschoben werden, was allerdings voraussetzt, dass die wählbare Alternative erhalten bleibt.

Befehlsgebung
In der Befehlsgebung werden Anordnung, also Befehle, an die Einsatzkräfte weitergeben, um die Maßnahmen für einen Vermisstensucheinsatz ausführen zu können.

Erneute Lagefeststellung/Kontrolle
Nach der Befehlsgebung erfolgt die Kontrolle der Maßnahmen sowie eine erneute Lagefeststellung. Die Kontrolle stellt die erreichte Lageveränderung dem erteilten Auftrag gegenüber. Eine Nachalarmierung sollte nun spätestens erfolgen. Jetzt muss die neue Lage sowie neu gewonnene Erkenntnisse und Informationen berücksichtigt werden.

11.3 Führungsmittel

Führungsmittel sind Mittel, die den Führungskräften bei ihrer Führungsaufgabe unterstützen. Je nach Abhängigkeit von der Art und Umfang des Vermisstensucheinsatzes bedarf es entsprechender Ausstattung der Führungskräfte mit technischen Führungsmittel. Die Führungsmittel lassen sich in drei Abschnitte einteilen:

1. Mittel zur Informationsgewinnung
2. Mittel zur Informationsverarbeitung
3. Mittel zur Informationsübertragung

Mittel zur Informationsgewinnung
Zur Informationsgewinnung kann für die Führungskraft in der Vermisstensuche folgende Mittel benötigt werden:

- Selbst erstellte Vorlagen (z. B.: Fragenkatalog),
- Kartenmaterial/Lagekarten,
- Informationen durch die Leitstelle,
- Alarmausdrucke,
- PC (Internetanschluss),
- Nachlagewerke (bspw. das vorliegende Fachbuch),

11 Führungssystem

- Einsatzleiterhandbuch,
- u. Ä.

Mittel zur Informationsverarbeitung
Um der Führungskraft bei Ihrer Arbeit in der Vermisstensuche zu unterstützen, können neben den üblichen Schreibmaterialien (Papiere/Stifte) folgende Führungsmittel benötigt werden:
- vorbereitete Vordrucke, Formulare und Checklisten,
- Kartenmaterial/Lagekarten,
- PC (Internetanschluss), Scanner und Drucker,
- Kopiergeräte,
- Beamer,
- Flipcharts, Stellwände und Tafeln,
- EDV-Systeme,
- Büroausstattung,
- u. Ä.

Mittel zur Informationsübertragung
Als Mittel zur Informationsübertragung dienen:
- **Besprechungen** (z. B. Informationsgespräch)
  Es ist ratsam in gewissen Abständen (spätestens nach vier Stunden Einsatzzeit) nicht nur die Führungskräfte, sondern auch die Einsatzkräfte durch den Einsatzleiter in einer Einsatzbesprechung über den aktuellen Sachstand und die geplanten Maßnahmen zu unterrichten. Diese Informationspolitik dient dazu, die Mannschaft neu zu motivieren und ein Verständnis für getroffene Maßnahmen zu erhalten.
- **Verbindungsorgane** (z. B. Melder, Verbindungsbeamter der Polizei)
  Ein Melder als Führungsassistent hilft gerade in der frühen Zeit des Einsatzaufbaus wichtige Aufgaben zu übernehmen. Unter anderem die Lageeinweisung an die Einsatzkräfte und die Befehlsweitergabe vom Einsatzleiter, gerade dann, wenn er sich noch in der Erkundungsphase befindet. (Denkbar in der Phase 1 oder 2 des »4-Phasenkonzept in der Vermisstensuche«).

11.3 Führungsmittel

- **Kommunikationsmittel** (z. B. drahtgebundene Kommunikationsmittel, drahtlose Kommunikationsmittel, Führungszeichen, Datenübertragungsverbindungen)
(Mobiltelefone können die Kommunikationsmittel ergänzen, aber niemals ersetzen sie die Funkgeräte.)

12 4-Phasenkonzept in der Vermisstensuche

Bei einer Vermisstensuche mangelt es oftmals an Erfahrungen, um diesen Einsatz adäquat einzuleiten und sinnvolle Maßnahmen durchzuführen. Dabei stellt die Vermisstensuche gerade in Bezug auf den Faktor Zeit ein enormes Problem dar. Je später die Feuerwehr alarmiert wird, umso weiter muss der Einsatzraum gefasst werden, da sich die vermisste Person innerhalb der vergangenen Zeit weiter wegbewegt haben könnte. Nachdem die Feuerwehr bei einem Vermisstensucheinsatz hinzugezogen wurde, darf keine weitere Zeit mehr verloren gehen. Daher müssen schnellstmöglich Maßnahmen durchgeführt werden, um die wichtigsten Suchmaßnahmen bereits in der ersten Phase eines Vermisstensucheinsatzes durchzuführen, auch ohne die komplette, meist umfangreiche Erkundung durchgeführt zu haben. Denn oftmals gibt es gerade in der ersten Phase des Einsatzes keine wirkliche Einsatzstelle, die es zu erkunden gilt. Meist sind die Erstinformationen auf die Befragung der Angehörigen oder Hilfeersuchenden beschränkt. Die ersten unmittelbar eintreffenden Einsatzkräfte müssen mit einem angemessenen Personalaufwand sinnvoll eingesetzt werden. Obwohl die Lage vermutlich noch relativ unbekannt ist, können wichtige Suchmaßnahmen auf Grundlage von vorhandenen Statistiken und Einsatzerfahrungen durchgeführt werden, damit erste schnelle und wirksame Hilfe unmittelbar eingeleitet werden kann.

Ein Vermisstensucheinsatz macht in der Regel viele Einsatzkräfte erforderlich. Doch diese müssen delegiert werden, um nicht an einem Bereitstellungsraum zu lange auf ihren Auftrag zu warten. Das kann in der ersten Phase des Einsatzes nicht funktionieren. Daher entwickelt sich der Einsatz in der Größe und Umfang erst nach einer gewissen Einsatzdauer und Erkundungsstand. Erst nach dem Aufbau einer dem Umfang des Einsatzes entsprechenden Einsatzleitung, lässt sich ein solch komplexer Vermisstensucheinsatz mit einem Großaufgebot von Einsatzkräften strukturiert, kontrolliert und dokumentiert abhandeln.

Das 4-Phasenkonzept der Vermisstensuche hat das als Ziel, dem Einsatzleiter Zeit zu verschaffen, um die Lage zu erkunden, den mAo zu bestimmen, ein Aufbau einer strukturierten Einsatzleitung zu ermöglichen und trotzdem die Einsatzkräfte unmittelbar nach der Alarmierung effektiv und effizient einzusetzen, um erste wirksame Hilfe einzuleiten. Der folgende Aufbau des 4-Phasenkonzepts der Vermisstensuche soll nur ein Vorschlag eines vorbereitenden Maßnahmenpakets sein und dient lediglich zur Orientierung. Es muss darauf hingewiesen werden, dass Einsätze in der Vermisstensuche auch anders verlaufen können. Das 4-Phasenkonzept ersetzt keine Dienstvorschriften oder andere gesetzlichen Grundlagen. Es entzieht den Einsatzleiter auch nicht die Verantwortung für sein Handeln.

Das 4-Phasenkonzept ist wie folgt aufgebaut:

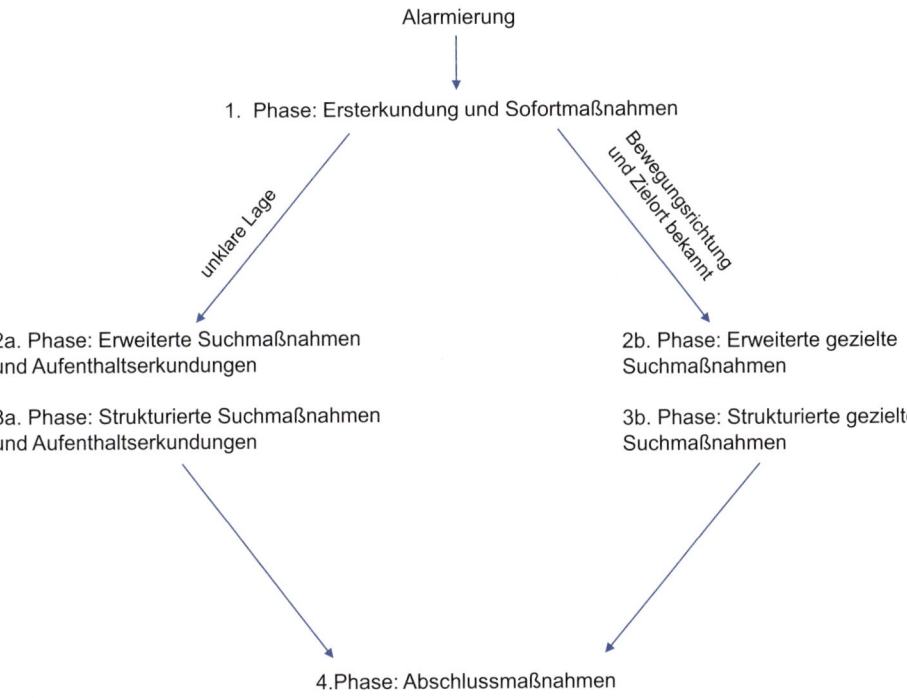

Bild 57 *Das 4-Phasenkonzept*

Die erste und vierte Phase bleiben in ihrem Aufbau und ihren Maßnahmen identisch. Lediglich die zweite und dritte Phase sind unterschiedlich in der Vorgehensweise. In der ersten Phase entscheidet der Einsatzleiter, in welche zweite Phase er wechselt. Gibt es wage oder vermutete Aussagen über den eigentlichen Zielort der Person oder ist dieser komplett unbekannt, wechselt der Einsatzleiter in die Phase 2a, auch wenn es eine eindeutige Bewegungsrichtung gibt. Die Phase 2a wird nach Abschluss schließlich durch die Phase 3a abgelöst. Ist die eindeutige Bewegungsrichtung mit dem dazugehörigen definitiven Zielort bekannt wird die Phase 2b und im Anschluss 3b eingeleitet.

12   4-Phasenkonzept in der Vermisstensuche

12.1   Phase 1: Ersterkundung und Sofortmaßnahmen

Alarmierung

Bei einem Vermisstensucheinsatz sind die Ausmaße zu Einsatzbeginn schwer einschätzbar. Daher wird empfohlen bei der Erstalarmierung die örtliche zuständige Feuerwehr sowie einen zusätzlichen Einsatzleiter zu alarmieren. Die Mindeststärke in der ersten Phase sollte eine Gruppenstärke umfassen. Mit dieser Anzahl von Einsatzkräften lassen sich die ersten Suchmaßnahmen durchführen.

Einsatzleiter

In der ersten Phase sollten nur die wichtigsten Informationen in Erfahrung gebracht werden, um den Vermisstensucheinsatz nicht zu retardieren. Der Einsatzleiter muss mit der hilfeersuchenden Person (z. B. Angehörige) und gegebenenfalls mit anderen Behörden (z. B. Polizei) in Kontakt treten, um die ersten wichtigen Informationen zu erhalten. Außerdem gilt es den lbA der vermissten Person auf mögliche Hinweise zu untersuchen. Der Einsatzleiter entsendet seine Feuerwehreinsatzkräfte in Suchgebiete, während parallel weitere Informationen eingeholt und Erkundungsvorgänge durchgeführt werden.

Die Sofort-Suchmaßnahmen dienen auch ohne vollständige Erkundung dazu, dass bis hierhin primäre Wahrscheinlichkeitsgebiet ohne genaue Erkundungsergebnisse abzusuchen und somit eine sinnvolle unmittelbare Hilfe einzuleiten. Der Einsatzleiter bestimmt noch vor der Nachalarmierung einen vorübergehenden Bereitstellungsraum, für die nachrückenden Einsatzkräfte und teilt diese der rückwärtigen Führungseinrichtung mit. Diese unterstützt den Einsatzleiter bei seinen Aufgaben.

Suchmaßnahmen

Die ortskundigen Einsatzkräfte sollen grundsätzlich mit den nachfolgenden ersten Suchmaßnahmen beginnen, solange es keine anderen konkreten Hinweise zum Aufenthaltsort des Vermissten gibt:

Ia **Absuchen des letzten bekannten Aufenthaltsortes (lbA) sowie im Radius von 100 m.**

Ib **Absuchen der Wohneinheit (z. B. Haus, Wohnung) sowie im Radius von 50 m, falls es sich um den lbA handelt.**

12.1 Phase 1: Ersterkundung und Sofortmaßnahmen

Auch wenn das Gebiet durch andere Personen (z. B. Angehörige, Polizei) bereits abgesucht wurde, sollte die Feuerwehr trotzdem noch einmal die Suchmaßnahme durchführen.

Ia. Absuchen des letzten bekannten Aufenthaltsortes (lbA) sowie im Radius von 100 m (z. B. Auto, Kirchplatz, Altenheim)
Die Gruppe sollte den lbA eigenständig, sowie den Umkreis in einem Radius von 100 m abzusuchen. Auf Kartenmaterial kann verzichtet werden. Die ortskundigen Einsatzkräfte sollen die Entfernung zunächst abschätzen. So kann die suchende taktische Einheit ihre Schritte zählen und somit die ungefähre Entfernung hochrechnen (pro Schritt ca. 60 bis 70 cm). Je nach Breite der Suchkette kann schnell errechnet werden, wie oft eine taktische Einheit in ihrem Suchgebiet umkehren muss, um das gesamte Gebiet abzusuchen.

Innerhalb einer Ortschaft ist das Absuchen des Einsatzgebietes möglicherweise langsamer als in unwegsamem Gelände. Denn in einem bebauten Gebiet können zwar manche Areale (z. B. Privatbesitz, andere Häuser) nicht durchsucht werden, aber es müssen Sackgassen und Parkanlagen berücksichtigt werden. Meistens werden die Feuerwehrangehörigen auch von neugierigen Passanten befragt. Die Größe des Einsatzgebietes beträgt bei 100 m Radius ca. 31 500 m^2. Um dieses Suchgebiet abzusuchen, muss von einem Zeitansatz von ca. 40 Minuten gerechnet werden.

Ib. Absuchen der Wohneinheit (z. B. Haus, Wohnung) sowie im Radius von 50 m, falls es sich um den lbA handelt
Handelt es sich bei dem lbA um die eigene oder eine fremde Wohneinheit, gilt es diese sowie den Umkreis im Radius von 50 m abzusuchen. Die Wohneinheit der vermissten Person muss auch von Feuerwehrkräften durchsucht werden, wenn dies bereits von Angehörigen getan wurde. Eine fremde Einsatzkraft durchsucht eine unbekannte Wohnung anders als ein Angehöriger. Wichtig ist, dass alle verbundenen Räume und zugehörigen Örtlichkeiten (wie bspw. Keller, Anbau, Werkstatt, Garagen, Speicher etc.) überprüft werden. Auch wenn die Angehörigen ausschließen, dass die gesuchte Person vielleicht aufgrund ihres körperlichen Zustandes eine Dachbodenleiter oder ähnliches begehen kann, muss darauf bestanden werden, diese Räume abzusuchen. Auch abgeschlossene Räume müssen geöffnet und gesichtet werden. Vergangene Einsätze hätten teilweise früher beendet werden können, wären alle Räume richtig durchsucht worden.

Der Einsatzleiter, der mit der Erkundung und gegebenenfalls Befragung der Personen vor Ort beschäftigt ist, sollte an den Suchmaßnahmen der vermissten Person nicht beteiligt werden, auch wenn er in den Räumlichkeiten oder vor der

Wohneinheit mögliche Hinweise auf das Verschwinden erkundet. Grundsätzlich sollten sich in der abzusuchenden Wohneinheit so wenige Einsatzkräfte wie möglich aufhalten, damit die Arbeit des ggf. nachrückenden Vermisstenspürhundes nicht unnötig erschwert wird (siehe Kapitel 6.4). Außerdem soll darauf geachtet werden, nichts in der Wohnung oder im Haus unnötig anzufassen. Die vom Einsatzleiter eingesetzte taktische Einheit darf sich niemals trennen, damit es im Nachhinein keine Beschwerden über mögliche gestohlene Gegenstände oder Beschädigungen in der Wohneinheit gibt.

Steht dem Einsatzleiter eine Gruppe zur Verfügung, sollte er diese, wenn möglich, genauso wie die Suchmaßnahmen trennen. So kann ein Selbstständiger Trupp die Suche in der Wohneinheit und eine Staffel die Suche um die Wohneinheit herum durchführen. Gegebenenfalls müssen sich der Einsatzleiter und die Einsatzkräfte, welche die Wohneinheit durchsucht haben, nach ihren Suchmaßnahmen noch einmal vor der Wohneinheit sammeln, damit der Vermisstenspürhund ihren Geruch aufnehmen und gleichzeitig ausschließen kann, falls dieser eingesetzt wird. Denn bei der Vielzahl der Gerüche, sollte der Hund nicht die Einsatzkraft suchen, die vorher die Bettlaken oder sonstige Gegenstände in der Hand hatte. Der Hundeführer des VSH entscheidet letztendlich, ob dies notwendig ist und teilt es der Einsatzleitung mit. Parallel dazu muss eine weitere taktische Einheit um die Wohnung oder das Haus einen Radius von 50 m absuchen. Das Suchgebiet erstreckt sich um ca. 8 000 m^2 und ist in relativ kurzer Zeit gesichtet. Hierbei sollten insbesondere Garagen, Scheunen oder Lager abgesucht werden, die nicht mit der Wohneinheit oder dem Haus verbunden sind. Eine Absprache muss unbedingt mit der anderen taktischen Einheit in der Wohneinheit getroffen werden, falls nicht eindeutig erkennbar. Der mögliche Garten oder Hof gehören zu den Suchmaßnahmen, neben dem eigentlichen Radius außerhalb der Wohneinheit, selbstverständlich dazu.

Bei Altenheimen oder ähnlich großen Gebäudearten, in denen es für die vermisste Person möglich ist, mehrere Zugänge zu anderen Wohneinheiten zu haben, müssen durch die Feuerwehrkräfte die einzelnen Zimmer in jeder Etage durchsucht sowie die Hauseingänge bewacht werden. Gegebenenfalls muss die Anzahl der Einsatzkräfte aufgestockt werden, aufgrund der Größe eines Gebäudes (siehe dazu Kapitel 5.1.3.2). Unter Umständen muss dann die Suche um das Gebäude herum in dem Radius von 50 m später oder von einer nachrückenden Einheit übernommen werden.

12.1 Phase 1: Ersterkundung und Sofortmaßnahmen

Merke:

Das Absuchen aller Zimmer einer Pflegeeinrichtung gerade während der Nachtzeiten bedeuten für die Bewohner, aber in Konsequenz auch für die Pflegekräfte, sehr viel Stress. Dennoch darf die Suchaktion im Gebäude nicht aus falscher Rücksichtnahme vorschnell abgebrochen werden. Sollte nach einem aufwändigen Flächensucheinsatz die vermisste Person bei einem Mitbewohner in unmittelbarer Nähe zur eigenen Wohneinheit (z. B. im Bett liegend oder auf der Toilette sitzend) aufgefunden werden, ist dies schon allein aus Kostengründen nur schwer erklärbar.

Zeitansatz der Phase 1 und Nachalarmierung

Nach einem Zeitansatz von 15 Minuten nach Beginn der Erkundungsphase sollten dem Einsatzleiter die Informationen vorliegen, die eine taktische sinnvolle Nachalarmierung zur Folge haben. Die Phase 2 beginnt, sobald die Nachalarmierung über die rückwärtige Führungseinrichtung erfolgt ist. Durch die erste Erkundung kann der Einsatzleiter bereits die Lage ungefähr abschätzen und sich überlegen, wie viele zusätzliche Einsatzkräfte er für Erweiterte Suchmaßnahmen oder als Unterstützung der bisherigen bzw. geplanten Suchmaßnahmen benötigt. Die Größe der bereits gesamtalarmierten Einsatzkräfte der Feuerwehr sollte einen Erweiterten Zug für die Phase 2 nicht überschreiten. Aus der Erfahrung muss davon ausgegangen werden, dass der Einsatz einen größeren Umfang in den Suchmaßnahmen mit Einsatzkräften und umfangreiche Erkundungen nach sich zieht, sodass auf eine Führungsstaffel nicht verzichtet werden kann. Daher wird empfohlen, diese zu alarmieren, damit ein geordneter Einsatzverlauf gewährleistet ist.

Nach der ersten Erkundung dürfte dem Einsatzleiter bekannt sein, ob er eine Rettungshundeeinheit braucht und welche Form von Rettungshund. Als Mindeststärke ist eine Staffelgröße anzustreben mit mindestens vier einsatzfähigen Flächensuchhunden und einen Vermisstenspürhund. Außerdem sollte ein Fachberater Vermisstensuche alarmiert werden, der spätestens ab Phase 3 die Einsatzleitung unterstützen kann.

Das Hinzuziehen von PSNV entlastet womöglich den Einsatzleiter und sollte wie andere Berater oder Hilfspersonen (z. B.: Jäger) bereits jetzt mitalarmiert werden, da auch hier eine Gewisse Vorlaufzeit benötigt wird.

12.2 Phase 2a: Erweiterte Suchmaßnahmen und Aufenthaltserkundungen

Die Phase 2a wird eingeleitet, sobald die Nachalarmierung durch die rückwärtige Führungseinrichtung durchgeführt worden ist. Die alarmierten Einsatzkräfte sollen den (vorübergehenden) Bereitstellungsraum anfahren. Dort muss entweder der Einsatzleiter oder eine geeignete Person stehen, der die Einsatzkräfte in die Lage einweist und weitere Maßnahmen delegieren kann.

Einsatzleiter/Einsatzleitung
In der Phase 2a der Vermisstensuche entscheidet die weitere Erkundung richtungweisend über den weiteren Einsatzverlauf. Der Einsatzleiter erhält nun die Informationen, die er braucht, um in Phase 3a die strukturierten Suchmaßnahmen durchführen zu können und den mAo zu bestimmen. Die Befragung (die profilbezogenen Fragebögen im Kapitel 9 können dem Einsatzleiter helfen) aller Personen sowie die Inaugenscheinnahme der Einsatzstelle sollten zum Ende der Phase 2a weitgehend abgeschlossen sein, damit der Einsatzleiter in der Phase 3a die strukturierten Suchmaßnahmen planen und durchführen kann. Dennoch ist die Aufenthaltserkundung bis zum Auffinden der vermissten Person nie abgeschlossen.

Da die bisherigen oder kommenden Ergebnisse der Erkundung sehr vielfältig sein können, muss von der Reihenfolge der nächstaufgelisteten (Such-)maßnahmen gegebenenfalls abgewichen oder einzelne Maßnahmen komplett ignoriert werden. Jedoch sollten begonnene Maßnahmen ohne sichere neue Erkenntnisse nie abgebrochen werden. Die neu gewonnen Hinweise müssen vom Einsatzleiter sorgfältig überprüft werden.

Der Einsatzleiter führt seine Erkundung in der Wohneinheit der vermissten Person durch, falls diese nicht automatisch der lbA war und bereits erkundet worden ist oder überhaupt zur Verfügung steht (z. B. Besuch einer Reisegruppe). Hilfreich wäre bereits in Phase 2 einen Führungsassistenten (Melder) oder eine vom Einsatzleiter beauftragte geeignete Führungskraft vorzuhalten, die auf einen interimistischen Bereitstellungsraum den nachrückenden Einsatzkräften eine kurze Lageeinweisung und die Suchaufträge übermittelt. Eine Einteilung der Suchgebiete erfolgt schließlich provisorisch auf einer mitgeführten Karte. Der Einsatzleiter bestimmt eine Befehlsstelle für die alarmierte Führungsstaffel. Die rückwärtige Führungseinrichtung unterstützt weiterhin den Einsatzleiter bis die Führungsstaffel den Vermisstensucheinsatz übernehmen kann.

12.2 Phase 2a: Erweiterte Suchmaßnahmen und Aufenthaltserkundungen

Suchmaßnahmen

Bevor weitere Suchmaßnahmen durchgeführt werden, muss die bereits zugeordnete Suchmaßnahme der Phase 1 abgeschlossen sein. Wenn dem nicht so ist, unterstützen ggf. die nachrückenden Einsatzkräfte die Suchmaßnahme der Phase 1. Die nachalarmierten Einsatzkräfte sind in der Regel auch nicht komplett ortsfremd. Geeignetes Kartenmaterial sollte trotzdem mitgeführt werden und reicht für die nachfolgenden Suchmaßnahmen aus.

Eine Vermischung von ortskundigen und ortsunkundigen Einsatzkräften kann unter Umständen sinnvoll sein. Bedarf aber einer genauen Zuordnung und Planung. Die folgenden vorgeschlagenen Suchmaßnahmen sind in der Größenordnung für einen Erweiterten Zug aufgelistet. Sollte der Einsatzleiter in der Phase 2a nicht über die Anzahl der Einsatzkräfte verfügen, sollten ohne konkrete Erkundungshinweise des Einsatzleiters die Suchmaßnahmen in der folgenden dargestellten prioritären Reihenfolge abgearbeitet werden:

I Vergrößerung des Radius um den lbA auf 200 m.
IIa Fahrzeugbezogene Wegsuche zwischen dem lbA und dem mAo abfahren.
IIb Fahrzeugbezogene Wegsuche zwischen dem lbA und der Wohneinheit abfahren.
IIIa Absuchen des mAo sowie im Umkreis von 50 m.
IIIb Absuchen der Wohneinheit des Vermissten (z. B. Haus, Wohnung) sowie im Umkreis von 50 m.

I. Vergrößerung des Radius von dem lbA auf 200 m
Der Radius um den lbA sollte auf insgesamt 200 m erweitert werden, was einer Grundfläche von etwas mehr als 125 500 m² entspricht. Zieht man die bereits abgesuchte Fläche von 100 m Radius von der ersten Suchmaßnahme (31 500 m² aus Phase 1) ab, kommt man auf ein Gesamteinsatzsuchgebiet von knapp 94 000 m². Um dieses Einsatzgebiet abzusuchen, sollen zwei Gruppen eingesetzt werden.

Tipp:
Die möglicherweise bereits eingesetzte Gruppe aus Phase 1 kann bei der Vergrößerung des Einsatzgebietes die Suchmaßnahmen unterstützten, sobald ihr Suchauftrag erledigt ist. Somit kann eine Einteilung von zwei Suchgebieten in der Größe von ca. 60 000 m² für die taktische Einheit zugeordnet werden, wenn alle Suchmaßnahmen von Phase 1 durchgeführt worden sind.

IIa. Fahrzeugbezogene Wegsuche zwischen dem lbA und des mAo abfahren
Bei jedem Vermisstensucheinsatz gibt es Spekulationen, in welche Richtung die vermisste Person gelaufen sein könnte und was ihr möglicher Zielort war. Hier bietet sich eine schnelle Fahrzeugbezogene Wegsuche an, um die Strecke zwischen dem lbA und dem zu vermuteten mAo abzufahren und zu kontrollieren, falls dieser überhaupt befahrbar ist. Mit geeigneten Feuerwehrfahrzeugen, besetzt mit mindestens einem Selbstständigen Trupp, werden die möglichen Wege abgefahren. Über die Vielzahl und Länge der Wege sowie den dazugehörigen Zeitansatz kann keine Angaben gemacht werden, da jeder Einsatz unterschiedlich ausfällt.

IIb. Fahrzeugbezogene Wegsuche zwischen dem lbA und der Wohneinheit abfahren
Nach der oder parallel zu der Fahrzeugbezogenen Wegsuche, zwischen lbA und dem mAo, sollen ebenfalls zwischen lbA und der Wohneinheit alle möglichen befahrbaren Strecken mittels einer Fahrzeugbezogene Wegsuche abgesucht werden. Des Weiteren gilt diese Suchmaßnahme als alternative für die Suchmaßnahme IIa, falls es doch keine Vermutungen über einen mAo gibt. Diese Maßnahme ist nur dann ratsam, wenn die eigene Wohneinheit der vermissten Person auch zu Fuß erreichbar wäre bzw. in angemessen Verhältnis zwischen dem lbA und der Wohneinheit steht. Wäre die vermisste Person beispielsweise zu Besuch bei Angehörigen und ihre eigene Wohnadresse über mehrere Kilometer entfernt, macht eine solche vorgeschlagene Suchmaßnahme unter Umständen wenig Sinn. Auch hier bietet sich ein Selbstständiger Trupp als taktische Einheit mit einem geeigneten Einsatzfahrzeug an.

IIIa. Absuchen des mAo sowie im Radius von 50 m
Gibt es bereits eine Vermutung über einen punktuellen mAo, so soll dieser sowie im Radius von 50 m herum ebenfalls abgesucht werden. Hierbei bietet sich eine Staffelgröße für die Suchmaßnahmen des Suchgebietes von ca. 8 000 m² an. Sollte der mAo die eigene oder eine andere Wohneinheit sein, sollen die Suchmaßnahmen analog wie in der Phase 1 beschrieben, durchgeführt werden.

IIIb. Absuchen der Wohneinheit des Vermissten (z. B. Haus, Wohnung) sowie im Umkreis von 50 m
Die eigene Wohneinheit sollte unbedingt durchsucht werden, genauso wie der Umkreis von ca. 50 m, auch wenn es keine Hinweise gibt, dass sich die gesuchte Person dorthin bewegt haben könnte. Letztendlich muss der Einsatzleiter aber entscheiden, ob das Absuchen sinnvoll ist. Die vorgeschlagene Suchmaßnahme könnte dieselbe taktische Einheit ausführen, die auch die Maßnahme IIIa durchgeführt hat, sobald ihr erster Auftrag durchgeführt wurde. Alternativ kann die Suche

IIIb direkt vor der Maßnahme IIIa angewendet werden, wenn es von dem Einsatzleiter noch keine Hinweise über einen mAo gibt.

Zeitansatz der Phase 2a
Innerhalb 60 Minuten nach Alarmierung der Führungsstaffel, sollte diese aufgebaut und den Einsatz übernommen haben. Ab dann wechselt der Einsatz in die Phase 3a. Der Einsatzleiter hatte nun genügend Zeit, seine Erkundung in der Wohneinheit und dem lbA durchzuführen und die Informationen der Angehörigen, Bekannten und/oder Polizei zu erhalten, zu verarbeiten und auszuwerten.

12.3 Phase 3a: Strukturierte Suchmaßnahmen und Aufenthaltserkundungen

Im Gegensatz zu Phase 2a, beginnt Phase 3a nicht mit einer Alarmierung weiterer Einsatzkräfte, sondern mit der Einsatzübernahme durch die Führungsstaffel. Spätestens jetzt ist eine organisierte Einsatzleitung aufgebaut. Bevor neue Suchmaßnahmen begonnen werden, sollte Phase 2a abgeschlossen sein, sofern es keine neuen Hinweise oder Erkenntnisse aus der Erkundung gibt. Je länger der Einsatz dauert und je öfter der Führungsvorgang angewendet wurde, desto weniger helfen die aufgelisteten Vorgaben. Die Vermisstensucheinsätze sind zu unterschiedlich, um einen allgemein gültigen Ablauf vorgeben zu können. Die in Kapitel 9 beschriebenen Profile der jeweiligen vermissten Personen mit ihren möglichen Verhaltensmustern können den weiteren Einsatz unterstützen. Außerdem ist nach jedem Profil ein zugeschnittenes Maßnahmenpaket aufgelistet, welches angewendet werden kann.

Einsatzleitung
In der Phase 3a hat die empfohlene Führungsstaffel ihre Aufgaben aufgenommen und kann nun weitere Einsatzkräfte, Hilfskräfte und Institutionen auf Anweisung des Einsatzleiters alarmieren (wie z. B.: PSNV), falls noch nicht am Ende der Phase 1 geschehen, die strukturiert die Maßnahmen unterstützen. Dem Einsatzleiter sind jetzt aufgrund seiner Lagefeststellung und der Kontrolle im Führungsvorgang die Ausmaße des Einsatzes sowie die Umsetzung der Maßnahmen bekannt. Er kann nun je nach Lage und Art des Vermisstensucheinsatzes handeln und nachalarmieren. Er bestimmt die Größe des Einsatzraums. Dafür helfen dem Einsatzleiter die statistischen Zahlen aus Kapitel 8 sowie den Einsatzraumbestimmungsvorschlag im Kapi-

tel 10.8.1. Aufgrund dieser Festlegung muss entschieden werden, wie viele Einsatzkräfte in welcher Zeit benötigt werden, um diese Einsatzräume abzusuchen. Nach der Nachalarmierung erfolgt eine Suchgebietszuteilung noch vor der Ankunft der alarmierten Einsatzkräfte. Der Einsatzleiter bestimmt außerdem den definitiven Bereitstellungsraum für alle nachrückenden Fahrzeuge (Gliederung des Raumes). Die Angaben zum Verhalten der vermissten Personen (vgl. Kapitel 9) können den Einsatzleiter hinsichtlich der Einschätzung dieser vermissten Person unterstützen und entsprechende Suchmaßnahmen und Aufenthaltserkundungen vorzunehmen. Die Aufenthaltserkundung bleibt in jeder Phase des 4-Phasenkonzeptes in der Vermisstensuche unbedingter wichtiger Bestandteil als Aufgabe der Einsatzleitung. Dafür kann ein zusätzlicher Einsatzabschnitt »Erkundung« aufgebaut werden. Eine Aufgabenbeschreibung kann im Kapitel 11.1.10.3 entnommen werden.

Nachalarmierung
Ab der Phase 3a wird es schwierig sein, festgeschriebene Alarmierungsvorschläge zu machen. Zu unterschiedlich können die gesammelten Erkenntnisse aus der Erkundung sein, um eine Festlegung der weiteren Maßnahmen zu machen. Vorteilhaft ist aber generell eine Nachalarmierung größeren Umfangs, um ein paralleles und gleichzeitiges Durchführen von Suchmaßnahmen durchführen zu können, da sich die gesuchte Person unter Umständen dynamisch bewegt. Idealer Weise erfolgt bei einer Nachalarmierung (evtl. verzögerte Alarmierung der einzelnen Feuerwehren, bevorzugt mit einem Vorbefehl. Inhalt: Bereitstellungsraum, benötigte Einsatzmittel und Ankunftszeit) eine Suchgebietszuteilung noch vor der Ankunft der alarmierten Einsatzkräfte. Nach spätestens acht Stunden sind die kompletten Einsatzkräfte auszuwechseln. Dies muss rechtzeitig geplant werden.

Rettungshundeeinheiten
Sobald der Vermisstenspürhund die Einsatzstelle erreicht hat, wird dieser in die Lage eingewiesen und schließlich am lbA eingesetzt. Die Flächensuchhunde unterstützen die weiteren Suchmaßnahmen oder werden für den VSH zur Bereitstellung zurückgehalten.

Suchmaßnahmen
Die weiteren Suchmaßnahmen können nun sehr unterschiedlich ausfallen, daher erfolgt keine Nummerierung der folgenden Maßnahmen, um eine Gewichtung zu vermeiden:

Phase 3a: Strukturierte Suchmaßnahmen/Aufenthaltserkundung

- **Vergrößerung des Radius von dem lbA auf 1 000 m.**
- **Erweiterte Fahrzeugbezogene Wegsuche um das Umfeld des lbA und des mAo sowie der Wohneinheit abfahren.**
- **Personenbezogene Wegsuche zwischen dem lbA und des mAo sowie der Wohneinheit.**
- **Vergrößerung des Umkreises um den mAo auf 300 m.**

Die vorgeschlagenen erweiterten Maßnahmen aus Kapitel 9 für jedes individuelle Profil sollten mitbeachtet werden.

Vergrößerung des Radius von dem lbA auf 1 000 m
Die Größe eines 1 000 Meter großen Radiussuchgebiet beträgt abzüglich der bereits in Phase 1 und 2 abgesuchten Gebietes ca. 3 000 000 m² ist nur mit einem sehr großen Personalaufwand zu bewältigen. Man würde theoretisch 20 Gruppen der Feuerwehr (180 Einsatzkräfte) benötigen, um in ungefähr sechs Stunden diesen Einsatzraum in der Fläche komplett lückenlos abzusuchen oder 25 Rettungshundeteams innerhalb von vier Stunden. Dieser große Personalaufwand ist selbst für die Feuerwehr kaum realisierbar. Auch das geordnete Hineinbringen der taktischen Einheiten sowie das strukturierte Einteilen der Suchgebiete durch die Führungsstaffel (ohne Vorbereitung) kommt bei einem so großen Einsatzraum schnell an ihre Grenzen. Daher ist zu empfehlen, ab einem bestimmten Radius in eine Wegsuche überzugehen, und den Rest der Fläche, wenn unbedingt nötig, erst danach abzusuchen.

Erweiterte Fahrzeugbezogene Wegsuche um das Umfeld des lbA und des mAo sowie der Wohneinheit abfahren
Eine schnelle Suchmöglichkeit ergibt sich durch eine Erweiterte Fahrzeugbezogene Wegsuche. Hier werden nicht nur die bereits abgefahrenen und nahe liegenden Wege vom lbA bis zum vermuteten mAo zurück zur Wohneinheit abgefahren, sondern auch andere mögliche Wege zu den einzelnen Punkten. Auch der Umkreis eines größeren Areals im Umfeld der bereits genannten Punkte ist möglich. Die Anzahl der eingesetzten Fahrzeuge kann pauschal nicht genannt werden, sondern ergibt sich aus der jeweiligen Lage. Eine Fahrzeugbezogene Wegsuche gilt nicht als sicher abgesucht. Daher sollte diese ggf. – auch wenn dies einen erheblichen zeitlichen Mehraufwand bedingt – durch eine Personenbezogene Wegsuche vervollständigt werden.

Personenbezogene Wegsuche zwischen dem lbA und des mAo sowie der Wohneinheit
Um ein sicheres Ergebnis in der Wegsuche zu erzielen, muss eine Personenbezogene Wegsuche durchgeführt werden. Diese begrenzt sich primär auf den naheliegendsten Weg zwischen dem lbA und dem mAo. Auch ein Absuchen zwischen dem lbA und der Heimatadresse ist ratsam.

Vergrößerung des Umkreises um den mAo auf 300 m
Es kann durchaus Sinn machen auch den mAo des Vermissten in einem bestimmten Radius abzusuchen. Ob oder in welchem Umfang diese Suchmaßnahmen umgesetzt werden, hängt von der jeweiligen Lage ab und muss von dem Einsatzleiter entschieden werden.

Bereitstellung
Förderlich ist eine gewisse Anzahl von Einsatzkräften vorzuhalten und nicht in den Suchmaßnahmen oder Aufenthaltserkundungen einzubeziehen. Mindestens eine Staffeleinheit der Feuerwehr sollte daher im Bereitstellungsraum auf einen kurzfristigen Einsatzbefehl bereitstehen, falls sich neue Hinweise und Erkenntnisse oder eine Hilfeleistung einer eingesetzten taktischen Einheit kurzfristig ergeben. Ebenso ist eine Zurückhaltung von einer Rettungshundeeinheit (Selbständiger Trupp mit zwei Rettungshunden) zu empfehlen. Sobald neue Erkenntnisse (z. B. durch den VSH) vorliegen, kann die bereitgestellte Flächensuchhundeeinheit zum Einsatzgebiet schnellstmöglich entsendet werden.

Zeitansatz der Phase 3a
Die wichtigsten Maßnahmen sollten innerhalb einer Gesamteinsatzzeit von ca. sechs Stunden durchgeführt werden. Wenn es keine neuen Erkenntnisse oder Hinweise gibt und alle Maßnahmen durchgeführt wurden, sollte der Einsatzleiter in Betracht ziehen die Phase 3a abzuschließen und in die Phase 4 zu wechseln. Sollten aber noch nicht alle relevanten Maßnahmen durchgeführt worden sein, die Lage sich dynamisch verändern oder neue Erkenntnisse vorliegen, bleibt der Einsatz in der Phase 3a bestehen. Jedoch muss über eine rechtzeitige Ablösung der Einsatzkräfte nachgedacht werden, damit spätestens nach einer insgesamt achtstündigen Einsatzzeit eine Auswechselung erfolgt.

12.4 Phase 2b: Erweiterte gezielte Suchmaßnahmen

Sobald die Nachalarmierung durch die rückwärtige Führungseinrichtung durchgeführt wurde, wird die Phase 2b eingeleitet. Die alarmierten Einsatzkräfte sollen den (vorübergehenden) Bereitstellungsraum anfahren. Dort muss entweder der Einsatzleiter oder eine geeignete Person stehen, der die Einsatzkräfte in die Lage einweist und weitere Maßnahmen delegieren kann.

Voraussetzung für den Wechsel in die Phase 2b sind folgende Punkte:

- Es gibt einen eindeutigen Weg sowie Bewegungsrichtung zum Zielort.
- Der Zielort der vermissten Person ist bekannt.
- Die vermisste Person hält sich grundsätzlich nur auf den Wegen auf.
- Die vermisste Person ist im Vollbesitz ihrer geistigen Kräfte.
- Es gibt keine Suizidabsichten.

Trifft einer dieser Punkte nicht zu, muss in die Phase 2a gewechselt werden. Meist handelt es sich in der Phase 2b um vermisste Personen, die sich vermutlich in einer hilflosen Lage befinden (z. B. Spaziergänger mit Vorerkrankungen, Wanderer, Jogger etc.).

Einsatzleiter/Einsatzleitung

Die Befragung aller Personen (Mithilfe der profilbezogenen Fragebögen im Kapitel 9) sowie die Inaugenscheinnahme der Einsatzstelle bleibt auch in der Phase 2b ein wichtiger Bestandteil des Einsatzleiters und sollte zum Ende der Phase weitgehend abgeschlossen sein. Die Aufenthaltserkundung ist trotz eindeutiger Anhaltspunkte über den mAo ebenfalls eine wichtige Aufgabe, die weitergeführt werden muss. Da es für den Einsatzleiter einen klaren Anhaltspunkt gibt, werden sich die Suchmaßnahmen gezielt auf eine Wegsuche konzentrieren.

Hilfreich wäre auch hier in der Phase 2b einen Führungsassistenten (Melder) oder eine vom Einsatzleiter beauftragte geeignete Führungskraft, die auf einen interimistischen Bereitstellungsraum den nachrückenden Einsatzkräften eine kurze Lageeinweisung und die Suchaufträge übermittelt. Eine Einteilung der abzusuchenden Wege erfolgt schließlich provisorisch auf einer mitgeführten Karte. Der Einsatzleiter bestimmt eine Befehlsstelle für die alarmierte Führungsstaffel. Die rückwärtige Führungseinrichtung unterstützt weiterhin den Einsatzleiter bis die Führungsstaffel den Vermisstensucheinsatz übernehmen kann.

Suchmaßnahmen

Die nachalarmierten Einsatzkräfte sind oftmals auch nicht ortsfremd. Auf Kartenmaterial kann unter Umständen verzichtet werden, wenn sich der Einsatzraum auf einen einfachen Weg ohne komplizierte Kreuzungen erstreckt. Eine Vermischung der ortskundigen und ortsunkundigen Einsatzkräfte sollte daher unter Umständen bei einer Wegsuche vermieden werden. Trotzdem müssen die Suchmaßnahmen der Phase 1 erst vollständig abgeschlossen werden, auch wenn es einen konkreten Hinweis über die Bewegungsrichtung und einem dazugehörigen Zielort gibt. Anschließend können die weiteren Suchmaßnahmen umgesetzt werden. Die Suchmaßnahmen sind in der Größenordnung für einen Zug aufgelistet. Sollte der Einsatzleitet in der Phase 2b nicht über die Anzahl der Einsatzkräfte verfügen, sollten ohne konkrete Erkundungshinweise des Einsatzleiters die Suchmaßnahmen in der folgenden dargestellten prioritären Reihenfolge abgearbeitet werden:

Ia **Fahrzeugbezogene Wegsuche zwischen dem lbA und dem mAo abfahren.**
Ib **Personenbezogene Wegsuche zwischen dem lbA und dem mAo.**
II **Absuchen des mAo sowie im Radius von 50 m herum.**

Ia. Fahrzeugbezogene Wegsuche zwischen dem lbA und dem mAo abfahren
Mit einer Fahrzeugbezogene Wegsuche können schnelle erste Suchmaßnahmen getroffen werden. Jedoch gilt ein Weg damit nicht als gesichert abgesucht, sofern er überhaupt befahrbar ist. Da nicht bekannt ist, auf welcher Höhe die vermisste Person letztendlich »verloren« gegangen ist, kann die Fahrzeugbezogenen Wegsuche sowohl vom lbA als auch von dem eigentlichen mAo parallel gestartet werden. Aufgrund der unterschiedlichen Längen des Weges je nach Einsatzlage, kann keine konkrete Angabe über die Anzahl der Fahrzeuge mit ihrem Personal und eine Zeiteingrenzung gemacht werden.

Ib. Personenbezogene Wegsuche zwischen dem lbA und dem mAo
Entweder parallel oder nach einer Fahrzeugbezogenen Wegsuche erfolgt nun eine zeitliche aufwendigere Personenbezogene Wegsuche. Die Anzahl der taktischen Einheit sollte mindestens zwei Selbstständige Trupps umfassen, wenn die Suchstrecke von 4 km nicht überschritten wird. Vom Weg seitlich abseits entfernt können so jeweils ca. 4 m in der Breite von jeder Seite abgesucht werden. Die Trupps werden jeweils am lbA und am vermuteten mAo eingesetzt. Sollte der Abstand zwischen lbA und mAo mehr als 4 km umfassen, werden innerhalb des Weges mehrere Suchtrupps eingesetzt im Abstand von jeweils zwei Kilometer. Somit erhält jede taktische Einheit einen Suchauftrag in der Länge von 2 km.

II. Absuchen des mAo sowie im Umkreis von 50 m
Eine Punktuelle Suche sollte am mAo sowie die Umgebung im Radius von 50 m abgesucht werden. Hierfür reicht in der Regel eine Staffelstärke aus. Diese kann in relativ kurzer Zeit das ca. 8 000 m² Areal absuchen.

Zeitansatz der Phase 2b
Innerhalb 60 Minuten nach Alarmierung der Führungsstaffel, sollte diese aufgebaut und den Einsatz übernommen haben. Ab dann wechselt der Einsatz in die Phase 3b. Der Einsatzleiter hatte nun genügend Zeit, seine Erkundung am lbA und evtl. in der Wohneinheit durchzuführen und die Informationen der Angehörigen, Bekannten und/oder Polizei zu erhalten, verarbeiten und auszuwerten.

12.5 Phase 3b: Strukturierte gezielte Suchmaßnahmen

Hat die Führungsstaffel den Einsatz übernommen, beginnt Phase 3b. Bevor neue Suchmaßnahmen begonnen werden, sollten die der Phase 2b abgeschlossen sein, sofern es keine neuen Hinweise oder Erkenntnisse aus der Erkundung vorliegen.

Einsatzleitung
Die Führungsstaffel ist nun in der Lage den Einsatz strukturiert abzuarbeiten und weitere Einsatzkräfte, Hilfskräfte und Institutionen zu alarmieren (wie z. B.: PSNV), falls dies noch nicht am Ende der Phase 1 geschehen ist. Grundsätzlich besteht immer noch die Annahme, dass sich die gesuchte Person unmittelbar am Weg aufhält. Trotzdem führt die Einsatzleitung parallel weitere Aufenthaltserkundungen durch evtl. mit Hilfe des Einsatzabschnittes »Erkundung« wie im Kapitel 11.1.10.2 beschrieben. Der Einsatzleiter bestimmt den konkreten Einsatzraum eventuell nach dem Abstrahlwinkel- oder Wegsuchmodell wie im Kapitel 10.8.1 beschrieben. Oder er nimmt sich die statistischen Zahlen aus Kapitel 8 für das jeweilige Profil zur Hand. Der Einsatzleiter kann ebenfalls das Kapitel 9 nutzen, um das Verhalten der jeweiligen vermissten Person einzuschätzen und somit die Suchmaßnahmen und Aufenthaltserkundungen anpassen. Des Weiteren kann der Einsatzleiter, wenn es immer noch zu keinem positiven Ergebnis kam oder sich die Erkundungsergebnisse änderten, die Suchmaßnahmen beginnend an die Phase 2a anpassen bzw. wechseln und die profilbezogenen Maßnahmen beachten und ggf. durchführen. Er bestimmt einen definitiven Bereitstellungsraum, um eine größere Anzahl von nachrückenden Einsatzkräften zu sammeln.

4-Phasenkonzept in der Vermisstensuche

Nachalarmierung
Genauso wie in der Phase 3a beschrieben, kann aufgrund der unterschiedlichen Vermisstensucheinsätze kein Alarmierungsvorschlag getätigt werden. Die Gründe hierfür wurden bereits mehrfach erwähnt. Jedoch spielt es für den Einsatzleiter eine wichtige Rolle, ob er noch das grundsätzliche Ziel verfolgt, die vermisste Person auf oder am Wegesrand aufzufinden oder seinen Einsatzraum zu erweitern und gegebenenfalls die Suchmaßnahmen an die Phase 2a anzupassen. Letzteres sollte er vornehmen, wenn er annehmen muss, dass auf dem sicher geglaubten Weg die gesuchte Person nach Abschluss der bisherigen Suchmaßnahmen nicht gefunden wurde. Nach spätestens acht Stunden sind die kompletten Einsatzkräfte auszuwechseln. Dies muss rechtzeitig geplant werden.

Rettungshundeeinheiten
Genauso wie in der Phase 3a kann der Vermisstenspürhund bei Erreichen der Einsatzstelle eingesetzt werden, nachdem er eine kurze Lageeinweisung bekommen hatte. Die Flächensuchhunde unterstützen die weiteren Suchmaßnahmen oder werden für den VSH zur Bereitstellung zurückgehalten.

Suchmaßnahmen
Auch hier gilt es dem Einsatzleiter eine Hilfestellung der möglichen Suchgebiete anzubieten. Denn die Ergebnisse der bisherigen Erkundung können sehr vielseitig sein. Es folgen daher nun Vorschläge auf den Kenntnisstand, dass sich die Person immer noch auf einem Weg, zwischen dem lbA und dem mAo befindet. Es erfolgt keine Nummerierung der folgenden Suchmaßnahmen, um eine Gewichtung der einzelnen Suchmaßnahmen zu vermeiden:

- **Fahrzeugbezogene Wegsuche auf alternativen oder parallel laufenden Wegen zwischen dem lbA und dem mAo abfahren.**
- **Verbreiterung der Personenbezogenen Wegsuche zwischen dem lbA und dem mAo.**
- **Personenbezogene Wegsuche auf alternativen oder parallel laufenden Wegen zwischen dem lbA und dem mAo.**

Die vorgeschlagenen erweiterten Maßnahmen im Kapitel 9 für jedes individuelle Profil sollten ebenfalls mitbeachtet werden.

12.5 Phase 3b: Strukturierte gezielte Suchmaßnahmen

Fahrzeugbezogene Wegsuche auf alternativen oder parallel laufenden Wegen zwischen dem lbA und dem mAo abfahren
Alternativ oder parallel laufende Wege können von der vermissten Person auch genutzt worden sein, beispielsweise um eventuelle Besorgungen auf dem Weg zum Zielort bzw. mAo zu machen oder um neue Wege auszuprobieren. Denkbar wäre auch die Nutzung einer vermeintlichen Abkürzung. Diese Wege sollten daher ebenfalls, falls befahrbar, schnellstens abgesucht werden. Diese Suchmaßnahme gilt für dieses Suchgebiet als nicht sicher abgesucht.

Verbreiterung der Personenbezogenen Wegsuche zwischen dem lbA und dem mAo
Es besteht die Möglichkeit, die Wegsuchen zu verbreitern. So kann der Einsatzleiter anstatt eines Selbstständigen Trupps auch eine Staffel ins Suchgebiet entsenden. Dabei kann eine Breite von insgesamt ca. 16 m (zu jeder Seite 8 m) abgedeckt werden. Dies hat zur Folge, dass unter Umständen bereits abgesuchte Wege, noch mal abgesucht werden.

Personenbezogene Wegsuche auf alternativen oder parallel laufenden Wegen zwischen dem lbA und dem mAo
Die alternativen und parallel laufenden Wege können nur durch eine Personenbezogene Wegsuche sicher abgesucht werden. Bei schlecht bis gar nicht befahrbaren Wegen kann es sogar notwendig sein, dass die Personenbezogene Wegsuche das einzige Mittel der Wahl ist. Hier bietet sich insbesondere das Abstrahlwinkelmodell an, um die Wege in einem bestimmten Einsatzraum zu bestimmen.

Weitere Suchmaßnahmen
Obwohl es sichere Hinweise über den Aufenthalt der vermissten Person auf einem Weg gibt, sollten Suchmaßnahmen wie in der Phase 2a und 3a vorgeschlagen, nicht ausgelassen und bedacht werden. So ist unter Umständen eine Suche der Wohneinheit und in einem bestimmten Radius herum sinnvoll. Besonders dann, wenn auf dem vermuteten Weg die vermisste Person nicht aufgefunden wurde.

Bereitstellung
Auch in der Phase 3b ist eine Zurückhaltung von Einsatzkräften sinnvoll. Denn sobald sich ein neuer Hinweis oder neue Erkenntnisse ergeben, können die eingesetzten Einsatzkräfte ihren Auftrag weiter durchführen und die dafür bereitgestellten Einsatzkräfte schnell eingesetzt werden. Empfohlen werden auch hier eine Staffel der Feuerwehr sowie ein Selbständiger Trupp einer Rettungshundeeinheit mit mindestens zwei Flächensuchhunden.

Zeitansatz der Phase 3b

In der Regel ist der personelle Aufwand und der abzuarbeitende Einsatzraum geringer, als in den Phasen 2a und 3a. Es kann dadurch aber generell nicht von einer kürzeren Einsatzzeit gesprochen werden, da die Länge der einzelnen abzusuchenden Wege unbekannt ist. Sollte die Person in dem festgelegten Einsatzraum nicht gefunden werden und der Einsatzleiter sich für eine Ausweitung der Suchmaßnahmen entscheidet, muss unter Umständen mit einem erheblichen zeitlichen und personellen Mehraufwand gerechnet werden. In diesem Fall muss mit einer rechtzeitigen Auswechslung der Einsatzkräfte kalkuliert werden. Wenn es keine neuen Erkenntnisse oder Hinweise geben sollte und alle denkbaren Maßnahmen durchgeführt bzw. abgesucht wurden, sollte der Einsatzleiter in Betracht ziehen die Phase 3b abzuschließen und in die Phase 4 zu wechseln.

12.6 Phase 4: Abschlussmaßnahmen

Sollte der Vermisstensucheinsatz immer noch keinen Erfolg gebracht haben, aber alle vorgeschlagenen Maßnahmen und am Einsatzort entstandenen Erkundungsergebnisse abgearbeitet worden sein, muss der Einsatzleiter die Entscheidung treffen, einen Einsatz abzubrechen, solange es keine neuen Erkenntnisse gibt. Bis hierhin haben aber alle Einsatzkräfte ihr Möglichstes getan, um die vermisste Person aufzufinden. Sollten während der Phase 4 neue Erkenntnisse oder Hinweise auftauchen, wird der Vermisstensucheinsatz wieder zurück in Phase 3 verschoben.

Einsatzleitung

Die Einsatzleitung bleibt bis zur kompletten Beendigung des Einsatzes aufgebaut und unterstützt den Einsatzleiter bei seinen Aufgaben.

(Nach)alarmierung

In der Phase 4 wird keine zusätzliche Einheit alarmiert. Im Gegenteil, die meisten Einsatzkräfte werden den Einsatz abbrechen und fahren ihren Standort wieder an. Nur ein kleiner Teil der Einsatzkräfte verbleibt bis zum Ende der Phase 4 am Einsatzort und führt die letzten abschließenden Suchmaßnahmen durch.

12.6 Phase 4: Abschlussmaßnahmen

Suchmaßnahmen

In der Phase 4 sollten noch einmal alle wichtigen beziehungsweise wahrscheinlichsten Stellen abgesucht werden, an denen sich die Person aufhalten könnte. Dies könnte bedeuten, dass beispielsweise ein zweites Mal das Umfeld der Wohneinheit abgesucht wird, genauso wie der lbA und der mAo. Wenn möglich werden die Suchmaßnahmen dann von einer anderen taktischen Einheit durchgeführt, um eine Routine auszuschließen. Je nach Erkenntnislage können ebenfalls weitere Orte nochmals überprüft werden, wie zum Beispiel der Lieblingsort, Friedhof etc.

Bereitstellung

Die Bereitstellung kann nun aufgelöst werden. Unter Umständen übernehmen diese, die Abschlusssuchmaßnahmen.

Zeitansatz der Phase 4

Der Zeitansatz für die abschließenden Maßnahmen sollte in der Phase 4 bei ca. 60 Minuten liegen.

13 Auffinden von vermissten Personen

Im Folgenden soll das richtige Verhalten und die Vorgehensweise beschrieben werden, wenn die vermisste Person durch Einsatzkräfte gefunden wird. Allerdings kann in diesem Rahmen die einzelnen Maßnahmen nicht detailliert aufgezählt werden, da die Einsatzszenarien in der Vermisstensuche sehr unterschiedlich sein können.

13.1 Maßnahmen beim Auffinden der vermissten Person

Bild 58 gibt eine allgemeine Übersicht zu den wichtigsten Maßnahmen, die nach Auffinden der vermissten Person beachtet werden müssen. Auf einige wichtige Aspekte wird im Folgenden ausführlicher eingegangen.

- Ruhe bewahren!
- Ggf. Umgebung sichern.
- Eigenschutz geht vor!
- Gefundene Person, falls notwendig aus dem Gefahrenbereich retten (evtl. mit Rautekgriff).
- Unaufschiebbare Erste-Hilfe-Sofortmaßnahmen durchführen.
- Einheitsführer Meldung abgeben oder Notruf absetzen (112 – gilt Europaweit) über Standort, Gesundheitszustand und benötigte Einsatzmittel.
- Betreuen der gesuchten Person und weitere Erste-Hilfe-Maßnahmen.
- Übergabe an geeignetes Rettungsmittel.
- Einsatzbereitschaft wieder herstellen.
- Einsatznachbesprechung.

Bild 58: *Übersicht Maßnahmen beim Auffinden einer vermissten Person*

13.1 Maßnahmen beim Auffinden der vermissten Person

1. **Ruhe bewahren!**
   Dabei hilft der Feuerwehrbekannte Spruch: »Stehe still und sammle dich!«
2. **Gegebenenfalls Umgebung sichern und Eigenschutz beachten**
   (z. B. Auffindeort ist nahe einer viel befahrenden Straße, gesuchte Person liegt auf einem tiefergelegten Felsvorsprung – Ohne Sicherung wäre ein Vorankommen für die Einsatzkräfte zu gefährlich)
3. **Gefundene Person, falls notwendig aus dem Gefahrenbereich retten (evtl. mit Rautekgriff)**
   (z. B. vermisste Person liegt bis zum Oberkörper in einem Bach – Gefahr der Unterkühlung ist gegeben)
   Bis zu einer Übergabe durch ein geeignetes Rettungsmittel, kann es notwendig sein, den Patienten aus einer Zwangslage oder schwierigem Gelände zu befreien. Dafür besitzt die Feuerwehr die geeigneten Rettungsmittel. Dabei können die Szenarien vielfältig sein. Es muss bei einer Rettung jederzeit damit gerechnet werden, dass der Patient in einen Schockzustand verfällt. Daher ist der gefundene Patient bis zur Übergabe an den Rettungsdienst und/oder der Rettungsmaßnahmen, durchgehend zu betreuen.
4. **Unaufschiebbare Erste-Hilfe-Sofortmaßnahmen durchführen**
   (z. B. stark blutende Wunde verbinden; richtige Lagerungen durchführen wie beispielsweise stabile Seitenlage bei bewusstlosen Personen, um die Atemwege freizuhalten etc.)
   Sofortmaßnahmen sind in der Vermisstensuche eher selten. Denn die gesuchte Person wird meist schon seit mehreren Stunden vermisst. Sollte die vermisst gemeldete Person eine stark blutende Wunde gehabt haben oder einen Kreislaufstillstand als Folge eines möglichen Herzinfarktes, ist sie mit großer Wahrscheinlichkeit bereits verstorben. Es gilt dennoch Erste-Hilfe-Maßnahmen bis zum Eintreffen des Rettungsdienstes durchzuführen.
5. **Einheitsführer Meldung abgeben oder Notruf absetzen (112 – gilt Europaweit) über Standort, Gesundheitszustand und benötigte Einsatzmittel**
   In der Regel erfolgt die Meldung über Funk an den Einheitsführer, der innerhalb der Führungsebenen die Einsatzleitung beziehungsweise seinen Abschnittsleiter informiert. Wichtig für die Einsatzleitung ist, dass der Einheitsführer, den genauen Fundort bekannt geben kann, um die entsprechenden Rettungsmittel zu entsenden. Dafür muss er sein Suchgebiet sowie Kennung durchgeben und den Auffindeort beschreiben. Hier helfen

wenige Sekunden, um erstmal durchzuatmen und sich zu sammeln und schließlich eine genaue Beschreibung durchzugeben. Die Standortermittlung kann wie folgt durchgegeben werden:
- Name der eigenen Einheit und zugeteiltem Suchgebiet,
- Straßenname des Ortes (falls nicht im unwegsamen Gelände),
- Einweiser bereitstellen.

Der Einweiser kann an einer Straße abgestellt werden und die Rettungskräfte zu der gesuchten Person führen. Befindet sich die gefundene Person tief in einem unwegsamen Gelände, so kann der Einheitsführer mit seiner taktischen Einheit eine Menschenkette bilden, die zu einem bestimmten (wenn möglich anfahrbaren) Treffpunkt (z. B. Waldweg) führen. Der Abstand zwischen den einzelnen Einsatzkräften ist den Begebenheiten anzupassen, sollte aber den Abstand von 50 m nicht übersteigen. (Ggf. muss auch hier mit geeignetem Material wie Flatterband der Weg gekennzeichnet werden.)

GPS-Daten oder andere Angaben können mit Hilfe von geeigneten Geräten (z. B. Smartphone) weitergeben werden. Die Leitstelle ist mit diesen Angaben in der Lage, den genauen Auffindeort zu lokalisieren und diese den Rettungsmitteln oder der Einsatzleitung per Kartenmaterial zu senden. Angaben zum Gesundheitszustand sollen bestmöglich weitergegeben werden. Wenn eine technische Rettung durch die Feuerwehr mit Spezialkräften (z. B. Höhenretter) oder bestimmten Einsatzmittel (z. B. Schleifkorbtrage) notwendig ist, wird auch dies bereits in der Erstmeldung der Einsatzleitung mitgeteilt.

6. **Betreuen der gesuchten Person und weitere Erste-Hilfe-Maßnahmen**

Sobald die Person gefunden wurde, darf diese nicht mehr allein gelassen werden und wird lückenlos betreut. Für die betroffene Person ist eine solche Situation sehr unangenehm. Leichter Körperkontakt hilft, dem Patienten die Situation erträglicher zu machen. Halten Sie Augenkontakt zu der aufgefundenen Person und erklären Sie ihr, dass Hilfe unterwegs ist und Sie bei ihr bleiben. Hören Sie der hilflosen Person genau zu, aber geben Sie so wenige Informationen wie möglich weiter. Auch ein Ausreden von möglichen Gefahren oder Vorwürfe helfen hier nicht weiter. Alle Handlungen, die Sie an der vermissten Person im Rahmen der Ersten Hilfe durchführen wollen, kündigen Sie langsam und ruhig an. Diese Maßnahmen können dafür sorgen, dass der Betroffene sich beruhigt und

13.1 Maßnahmen beim Auffinden der vermissten Person

der Körper weniger Stress erfährt. Das wirkt sich positiv auf die Erkrankung oder Verletzung aus.

Beim Auffinden von dementen Personen sprechen Sie langsam und mit ruhiger Stimme. Manchmal reagieren demente Personen ängstlich und misstrauisch, wenn ihr Name genannt wird. Rechnen sie damit, dass weitere Erkrankungen wie Seh- Hör- und Gehstörungen vorliegen. Streiten sie nicht mit dementen Personen, wenn sie Ihnen gegenüber aggressiv erscheint. Sich wiederholende Fragen beantworten sie geduldig immer wieder aufs Neue. Weitere erforderliche Erste-Hilfe-Maßnahmen müssen nun durchgeführt werden (vgl. Kapitel 13.2).

7. **Übergabe an geeignetes Rettungsmittel**

Wird der gefundene Patient an den Rettungsdienst (NAW/RTW/KTW) übergeben, muss eine sorgfältige Übergabe erfolgen. Dabei sind inhaltlich die vorgefundene Lage, durchgeführten Maßnahmen und festgestellten Vitalparameterwerte für den Rettungsdienst nicht ohne Bedeutung. Wurde bei dem Patienten bereits eine Krankheitsgeschichte (Anamnese) oder sonstige Informationen erfragt (z. B. Medikamente, Vorerkrankungen etc.) müssen diese ohne Aufforderung dem Rettungsdienstpersonal mitgeteilt werden.

8. **Einsatzbereitschaft wieder herstellen**

Für jede Feuerwehr ist nach dem Einsatz die Einsatzbereitschaft sowohl für das Fahrzeug als auch für das Gerät wieder herzustellen. Mängel werden dem Einheitsführer mitgeteilt.

9. **Einsatznachbesprechung**

Eine Nachbesprechung mit allen an der Suche beteiligten Einsatzkräften sollte nach dem Einsatz durch den Einsatzleiter erfolgen. Darüber hinaus ist es noch wichtiger in jeder Feuerwehr intern über das Einsatzgeschehen zu reden. Dabei können mögliche Verbesserungsvorschläge angesprochen werden, aber auch einsatzbelastende Situationen, beispielsweise nach einem Leichenfund. Jede Feuerwehreinheit muss diese Zeit investieren, auch wenn im ersten Moment kein Bedarf suggeriert wird. Eine Nachbesprechung gehört zu jedem Feuerwehreinsatz und sollte durchgeführt werden.

13.2 Erste-Hilfe-Maßnahmen

Retten ist die wichtigste Aufgabe der Feuerwehr. Sie beschreibt die Abwendung von einer Lebensgefahr für den Menschen durch lebensrettende Sofortmaßnahmen (Erste-Hilfe-Maßnahmen), um den Erhalt oder die Wiederherstellung der Vitalfunktionen sicherzustellen. Es folgen nun die notwendigsten und häufigsten anzutreffenden Erste-Hilfe-Maßnahmen in der Vermisstensuche. Sie umfassen eine Vielzahl von Vorgehensweisen, die in diesem Kapitel nicht komplett beschrieben oder aufgezählt werden können. Sie ersetzen niemals »Erste-Hilfe-Lehrgänge«, die bei den Feuerwehren oder Hilfsorganisationen angeboten werden. In Anbetracht der Komplexität und der Spannbreite an verschiedenen Einsatzszenarien erhebt die folgende Liste nicht den Anspruch abschließend oder vollständig zu sein.

Bewusstlose Patienten

Festzustellen, ob ein Patient bei Bewusstsein ist, gehört zu den ersten und wichtigsten Maßnahmen in der Ersten Hilfe. Bei der Bewusstlosigkeit und dem damit verbundenen fehlenden Schluckreflex besteht die Gefahr, dass die Zunge oder andere Fremdkörper (z. B. Mageninhalt oder Speichel) die Atemwege blockieren. Daher ist die lebensrettende Sofortmaßnahme die stabile Seitenlage. Vorher muss überprüft werden, ob der gefundene überhaupt noch atmet. Sollte keine Atmung oder nur unzureichende Atmung vorhanden sein, wechselt man in die Herz-Lungen-Wiederbelebungsmaßnahmen.

Hängetrauma

Bei hilflosen Personen, die länger und relativ bewegungslos in einem Sicherheitsgurt hängen (z. B. abgestürzte Felskletterer, Fallschirmspringer oder Gleitschirmflieger die in einem Baum gelandet sind), kommt es aufgrund der hängenden Lage der Person zu einem Blutstau in den Beinen. Daraus resultiert ein Sauerstoffmangel für die wichtigen Organe, bis hin zu einem lebensbedrohlichen Schock. Die hängende Person muss schnellstmöglich gerettet werden. Eine Anleitung zur Aktivierung der Beinmuskelpumpe hilft dabei, Zeit zu gewinnen. Dabei soll der Aufgefundene versuchen seine Beine und Füße ständig zu bewegen. Die beste Möglichkeit ist es, die Beine gegen einen Widerstand zu drücken (z. B. Ast vom Baum). Eine Feuerwehrleine oder Bandschlinge helfen dem Hängenden insofern, dass er sich eine Trittschlinge basteln kann und diese in seinem Gurt festbindet. So kann er sich innerhalb seines Systems hinstellen und dem Abschnüren entgegenwirken (Trittschlinge).

13.2 Erste-Hilfe-Maßnahmen

Schlaganfall
Aufgrund eines Schlaganfalls kann eine Person schnell in eine hilflose Lage versetzt werden. Durch bestimmte Lähmungen am Körper (z. B.: halbseitige Lähmung des Gesichtes, gelähmtes Bein) ist eine Fortbewegung möglicherweise unmöglich. Es können aber auch andere Symptome erscheinen, die für den Laien erstmal nicht dem Schlaganfall zugeordnet werden. So wären inadäquate Antworten oder allgemeiner Verwirrtheitszustand möglich. Bei erhaltenem Bewusstsein sollte die Person beruhigt werden und es erfolgt die Lagerung mit leicht erhöhtem Oberkörper. Eine Rettungsdecke wird zum Wärmerhalt über den gefundenen Patienten gelegt.

Akute Atemnot
Eine Störung der Atmung kann den Betroffenen dabei hindern, weitere Bewegungen durchzuführen, sei es die Fortbewegung an sich oder sich durch Zurufen bemerkbar zu machen. Denn für alle Maßnahmen wird Sauerstoff gebraucht. Dieser ist bei einer Atemnot nur gering vorhanden. Die Lagerung erfolgt meist durch die gesuchte Person selbst und sollte auch dem Wunsch entsprechend umgesetzt werden. Ein erhöhter und nach vorne geneigter Oberkörper sollte angestrebt werden, da hierdurch weitere Muskeln die Atmung besser unterstützen können.

Herzinfarkt
Beispielsweise in Folge eigener körperlicher Überschätzung beim Wandern oder Joggen kann es zu einem Herzinfarkt mit schlimmstenfalls tödlichem Ausgang kommen. Die Symptome eines Herzinfarktes sind zahlreich. Typischerweise haben die gefundenen Personen Brustschmerzen ggf. ausstrahlend in den linken Arm. Der aufgefundene Patient sollte unbedingt beruhigt werden (durch Angst wird das Herz nur unnötig zusätzlich belastet). Die Lagerung des Patienten erfolgt mit erhöhtem Oberkörper.

Kleinere Wunden
Kleinere Wundversorgungen sind in der Vermisstensuche oftmals anzutreffen. Verbände helfen hierbei Blutungen zu stoppen, die Schmerzen des Patienten zu nehmen, das Wohlbefinden zu steigern und die Infektionsgefahr zu reduzieren.

Lebensbedrohliche Blutungen
Die lebensbedrohlichen Blutungen findet man in der Vermisstensuche kaum, da die gesuchte Person oftmals noch vor dem Auffinden durch die Suchmannschaften aufgrund der starken Blutung verstirbt. Für eine Wundversorgung eignen sich ein Druckverband oder die immer mehr verbreiteten sogenannten Tourniquets. Diese

werden eine Handbreite oberhalb der penetrierenden Verletzung (in Richtung zum Körperrumpf) an die Extremitäten angebracht und mittels eines Knebels abgeschnürt. Das Tourniquet kann somit die Blutung stoppen und häufig ohne schwerwiegende Komplikationen den Zeitraum von bis zu zwei Stunden bis zur medizinischen Versorgung ins Krankenhaus überbrücken. Denkbare Einsätze wär der durchgeführte Suizidversuch beim Auffinden der vermissten Person.

Knochenbrüche
Knochenbrüche können in der Vermisstensuche vorkommen. Sei es, dass eine ältere Person auf einem Weg gestürzt ist oder eine Person mit Selbstmordabsichten von einer Straßenbrücke springt. Selbst vorerst unbemerkte Knochenbrüche nach einem Verkehrsunfall sind möglich. Bei offenen Brüchen werde diese steril abgedeckt. Ansonsten gilt genauso wie bei den geschlossenen Frakturen eine absolute Ruhigstellung, um benachbartes Gewebe und Gefäße nicht noch mehr zu schädigen. Für eine Ruhigstellung eignen sich Einsatzjacken oder im unwegsamen Gelände Holzstöcke oder seitlich aufgehäufte Erde. Ein Wärmeerhalt auf dem kalten Boden muss unbedingt durchgeführt werden. Gerade bei starken Rückenschmerzen oder Beckenschmerzen (z. B.: Oberschenkelhalsbruch) ist eine Bewegung zu vermeiden.

Hitzeerschöpfung
Irrt die vermisste Person länger herum und die Außentemperaturen sind sehr warm, kann es zu einer Hitzeerschöpfung kommen. Durch das starke Schwitzen kommt es außerdem zu einem hohen Wasserverlust, der zum Schock führen kann. Falls Mineralwasser mittransportiert wurde, sollte dieses dem gefundenen Patienten angeboten und ein schattiges Plätzchen aufgesucht werden. Gegebenenfalls muss die gefundene Person entkleidet werden.

Unterkühlung
Die Unterkühlung ist vermutlich das häufigste Krankheitsbild, mit denen die Einsatzkräfte bei Vermisstensucheinsätzen konfrontiert werden. Meist sind die vermissten Menschen über Stunden abgängig. Oftmals ist die Kleiderwahl nicht geeignet für längere Aufenthalte im Freien bei niedrigen Temperaturen. Insbesondere dann nicht, wenn die eigene Aktivität ausbleibt und der Gesuchte auf dem kalten Boden liegt. Daher ist das Mitführen einer Rettungsdecke für jede taktische Einheit unabdingbar.

13.3 Erste-Hilfe-Ausrüstung

Schock

Ein Schock entsteht immer, wenn es ein Missverhältnis zwischen der benötigten und vorhandenen Blutversorgung besteht. Durch diese Herz-Kreislaufstörung kommt es zu Sauerstoffmangel in den einzelnen Teilen des Körpers. Nicht behandelt kann ein Schock zum Tod führen. Mittels geeigneten Materials (z. B. Erde, kleine Äste, oder Einsatzjacken) lagert man die gefundene Person mit den Beinen ca. 30–40 cm hoch. Ebenfalls ist auch hier der Wärmeerhalt von wichtiger Bedeutung.

13.3 Erste-Hilfe-Ausrüstung

Das Mitführen von einzelnen Erste-Hilfe-Einsatzmitteln ist eine kostengünstige Alternative, um die gängigsten Rettungs-Maßnahmen in der Vermisstensuche durchführen zu können, wenn nicht für jede suchende taktische Einheit ein kompletter Erste-Hilfe-Rucksack vorliegt. Außerdem sind kleine Päckchen zur Erstversorgung ein großes Gewichtsersparnis für die Einsatzkraft, insbesondere bei längeren kräftezehrenden Suchmaßnahmen in unwegsamem Gelände. Die Rettungsmittel können beispielsweise in einem (aussortierten) Leinenbeutel mitgeführt werden. Ein Vorschlag für ein kleines Sofort-Erste-Hilfe-Paket ist nachfolgend aufgelistet:

- 2 Paar Infektionshandschuhe
- 2 sterile Kompressen 10 cm x 10 cm
- 1 Binde Größe: Mittel
- 1 Binde Größe: Groß
- 1 Verbandpäckchen: Mittel
- 1 Verbandpäckchen: Groß
- 1 Verbandtuch 40 × 60
- 1 Dreiecktuch
- 1 Rettungsdecke silber/gold
- 1 Rettungsschere
- 1 Beatmungstuch
- optional Zupfzange
- optional Pflaster

Das vorgestellte Sofort-Erste-Hilfe-Paket ersetzt nicht die genormte Erste-Hilfe-Ausrüstung und erhebt nicht den Anspruch der Vollständigkeit.

13 Auffinden von vermissten Personen

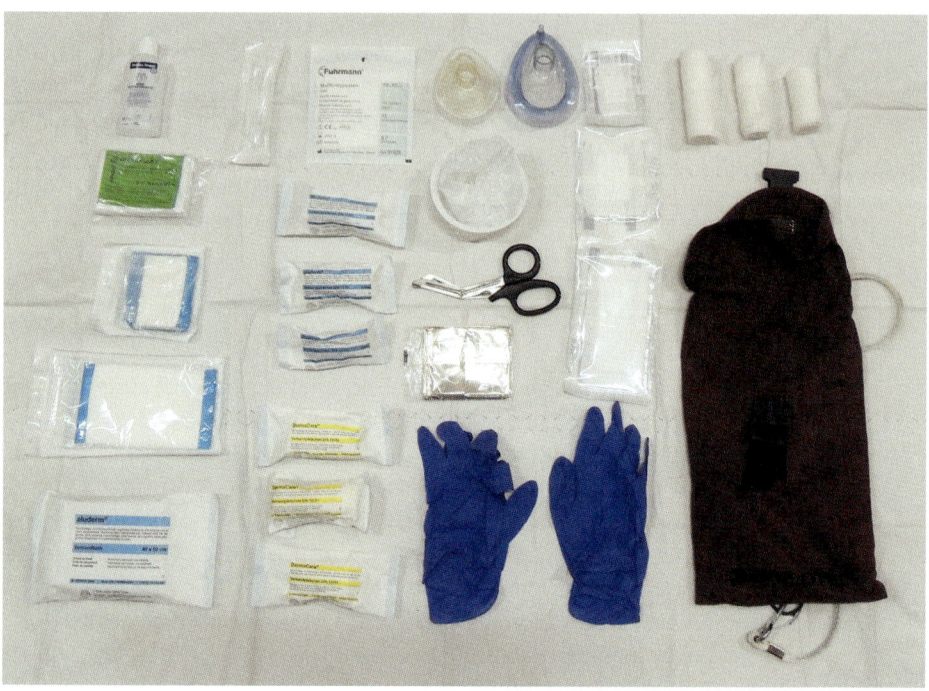

Bild 59: *Beispiel des Sofort-Erste-Hilfe-Beutel der RHOT Trier*

13.4 Auffinden von verstorbenen Menschen

Es muss damit gerechnet werden, dass für die vermisste Person jede Hilfe zu spät kommt und sie beim Auffinden bereits verstorben ist. Obwohl das Feststellen des Todes Aufgabe eines Arztes ist, gibt es eindeutige und nicht eindeutige Todeszeichen:

Eindeutige Todeszeichen:
- Totenstarre, in der Regel nach 30 Minuten bis 2 Stunden,
- Totenflecken, in der Regel nach 30 Minuten bis 2 Stunden,
- Leichenfäulnis, bei hohen Temperaturen bereits nach Stunden,
- große Verletzungen, die mit dem Leben nicht mehr vereinbar sind (z. B. abgetrennter Kopf etc.).

13.4 Auffinden von verstorbenen Menschen

Unklare Todeszeichen:
- fehlende Atmung,
- fehlende Herztätigkeit,
- fehlende Reflexe,
- kalte Haut,
- blasse oder graublaue Haut.

Gibt es eindeutige Todeszeichen, dürfen die Einsatzkräfte das Umfeld so wenig wie möglich verändern. Veränderungen an dem leblosen Körper (Lageveränderungen, Entkleidung usw.) oder der Umgebung müssen der Polizei mitgeteilt werden. Sollten bestimmte Auffälligkeiten oder Gegenstände bemerkt worden sein, muss diese Information ebenfalls an die Polizei weitergegeben werden. Eine großzügige Absperrung oder das Zurückhalten von neugierigen Einsatzkräften/Passanten hilft dabei, etwaige Spuren für die Polizei nicht zu zerstören. Die Polizei ermittelt grundsätzlich bei ungeklärten Todesursachen. Auch wenn es für manche Einsatzkräfte logisch und nachvollziehbar ist, warum jene Person verstorben ist, steht es ihnen nicht zu, darüber zu entscheiden, ob die gefundene Person nun eines »natürlichen« beziehungsweise »den Umständen entsprechenden« Todes gestorben ist oder die Todesursache möglicherweise doch unklar ist. Auch wenn ein Abschiedsbrief oder eine angeblich mündliche Ankündigung des eigenen Freitodes im Raume stehen, sollte bis zu einem Ergebnis der Ermittlungsarbeiten der Polizei abgewartet werden. Der Auffindeort gilt somit erstmal als Ausgangsort für die Ermittlungsarbeiten der Polizei.

Ein Tod bei einem Vermisstensucheinsatz kann durch unterschiedliche Arten eingetreten sein. Entweder lag eine (unbemerkte) Vorerkrankung vor, die zum Tod geführt hat oder der Tod wurde von der vermissten Person herbeigeführt. Aber auch äußere Einflüsse wie Ertrinkungs- oder Erfrierungstode sind in einem Vermisstensucheinsatz nicht selten. Liegen unklare Anzeichen vor, sollten entsprechende Erste-Hilfe-Maßnahmen (Herz-Lungen-Wiederbelebung etc.) vorgenommen werden.

14 Gefahren an der Einsatzstelle in der Vermisstensuche

Auch bei einem Vermisstensucheinsatz spielt die Gefahrenanalyse eine wichtige Rolle. Denn auch hier können einige Gefahren drohen und müssen erkannt werden, damit sich die Einsatzkräfte auf diese vorbereiten können oder der Einsatzleiter rechtzeitig Sicherheitsvorkehrungen treffen kann. Oftmals sind diese Gefahren in der Vermisstensuche nicht unbedingt direkt erkennbar. Bekannte oder erkannte Gefahren müssen entsprechend erfasst und bewertet werden. Da der Einsatz dynamisch verläuft, müssen bei neuen erkannten Gefahren die Maßnahmen angepasst, verändert oder sogar erweitert werden. Die Ursachen der Gefahren gehen dabei von drei Faktoren aus:

1. dem Menschen,
2. den Einsatzmitteln,
3. der Einsatzstelle.

Die Gefahren, die von einem Menschen in einem Vermisstensucheinsatz ausgehen können, sind sehr vielseitig. Bei den eigenen Einsatzkräften können mangelnde Ausbildung, Leichtsinnigkeit oder Nichtbeachtung der Unfallverhütungsvorschriften Gefahren bedingen. Von einer betroffenen Person (der Vermisste selbst oder die besorgten Angehörigen) kann ebenfalls eine Gefahr ausgehen (z. B. durch eine Panikreaktion). Zugelassene und geprüfte Einsatzmittel sind auf einem Vermisstensucheinsatz unabdingbar. Die Gefahr beispielsweise mitten im Wald sprichwörtlich »im Dunkeln zu stehen«, weil der Akku der mitgeführten Feuerwehrlampe defekt ist, birgt die Gefahr, selbst orientierungslos in unwegsamem Gelände herumzuirren. Der letzte Punkt betrifft die Einsatzstelle an sich. Hier ergeben sich aufgrund unzähliger Einsatzgebiete unterschiedliche Gefahrenlagen (z. B. herabfallende Äste, Sumpfgebiete etc.).

Da die Gefahren auch bei einem Vermisstensucheinsatz in ihrer Art und Anzahl vielseitig sein können und nicht immer sofort erkennbar sind, gibt die folgende Tabelle mit Beispielen einen kleinen Überblick. Selbstverständlich ist diese Tabelle nicht bei jedem Einsatz zutreffend und muss je nach Einsatz unter Umständen ergänzt werden. Es können daher im Folgenden nicht alle aufgeführten Gefahren ins Detail wiedergeben werden. Vielmehr ermöglichen die aufgelisteten Gefahren, mögliche Hinweise für vorausschauendes Handeln und somit das Einleiten von Schutzmaßnahmen, die die negativen Auswirkungen verhindern. Bei der Feuerwehr hilft bei der

14 Gefahren an der Einsatzstelle in der Vermisstensuche

Ermittlung der Gefährdungsbeurteilung das so genannte bekannte Gefahrenschema AAAA C EEEE.

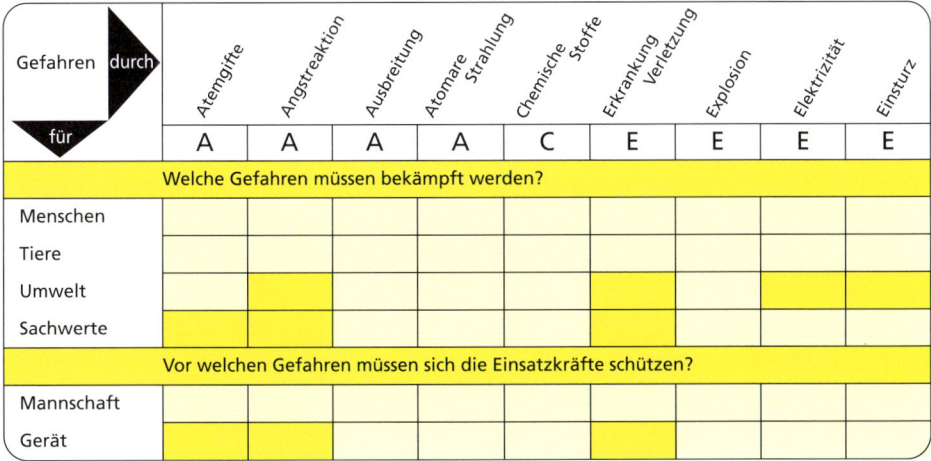

Bild 60: *Das Gefahrenschema (Grafik: W. Kohlhammer GmbH)*

Diese Einteilung in verschieden Gefahrengruppen (Oberbegriffe) helfen jeder Einsatzkraft, als Gedankenstütze alle möglichen Gefahren zu erkennen.

Gefahren an der Einsatzstelle aufgrund möglicher Atemgifte (A = Atemgifte)

Wird eine gesuchte Person in einem engen Raum gefunden (z. B. (offenes) Kanalrohr, Höhle etc.) kann der Sauerstoffgehalt unter Umständen für das Opfer, aber auch für die Einsatzkräfte gefährlich gering sein (Atemgifte mit erstickender Wirkung). In manchen Szenarien muss mit umluftunabhängigen Atemschutzgeräten vorgegangen werden. Tückisch sind gerade die Atemgifte, die man weder riechen noch schmecken oder sehen kann (z. B. Kohlenstoffmonoxid: Atemgift mit Wirkung auf Blut, Nerven und Zellen). Gerade bei Freitodabsichten muss gegebenenfalls das Umfeld erkundet werden (z. B. Einweggrill in einem Wohnwagen), damit sich die Einsatzkräfte nicht zu lange in einer Gefahrenzone aufhalten. Nicht umsonst, sind viele Einheiten mittlerweile mit einem CO-Warner ausgestattet. Daher sollte wie bei allen anderen Feuerwehreinsätzen ein besonderes Augenmerk auf typisch geschulten Gefahrenstellen beachtet werden, wie zum Beispiel Absuchen in einer Klärgrube oder einem Weinkeller.

Angstreaktion der Angehörigen und Bekannten/des Vermissten (A = Angstreaktion/Panik)

Das Vermisstsein eines geliebten Menschen kann bei den Angehörigen zur großen Sorge und irrationalem Verhalten führen. Das Empfinden von Angst muss nicht immer gleich erkennbar sein. Daher ist es wichtig, direkt in der Anfangsphase eines Vermisstensucheinsatzes eine betreuende Person (z. B. Psychosoziale Notfallversorgung-Fachkraft) bereitzustellen, der nicht nur den Einsatzleiter entlastet, sondern sich auch um die Angehörigen professionell kümmert. Natürlich besteht in einer hilflosen Lage aufgrund des unfreiwilligen Verschwindenseins oder ggf. der Dunkelheit und Kälte auch Angst für den Vermissten. Womöglich ist sogar mit einer Panikreaktion zu rechnen, auch das Ansprechen von dementen Personen kann zu Angstreaktionen führen. Der Vermisste kann unter Umständen die Situation gar nicht verstehen oder einschätzen. Und schon gar nicht, wenn die Einsatzkraft seinen Namen kennt, obwohl sie ihm aber gegenüber komplett unbekannt ist. Des Weiteren können Personen aufgrund einer Notsituation oder Schocks (z. B. nach einem Verkehrsunfall etc.) weglaufen. Sie reagieren dabei nicht rational und benötigen dringend Hilfe und müssen daher unbedingt gesucht und gefunden werden.

Desorientierte Einsatzkräfte und Hilfskräfte und damit Erweiterung der Einsatzstelle (A = Ausbreitung)

Es kann beim Einsetzen schlecht geschulter Einsatzkräfte oder mangelnder technischer Einsatzausrüstung vorkommen, dass die Helfenden sich in einem Suchgebiet selbst verirren. Die Ursachen hierfür können unter anderem unzureichende Akkukapazität der Feuerwehrlampen, fehlende Reserve-Akkus, fehlendes Kartenmaterial oder geringe Anzahl von Funkgeräten sein. Aber auch mangelnde Disziplin oder Ausbildungserfahrung können in einer Flächensuche dazu führen, das eigentliche Suchgebiet ungewollt zu verlassen. Dem Gegenüber gibt es oftmals freiwillige spontane Hilfskräfte aus der näheren Umgebung des Vermissten oder Angehörige sowie Freunde aus dem Bekanntenkreis, die bei einem Einsatz ihre Hilfe anbieten oder sogar vom Einsatzleiter hinzugezogen wurden. Diese Gruppierung der »Zufallsgemeinschaften« stellt das größte Gefahrenpotenzial dar und könnte zur Ausbreitung der eigentlichen Einsatzlage führen (siehe dazu Kapitel 18).

Chemische Gefahren ausgehend vom Vermissten (C = Chemische Gefahren)

Chemische Gefahren kommen in der Vermisstensuche eher selten vor. Bei unbekannten Verletzungen und Todesfällen (meist mit suizidalem Hintergrund) können aber auch chemische Substanzen vorliegen, die für die Einsatzkräfte gefährlich werden können (bspw. Suizid mit Kontaktgift E 605).

Gefahren an der Einsatzstelle in der Vermisstensuche

Absicherung an Straßen (E = Erkrankung/Verletzung)
Oftmals grenzen Suchgebiete an Straßen des öffentlichen Verkehrs. Hier muss nicht nur die Einsatzkraft klar erkennbar sein (z. B. durch Warnweste), sondern es müssen zusätzlich auch Warn- oder gegebenenfalls Absperrmaßnahmen getroffen werden (z. B. Verkehrsleitkegel, Blitzleuchten, Warndreiecke etc.), um eine Gefährdung der Einsatzkräfte zu verhindern.

Erkrankung oder Verletzung des Vermissten (E = Erkrankung)
Es muss damit gerechnet werden, dass beim Auffinden der vermissten Person, Störungen der Vitalwerte vorliegen. Jede eingesetzte Einsatzkraft hat eine Erste-Hilfe-Ausbildung durchlaufen und kann die ersten wichtigen Maßnahmen bis zum Eintreffen eines geeigneten Rettungsmittels einleiten. Eine Erkrankung der vermissten Person (z. B. Hepatitis B) kann niemals ausgeschlossen werden. Daher muss der Gefahr einer Übertragung von Infektionen von der aufgefundenen Person an die eingesetzten Einsatzkräfte vorgebeugt werden.

Verletzungsgefahr bei Dunkelheit (E = Erkrankung/Verletzung)
Die Verletzungsgefahr ist für die Einsatzkräfte besonders bei einer Suche im Dunkeln erhöht. Gerade in unwegsamem Gelände drohen Gefahren durch Umknicken des Fußgelenkes oder durch zurückschnellende Äste durch den Vordermann. Jede Einsatzkraft muss bei einer Nachtsuche ein Beleuchtungsmittel mit sich führen. Es können bei länger andauernden Suchmaßnahmen die Batterien der mitgeführten Taschenlampen zuneige gehen. Daher ist ein Mitführen von Reservebatterien notwendig oder der frühzeitige Abbruch der Suchmaßnahmen. Alternativ kann auch eine punktuelle Einsatzstelle mit geeigneten Einsatzmittel ausgeleuchtet werden (z. B. Lichtmast etc.).

Verletzungen durch Tiere (E = Erkrankung/Verletzung)
Da bei einer Suche durch den Wald auch heimische Tiere aufgescheucht werden können, kann es auch zu Angriffen oder Attacken kommen. Es wurden schon Einsatzkräfte von wilden Bienen oder Wespen gestochen, weil sie sich in innerhalb ihres Aggressionsradius bewegten. Aber auch Wildschweine, genauer die Bache (weibliche Wildschweine), können mitunter sehr aggressiv werden, wenn sie ihre Jungtiere (Frischlinge) verteidigen. Meist bekommen Wildschweine im Frühjahr ihre Frischlinge, jedoch können Bache aufgrund des üppigen Nahrungsangebots (z. B. Maisfelder) auch ganzjährig Nachwuchs bekommen. Bache warnen in der Regel den herannahenden Menschen mit lautem Schnauben. Selbst wenn noch kein Sichtkontakt besteht, sollte man in diesem Fall langsam den Rückweg einschlagen.

Überraschte Wildschweine reagieren unterschiedlich auf plötzlich im Wald auftauchende Menschen. So kann es vorkommen, dass das Wildschwein im besten Fall wegläuft und im schlechtesten Fall angreift. Normalerweise bewegen sich die Einsatzkräfte mit einer gewissen Lautstärke im unwegsamen Gelände, sodass eine Begegnung mit den Tieren sehr selten ist. Verletzte Wildschweine (z. B. aufgrund eines Autounfalls) können für die Einsatzkräfte sehr gefährlich werden. Grundsätzlich sind Wildschweine jedoch friedlich und nicht aggressiv. Sie scheuen die Menschen und verstecken sich erfolgreich vor ihnen. Wildschweine sind Allesfresser. Es ist nicht ausgeschlossen, dass sie sich einer gesuchten toten Person ermächtigen. So kann es vorkommen, dass im Wald Kleider oder andere unvollständige Körperteile gefunden werden und das über mehrere Meter verteilt.

Gefahren durch Wildfallen im Wald (E = Erkrankung/Verletzung)
Die Jagd mit Tierfallen ist in Deutschland nach dem Bundesjagdgesetz erlaubt. Dabei sind in den einzelnen Bundesländern die Jagdgesetze konkreter geregelt. Die Totfangfallen (bedeutet das Tier muss unmittelbar beim Auslösen des Fallenmechanismus getötet werden, in Lebendfallen wird das Tier gefangen) müssen in Deutschland in speziellen Fangbunkern oder abschließbaren Kisten versteckt werden. Daher geht bei einem sachgemäßen Umgang durch den Jäger keine Gefahr für die Einsatzkräfte aus. Trotzdem können diese Fallen für das Einsatzmittel Rettungshund mitunter gefährlich werden. Bei den Fallen wird mit Lockstoffen gearbeitet, die auch Hunde heranziehen können. Daher ist es ratsam, immer einen Jäger bzw. Jagdpächter in der Einsatzleitung zu haben, der Auskunft über die möglichen Standorte der Fallen liefern kann.

Gefahren bei tiefen oder hohen Temperaturen für Einsatzkräfte und Vermissten (E = Erkrankung/Verletzung)
Anders als die vermisste Person, ist die Feuerwehr mit ihrer PSA gut gegen kalte Temperaturen geschützt. Der Einsatzleiter sollte dennoch die Zeitspanne der Einsätze genau im Auge behalten. Verletzungen durch Glätte oder aufgrund schlechter Sichtverhältnisse (Nebel, Schneegestöber u. a.), können in der kalten Jahreszeit trotz guter Ausrüstung vorkommen. Anders sieht es oftmals bei der vermissten Person aus. Das Zeitfenster bei extrem kalten Temperaturen Erfrierungen zu erleiden, kann daher sehr kurz ausfallen. Ist eine gesuchte Person in einer hilflosen Lage, bewegt sie sich in der Regel weniger und kann durch die fehlenden Muskelaktivitäten den Körper schlechter warmhalten. Des Weiteren sind die Kleider oftmals nicht für einen längeren Zeitraum ausgelegt, Kälte vom Körper fernzuhalten.

Bei heißen Temperaturen kann der Einheitsführer eine Erleichterung der Persönlichen Schutzausrüstung befehlen, um eine Überhitzung der Einsatzkräfte zu vermeiden. Jedoch entbinden erhöhte Temperaturen nicht von der Pflicht der vorgeschriebenen PSA. Der Einheitsführer muss abwägen zwischen den tatsächlichen und den zu erwartenden Gefahren. So ist das Tragen eines Feuerwehrhelms auf einem freien Feld unnötig, jedoch wiederum im Wald angemessen, um sich vor herabfallenden Ästen zu schützen. Die Suchmaßnahmen können bei extremer Hitze durchaus länger andauern als vom Einsatzleiter angenommen und vorausgeplant. Gleiches gilt auch für eingesetzte Rettungshunde. Diese können unter Umständen den geforderten Suchauftrag nicht an einem Stück absuchen, sondern müssen mehrere Pausen einlegen. Aber auch für die vermisste Person birgt eine Hitzewelle Gefahren der Überhitzung und gleichzeitig zur Dehydratation des Körpers. Die gefundene Person muss schnellstmöglich Wasser angeboten bekommen und in einen schattigen Platz gebracht werden. Gegebenenfalls muss die Kleidung entfernt werden.

Zeckenbisse in unwegsamem Gelände (E = Erkrankungen)
Nach jeder Suche im unwegsamen Gelände müssen sich die Einsatzkräfte auf Zeckenbisse hin untersuchen. Eine Pinzette hilft hierbei die Zecken zu entfernen. Dabei müssen sie direkt am Ansatz gepackt (dicht an der Haut) und beherzt rausgezogen werden. Eine Drehung sollte hierbei nicht durchgeführt werden. Zecken können in manche Gebiete das Bakterium Borreliose auf den Menschen übertragen. Auch bei geeigneter Einsatzkleidung ist ein Zeckenbiss nicht unwahrscheinlich. Die Übertragung des Bakteriums auf den Menschen geschieht nicht durch den Biss, sondern erst während des Saugaktes. Das kann zwischen 8 bis 24 Stunden dauern. Das Borreliose-Bakterium kann auch erst nach Monaten oder sogar Jahren eine Hirnhautentzündung hervorrufen. Zeckenbisse können an einer runden, breiten Rötung um den Stich erkannt werden (nach ca. ein bis sechs Wochen). Eine Dokumentation über den Zeckenbiss ist unbedingt vorzunehmen. Im Gegensatz zur Zecken Borreliose kann sich gegen das FSME (Frühsommer-Meningoenzephalitis)-Virus, welches sich ebenfalls durch Zecken verbreitet, durch eine Impfung präventiv geschützt werden. Dieser Virus kann neben grippeähnlichen Symptomen auch eine Hirnhautentzündung hervorrufen.

Absturzgefahr an der Einsatzstelle (E = Einsturz/Absturz)
Oftmals finden Suchmaßnahmen an gefährlichen Stellen statt, von denen eine erhöhte Gefahr des Abstürzens oder Abrutschens der Einsatzkraft ausgegangen werden kann. Insbesondere in Bergregionen mit starkem Gefälle oder Abhängen, oder die Suche an Felsklippen, Schluchten sowie Kiesgruben, aber auch in unbe-

14 Gefahren an der Einsatzstelle in der Vermisstensuche

kannten Höhlen, bei denen die Gefahr des Absturzes oder Abrutschens nicht ausgeschlossen werden kann, dürfen nur unter Berücksichtigung der Eigensicherung durchgeführt werden.

Bild 61: *Einsatz an einer Steilwand*

Es kann auch innerhalb eines bebauten Gebiets vorkommen, dass eine vermisste Person in eine tiefe Baustelle fällt. Das macht die Rettung nach dem Auffinden für die Einsatzkräfte oftmals schwierig und ohne geeignete Schutzausrüstung gefährlich. Personen mit Selbstmordabsichten bringen oftmals die Einsatzkräfte mit ihrem Handeln in Gefahr. Insbesondere dann, wenn nach ihnen nach einem Sprung aus hoher Höhe gesucht und sie schließlich nach ihrem Vorhaben gefunden werden. Hier gestaltet sich die Rettung (oder Bergung) oftmals für die Einsatzkräfte schwierig und ist ohne spezielle Ausrüstung gegen das Abstürzen/Abrutschen unmöglich.

Für alle Arbeiten, Rettungen oder Bergungen im absturzgefährdeten Bereich muss mit geeigneter Ergänzender Schutzausrüstung gehandelt werden. Dabei gilt der Feuerwehrhaltegurt der Feuerwehr in Kombination mit der Feuerwehrleine nur als Rückhaltesystem und ist nicht für plötzliche Abstürze geeignet. Kann ein Absturz für die Einsatzkräfte nicht ausgeschlossen werden, müssen dafür geeignete Einsatzmittel zur Verfügung stehen (z. B. Kernmantelseil mit einem Auffanggurt) in Kombination mit Feuerwehrfachkräften mit der Fortbildung »Arbeiten im absturzgefährdeten Bereich« oder es müssen gegebenenfalls Sondereinheiten (z. B. Höhenretter) rechtzeitig alarmiert werden.

Gefahren bei Unwetter (E = Einsturz/Absturz; E =Elektrizität)

Die Gefahren durch Unwetter können je nach Wetterlage und Intensität unterschiedlich ausfallen. Bei starkem Sturm besteht die Gefahr, dass Bäume dem Wind nicht mehr standhalten und umstürzen. Ebenso können sich bereits beim leichten Sturm Äste lösen und herabstürzen. Daher ist bei einer stärkeren Sturmlage von Suchmaßnahmen im Wald abzusehen. Bei starkem Niederschlag ist ein Nachrutschen des Bodens möglich. Gerade bei Kiesgruben und abfälligem Boden muss darauf geachtet werden. Suchmaßnahmen dürfen ebenfalls nicht durchgeführt werden, wenn über dem Einsatzraum ein Gewitter ist. Dabei ist es egal, ob sich sie Einsatzkräfte auf freiem Feld befinden oder im Wald. Die Gefahr von einem Blitzschlag getroffen zu werden oder unmittelbar durch seine Einwirkung in einen Baum sind zu hoch. Eigenschutz der Einsatzkräfte geht hierbei vor.

Suchmaßnahmen an Bahngleisen (E = Elektrische Gefahren)

Nicht selten haben suizidgefährdete Menschen die Absicht, sich von einem Zug überfahren zu lassen. Oftmals beginnen die Suchmaßnahmen auch unmittelbar neben oder sogar auf den Schienen. Nicht nur der enorm lange Bremsweg eines Zuges birgt eine erhebliche Gefahr (Erkrankung/Verletzung), sondern bei elektrischen Zügen (z. B. S-Bahn) müssen gerade auch die elektrischen Gefahren durch freiliegende spannungsführende Teile an der Zugunterseite oder durch die Oberleitungen und Schienen beachtet werden. Müssen Sucharbeiten in der Nähe von Eisenbahn-Oberleitungen durchgeführt werden, muss ein Mindestabstand eingehalten werden, der je nach Spannung und Lage variiert. Bei intakten Hochspannungsanlagen müssen mindestens 3 m Abstand eingehalten werden. Wichtig ist eine intensive Zusammenarbeit zwischen Betriebspersonal (Bahnmanager) und Feuerwehr. Denn sind die Bahngleise nicht gesperrt, gibt es absolut keinen Grund die Suchmaßnahmen zu beginnen.

15 Die Bedeutung der Leitstelle in der Vermisstensuche

Die Leitstelle ist eine Einrichtung, in der die Notrufe von Hilfeersuchenden eingehen und weiterverarbeitet werden. Sie alarmiert oder informiert die richtigen Stellen, leitet den Einsatzbetrieb der zugeordneten Feuerwehr und anderen Organisationen, nimmt Informationen entgegen und wertet diese aus. Sie ist rund um die Uhr und an jedem Tag erreichbar und kann unter der europaweiten Notrufnummer 112 für die Feuerwehr, Rettungsdienst und andere Hilfsorganisationen und 110 für die Polizei erreicht werden. Sollte eine Person vermisst werden ist es grundsätzlich irrelevant, welche Notrufnummer gewählt wurde. Durch die enge Kooperation zwischen Feuerwehr und Polizei ist gewährleistet, dass bei einer gemeinsamen Zuständigkeit die Behörden untereinander verständigt und informiert werden und somit ihre Maßnahmen einleiten können. Gegebenenfalls wird der Anrufer zur richtigen Leitstelle weitergeleitet oder das Hilfeersuchen wird angenommen und später an die richtige Stelle übermittelt. Die Leitstellen sind verpflichtet, die Entgegennahme von Vermisstenmeldungen und die Einleitung von Alarmierungen sowie Weiterleitung an entsprechenden (zuständigen) Stellen vorzunehmen. Außerdem können schwer erreichbare oder entfernte Stellen alarmiert oder informiert werden (z. B. Rettungshundeeinheiten). Die Leitstelle unterstützt den Vermisstensucheinsatz als rückwärtige Führungseinrichtung. So kann sie nach Auftrag durch den Einsatzleiter im Hintergrund mitwirkend bei der Informationsgewinnung tätig sein (z. B. Abfrage bei den Krankenhäusern etc.). Des Weiteren kann sie beratend zur Verfügung stehen (z. B. Standort von Rettungshundeeinheiten). Die Leitstelle ist zudem in der Lage, durch bestimmte Warn- und Informationssysteme (z. B. MoWas – Modulares Warnsystem des Bundesamts für Bevölkerungsschutz und Katastrophenhilfe) eine Vielzahl von Menschen regional, landes- oder deutschlandweit direkt zu erreichen (über TV, Radio, APPs, PC, Tablets, Pager u. Ä). Jedoch muss bei manchen Endgeräten vom Verbraucher eine vorige Installation einer Software (z. B. NINA – Notfall-Informations- und Nachrichten-APP des Bundesamts für Bevölkerungsschutz und Katastrophenhilfe) erfolgen.

Informationsgewinnung durch die Leitstelle in der Vermisstensuche
Manche Informationen können schon während dem Telefonat mit dem Hilfeersuchenden abgefragt werden und somit den Einsatzablauf entscheidend positiv beeinflussen. Jedoch darf es hierdurch nicht zu einer längeren Verzögerung der Alarmierung führen. Folgende Informationen sollten die Leitstelle erfragen:

15 Die Bedeutung der Leitstelle in der Vermisstensuche

- Name des Hilfeersuchenden und Erreichbarkeit (z. B. Handy).
- Name und Anschrift des Vermissten.
- Personenbeschreibung der vermissten Person:
  Es empfiehlt sich, den einzelnen alarmierten Einheiten bereits eine Benachrichtigung mit der knappen Personenbeschreibung weiterzuleiten, um bei der Anfahrt zur Einsatzstelle bereits mit den Suchmaßnahmen (»Augen offen halten«) starten zu können, auch ohne vorigen Befehl durch den Einsatzleiter.
- Wer wird vermisst?
- Wo wurde die Person das letzte Mal gesehen?
  Diese Angabe ist gleichzeitig auch erstmal der vorläufige lbA.
- Wie lange ist die Person schon vermisst?
- Wie lautet die Handynummer des Vermissten?
  Die Handynummer des Vermissten ermöglicht es durch die Polizei eine frühe Einleitung der Handyortung durchzuführen.

16   Die Polizei im Vermisstensucheinsatz

Die Polizei handelt nach dem Polizeirecht der jeweiligen Länder und hat die Aufgabe, Gefahren für die öffentliche Sicherheit und Ordnung abzuwehren und diese aufrecht zu erhalten sowie Straftaten vorzubeugen und nachzugehen (§ 163 StPO). Darüber hinaus ist sie für die verkehrsregelnden und verkehrssichernden Maßnahmen zuständig nach § 44 Abs. 2 StVO. Die (Landes-)Polizei trägt eine besonders wichtige Rolle in der Vermisstensuche. Aufgrund ihrer personellen und technischen Möglichkeiten übernehmen sie je nach Bundesland den Einsatz der Vermisstensuche nach dem POG, anstelle der örtlichen Ordnungsbehörde und Veranlassen alle Möglichkeiten und Maßnahmen zum Auffinden der vermissten Person (siehe Kapitel 1.2). Übernimmt die Polizei den Einsatz, muss sie die zuständige Ordnungsbehörde ständig über die eingeleiteten Maßnahmen und Sachstände unterrichten.

Bei einer zusätzlichen Zuständigkeit der Feuerwehr, wird diese unmittelbar durch die Polizei oder Ordnungsbehörde informiert. Sollte das Hilfeersuchen über die Feuerwehr geschehen sein, muss zeitgleich die Polizei (Ordnungsbehörde) über die bekannte Rufnummer 110 darüber in Kenntnis gesetzt werden. Schließlich handelt die Feuerwehr genauso wie die Polizei nach einem gleichen gesetzlichen Auftrag, der einen lückenlosen Informationsaustausch vorsieht. Die Feuerwehr, die Polizei und die allgemeine Ordnungsbehörde müssen ihre Maßnahmen so weit wie möglich gemeinschaftlich abstimmen und vertrauensvoll zusammenarbeiten. Nur so lassen sich strukturierte und geordnete Maßnahmen durchführen sowie Doppelarbeiten vermeiden. Außerdem kann das erweiterte Spektrum der einsatztechnischen Möglichkeiten aller Parteien ausgeschöpft werden. Manchmal führt nur die Kombination aller Behörden zum Ziel.

Dieses Kapitel soll die personellen und technischen Möglichkeiten der Polizei in der Vermisstensuche aufzeigen, die den Einsatz in der Vermisstensuche unterstützen und die Vorgehensweisen innerhalb der Polizei für die Feuerwehr und andere mitwirkende Hilfsorganisationen verständlich und nachvollziehbar machen. Eine detaillierte und vollständige Darstellung der Vorgehensweisen ist nicht vorgesehen, da manche Maßnahmen auch bei kriminellen Personensuchen bzw. Fahndungen eingesetzt werden und somit die Ermittlungen negativ beeinflussen könnten. Außerdem soll die Feuerwehr nicht die Arbeit der Polizei überprüfen, sondern nur ihre Einsatzmittel kennen, um diese unter Umständen auch bei Bedarf anzufordern. Die zuständige Polizeidienststelle bei einer Vermisstensuche genauso wie für die Feuerwehr ist immer diejenige, die innerhalb des lbA liegt. Sollte es keine eindeutige

Zuständigkeit einer Polizeidienststelle geben (z. B. es ist unklar, ob die Person wirklich an einem bestimmten Ort gesehen worden ist), wird zur Bearbeitung die Polizeidienststelle beauftragt, in deren Bereich die Vermisstenanzeige erstattet worden ist (meist im gewohnten Wohnfeld des Vermissten).

16.1 Hintergründe des Vermisstenfalls aus Polizeisicht

Wer ist innerhalb der Polizei zuständig?
Hinsichtlich der Begrifflichkeiten der Polizei muss beachtet werden, dass es nicht »die eine Polizei« gibt, sondern differenziert wird. Die grobste Unterteilung ist die in Bundes- bzw. Landespolizei. Umgangssprachlich ist mit »der Polizei« in der Regel die Landespolizei gemeint. Da die Bundespolizei überregional bspw. für den Grenzschutz oder die Luftsicherheit zuständig ist, wird diese im Folgenden nicht näher berücksichtigt.

> **Tipp:**
> Die Organisation der jeweiligen Polizei unterscheidet sich in den einzelnen Bundesländern stark, sodass die Führungskräfte der Feuerwehr gut beraten sind, sich vorab bzgl. der regionalen Zuständigkeiten ihrer Polizei zu informieren.

Die Bereitschaftspolizei (kurz Bepo) ist innerhalb der Landespolizei ein Großverband von Polizisten deren Hauptaufgabe darin liegt, unterstützend bei Großlagen tätig zu werden. Darunter fallen auch großangelegte Suchaktionen nach einer vermissten Person. Die Bepo kann sowohl im eigenen als auch im benachbarten oder anderen Bundesland eingesetzt werden. Die Gliederung der taktischen Einheiten (Bereitschaftsabteilungen; BPA) sind im Gegensatz von den Führungs- und Einsatzmittel unterschiedlich geregelt. Jedoch lassen Sie sich folgende Einheiten grob einteilen:

- **Bereitschaftspolizeihundertschaft (BPH)**
  Eine BPH besteht aus etwa 80 bis 120 Polizeibeamten, die sich in Züge und Gruppen (sowie Halbgruppen und Trupps) gliedern. Eine Bereitschaftspolizeihundertschaft wird durch einen Hundertschaftsführer geführt. Die einzelnen Einheiten jeweils durch einen eigenen Einheitsführer (z. B. Zugführer).

16 Die Polizei im Vermisstensucheinsatz

- **Zug**
  Der Zug umfasst bei der Polizei eine Gesamtstärke von ca. 20 bis 35 Polizeibeamten. Diese sind normalerweise in drei bis vier Gruppen unterteilt. Jeder Zug wird von einem Zugführer geführt.
- **Gruppe**
  Eine Gruppenstärke innerhalb der Polizei besteht aus ungefähr zehn Polizeibeamten. Der Einheitsführer wird Gruppenführer genannt und kommuniziert bei einem Zusammenschluss mehrerer Gruppen zu einem Zug mit dem Zugführer.

Eine Bereitschaftspolizeihundertschaft ist somit eine geschlossene Einheit der Polizei in der Stärke von mindestens 80 Polizeivollzugsbeamten. Allgemein kann die Bereitschaftspolizei vorrangig in der Flächensuche eingesetzt werden. Der Abstand zu den einzelnen Polizeieinsatzkräften ist nicht grundsätzlich festgelegt. Bei manchen Suchaktionen stehen die Beamten Schulter an Schulter, insbesondere wenn Kleidungsstücke oder andere kleinere Anhaltspunkte oder Beweismittel gesucht werden. Jedoch kann bei einer Vermisstensuche der Ablauf und die Verfahrensweise der Suchtechnik im Einsatzgebiet der Bereitschaftspolizei grundlegend, wie im Kapitel 5.1.1 beschrieben, angenommen werden. Trotzdem muss mit dem Hundertschaftsführer das Suchgebiet sowie das taktische Absuchen abgestimmt werden.

Literaturtipp:

Zu den unterschiedlichen Begrifflichkeiten zwischen Feuerwehr und Polizei sowie allg. zu den Zuständigkeiten von Feuerwehr und Polizei siehe auch:
David Marten: Feuerwehr in Polizeilagen. Einsatz bei Gewaltereignissen, W. Kohlhammer Verlag, 2019.

Ab wann gilt eine Person im polizeilichen Sinn als vermisst?
Als erwachsene Person gilt man in Deutschland ab Erreichen des 18. Lebensjahrs. Grundsätzlich hat ein Erwachsener das Recht, sofern keine geistigen, psychischen oder physischen Erkrankungen vorliegen, seinen Aufenthaltsort selbst zu bestimmen. Die nächsten Angehörigen, Bekannte oder Freunde müssen nicht über eine (längere) Abwesenheit informiert werden. Oftmals werden die Polizeibehörden und seltener die Feuerwehr gebeten, bei der Suche nach Angehörigen oder Freunden ohne konkrete Gefahrenlage behilflich zu sein (z. B. Suche nach einem ehemaligen Schulfreund, leiblichen Eltern, Geschwistern etc.). Darüber darf die Polizei keine

16.1 Hintergründe des Vermisstenfalls aus Polizeisicht

Informationen weitergeben. Bei manchen dieser Fälle, hat sich der Gesuchte bewusst aus dem Verwandten- und Freundeskreis abgesetzt, ohne eine Erreichbarkeit zu hinterlassen. Daher ist es nicht die Aufgabe der Polizei, trotz einer Vermisstenmeldung des Anzeigeerstatters, Maßnahmen durchzuführen, um den Aufenthaltsort dieser »vermissten« Person zu ermitteln.

Sollte das Verschwinden für den genannten Personenkreis ein untypisches Verhalten der vermeintlich vermissten Person darstellen und zusätzlich eine Gefahr für Leib und Leben vermutet werden (z. B. Suizid-Absichten, Hilflosigkeit etc.), erfolgt durch die Polizei in der Regel zunächst eine so genannte »Aufenthaltsermittlung«. Hierbei werden Nachforschungen durchgeführt, die zu einem Verbleib der »vermissten« Person führen. Sobald der »Vermisste« aufgefunden wird, kann dieser selbst entscheiden, ob sein Aufenthalt den besorgten Verwandten, Bekannten oder Freunden durch die Polizei mitgeteilt werden soll. Zusammengefasst bedeutet das, dass die Polizei eine Vermissten-Fahndung nur dann einleitet, wenn:

- eine Person ihren gewohnten Lebenskreis verlassen hat,
- ihr derzeitiger Aufenthaltsort nicht bekannt ist
- und eine Gefahr für Leib oder Leben angenommen werden kann.

Anders sieht es bei minderjährigen Personen aus, die ihr 18. Lebensjahr noch nicht erreicht haben. Sie dürfen grundsätzlich ihren Aufenthaltsort nicht selbst bestimmen. Der Aufenthalt muss immer den Sorgeberechtigten (z. B. leiblichen Eltern) bekannt sein. Es wird generell bei Minderjährigen bei einer Vermisstenanzeige von einer Gefahr von Leib oder Leben oder mindestens einer Bedrohung der körperlichen Unversehrtheit des Betroffenen ausgegangen. Daher gelten sie für die Polizei bereits schon als vermisst, wenn sie nur ihren gewohnten Lebenskreis verlassen haben oder ihr momentaner Aufenthaltsort nicht bekannt ist. Vermisste Minderjährige werden so lange in staatliche Obhut (z. B. eine Jugendeinrichtung) genommen, bis eine Rückführung gewährleistet ist. Sollte bei Jugendlichen konkrete Hinweise vorliegen, die keine Gefahr für Leib oder Leben darstellen, werden diese auch nicht wie Vermisste behandelt (z. B. Strafverfolgung).

Allgemeine Aufgaben der Polizei in der Vermisstensuche
Die Polizei ist verpflichtet, Vermisstenmeldung entgegenzunehmen, in der Regel durch ihre Polizeileitstelle und anschließend nach ihrem Konzept, die Sofortmaßnahmen einzuleiten. Außerdem informiert Sie weitere (zuständige) Stellen, wie zum Beispiel die Feuerwehrleitstelle. Die Polizei verfolgt bei einer konkreten Vermisstenlage drei Aufgaben:

16 Die Polizei im Vermisstensucheinsatz

1. Sie führt alle Maßnahmen durch, die zur Feststellung des Verbleibs und/oder zum Auffinden von der vermissten Person führen.
2. Sie klärt die Ursachen und die Umstände des Verschwindens
3. Ebenso überprüft sie, ob die vermisste Person Opfer einer Straftat geworden ist.

Überprüfung des Anzeigeerstatters

Eine wichtige Aufgabe der Polizei, die nicht von der Feuerwehr wahrgenommen wird, ist die Überprüfung und Glaubhaftigkeit des Anzeigeerstatters bei einer Vermisstensuche. Dabei wird insbesondere die Beziehung zu dem Vermissten überprüft, genauso wie die aktuelle Beziehungssituation kurz vor dem Verschwinden.

Einsatzleitung

Bei jeder Vermisstensuche sollte die Polizei vor Ort sein, vor allem, wenn diese in ihren alleinigen Zuständigkeitsbereich fällt und die Feuerwehr nur zu einer »Amtshilfe« hinzugezogen wurde. Bei einem Amtshilfeersuchen durch die Polizei beziehungsweise durch die Ordnungsbehörde ohne eigene Zuständigkeit der Feuerwehr, handelt die Feuerwehr im Sinne der Einsatzleitung der Polizei und ordnet sich dieser unter. Hat die Feuerwehr aufgrund der Vermisstenlage (z. B. demente Person) einen eigenen Zuständigkeitsbereich, ist die Polizei selbstverständlich nicht der Einsatzleitung der Feuerwehr unterstellt, wie die anderen mitwirkenden Hilfsorganisationen. Vielmehr hat die Polizei eine eigene Einsatzleitung und handelt nur nach deren Aufträgen. Trotzdem muss eine enge Zusammenarbeit zwischen der Feuerwehr und der der Polizei angestrebt werden. Eine gegenseitige Kontaktaufnahme und ein Treffpunkt müssen nach einer Alarmierung koordiniert werden. Um die Zusammenarbeit zu fördern, macht eine gemeinschaftliche räumliche Nähe beider Einsatzleitungen Sinn. Ein Verbindungsbeamter der Polizei sowie eine Verbindungsperson der Feuerwehr (oder ein Verbindungsbeamter einer Berufsfeuerwehr) helfen, die Befehle oder Informationen richtig für ihre Einsatzleitung bzw. Einsatzleiter zu übersetzen. So werden Missverständnisse vermieden (z. B. gilt bei der Feuerwehr das Wort »retten« ausschließlich für lebende und »bergen« für verstorbene Personen). Die meisten Hilfsorganisationen hingegen, »Sprechen und Verstehen« die Sprache der Feuerwehr und machen eine zusätzliche Verbindungsperson überflüssig. Außerdem können Maßnahmen gemeinsam zwischen Feuerwehr und Polizei abgesprochen und koordiniert werden.

Oftmals koordiniert die Polizei den Einsatz komplett, obwohl eine eigene Zuständigkeit und Einsatzleitung der Feuerwehr besteht, da sie in der Regel mehr Erfahrung in diesem Einsatzbereich besitzt. Auch wenn die Polizei der Feuerwehr nicht weisungsbefugt ist, kann dies absolut sinnvoll sein und muss bei jedem Einsatz vor Ort neu entschieden sowie mit dem Einsatzleiter der Feuerwehr abgestimmt werden. Rühle und Suhr (POG mit Kommentar, 2012) beschreiben in Bezug auf eine Gesamteinsatzleitung, dass die Feuerwehr die Art und Weise des Vorgehens bestimmt, um eine Gefahr abzuwenden. Gerade dann, wenn Sie in ihrer Ausbildung und ihren technischen Möglichkeiten überlegen ist. Eine »Parallelzuständigkeit« sollte jedoch Ziel einer gemeinsam geführten Einsatzleitung sein, um alle Erfahrungen und Möglichkeiten ausschöpfen zu können.

16.2 Möglichkeiten der Polizei bei einer Vermisstensuche

Die Polizei und ihre personellen und technischen Möglichkeiten sind ein wichtiger Baustein in einem Vermisstensucheinsatz. Eine Aufzählung der Möglichkeiten bei der Polizei helfen dem Einsatzleiter der Feuerwehr einsatztaktische Entscheidungen mit verschiedenen Einsatzmitteln, die es bei der Feuerwehr möglicherweise nicht gibt, sinnvoll einzusetzen.

Polizeiliche Auskunftssysteme

Durch einen vollständigen Datenabgleich der polizeilichen Auskunftssysteme können bereits wichtige Erkenntnisse oder Informationen über die vermisste Person ermittelt werden. Auch über einen früheren Vermisstensucheinsatz können hinterlegte Daten Auskunft geben. Vor allem der damalige Auffindeort kann für den aktuellen Sucheinsatz interessant sein. Zusätzlich muss eine Kontaktaufnahme mit der Polizeidienststelle der heimischen Wohnadresse hergestellt werden, falls diese nicht sowieso bereits im Einsatz involviert ist. Möglicherweise führen diese ebenfalls eine Fahndung nach der Vermissten durch oder es liegen dort einsatzrelevante Erkenntnisse vor. Die Datenbanken verschiedener Informationssysteme und Dateien können ebenfalls über Vorstrafen, Fahrzeugdaten und eine etwaige Inhaftierung in einer JVA informieren. Im Folgenden werden die wichtigsten Dateien und Systeme der Polizei aufgelistet:

16 Die Polizei im Vermisstensucheinsatz

Tabelle 7: Polizeiliches Auskunftssystem

POLAS (POLizei Auskunfts System):	POLAS ist ein Computer-Fahndungssystem der deutschen Polizei. Verschiedene Bundesländer benutzen dieses System, ebenso die Bundespolizei und das Zollkriminalamt. Das Programm kann mehrere Daten erfassen. So zum Beispiel; Name, Geburtsort, Personenbeschreibung etc. POLAS ermöglicht es, durch Schnittstellen auf externe Systeme (z. B. EWO, ZEVIS, usw.) zuzugreifen.
VERMI/TOT (Vermisste, unbekannte Tote, unbekannte hilflose Personen)	Die VERMI/TOT Datei enthält Informationen über Vermisstenfälle, unbekannte Tote und unbekannte hilflose Personen. Diese Unterlagen können speziell die Ermittler unterstützen, um gegebenenfalls Hinweise über eine mögliche Identität oder aufgefundene Gegenstände im Zusammenhang mit der gesuchten Person zu geben und diese zuzuordnen. Außerdem können Beschreibungen der vermissten Person hinterlegt werden und Zusammenhänge zu früheren Fällen verglichen werden.
INPOL (bundesland- übergreifende vernetzte Datenbank)	In dieses System können alle Polizeidienststellen eine Vermisstenanzeige innerhalb Deutschlands anzeigen. Dadurch lassen sich bei einer polizeilichen Kontrolle feststellen, ob diese Person vermisst wird und welche zuständige Polizeidienststelle diesen Vorgang bearbeitet. Zum Beispiel: Ein seit Tagen vermisst gemeldete Person mit Suizidabsichten fährt mit dem Auto in eine Polizeikontrolle.
IKPO (Nationales Zentralbüro der Internationalen kriminalpolizeilichen Organisation/International Criminal Police Organization)	Ergeben sich Hinweise, dass sich der Gesuchte im Ausland aufhalten könnte, wird über das Bundeskriminalamt an die Interpol Dienststellen (Internationale kriminalpolizeiliche Organisation/International Criminal Police Organization) der jeweiligen Länder um Mitfahndung gebeten. Bei bestimmten Fällen kann auch eine weltweite Vermisstenfahndung ausgerufen werden. So werden alle Interpolstellen über den Vermisstenfall informiert.
SIS (Schengener Informationssystem)	Wird die Person im Ausland, aber innerhalb der Mitgliedsländer des Schengener Übereinkommens, vermisst, kann die örtliche Polizeidienststelle über den Fahndungscomputer ein Ersuchen einleiten.
EWO (Einwohnermeldedatei)	Über eine Einwohnermeldedatei lassen sich möglicherweise wichtige Informationen über aktuelle und vergangene Wohnadressen herausfinden.

16.2 Möglichkeiten der Polizei bei einer Vermisstensuche

Handyortung

Die Ortung einer gesuchten Person über ein Mobiltelefon ermöglicht es bei einem Vermisstensucheinsatz, den möglichen Aufenthaltsort zu bestimmen oder einzugrenzen. Da das Vorhandensein eines mobilen Telefons, egal wie alt oder neu das Endgerät ist, auch bei geriatrischen Personen mittlerweile weit verbreitet ist, ist eine Ortung dieser Geräte durch die Polizei (§ 31 a POG) unbedingt durchzuführen. Die Leitstelle oder der Einsatzleiter soll bereits bei der Erstinformationsgewinnung herausfinden, ob die vermisste Person ein Handy besitzt und möglicherweise mit sich führt sowie die Telefonnummer. Ein zielloses Anrufen soll hierbei unter Umständen und je nach Einsatzlage vermieden werden, da es für die gesuchte Person (z. B. Suizid gefährdet) nur zusätzlich Stress bedeuten könnte. Außerdem kann ein unüberlegtes Telefonat die Akkukapazität negativ beeinflussen und spätere Maßnahmen behindern. In der Regel haben die Angehörigen oder Freunde bereits mehrfach versucht, den Vermissten per Handy zu kontaktieren.

Normalerweise werden Mobilfunkortungen über den Betreiber abgewickelt und werden von diesen erst nach richterlicher Genehmigung vorgenommen. Anordnungsbefugt für Standortermittlungen bei Gefahrenlagen ist das Amtsgericht, in dessen Bezirk die Polizeidienststelle ihren Sitz hat. Eine Handyortung kann durch die Polizei durch zwei verschiedene Weisen durchgeführt werden. So besteht die Möglichkeit einer Ortung mithilfe des **COO-Verfahrens** (Cell of Origin) und der Ortung unter der Zuhilfenahme des Einsatzmittel **IMSI Catchers**. Bei dem COO Verfahren wird die Funkzelle (Funkzelle ist ein bestimmter Bereich, indem mit dem Handy Signale empfangen und gesendet werden können) ermittelt, in dem die letzte aktive Kommunikation des Mobiltelefons der vermissten Person stattfand. Die Ortungsgenauigkeit ist abhängig von der Größe der Funkzelle. Viele Faktoren spielen hier eine Rolle. So müssen meteorologische und geografische Gegebenheiten beachtet werden, genauso wie Typ und Aufbauhöhe der verwendeten Funkantennen und schließlich die Sendeleistung. Die Einwohnerdichte, die eine Funkzelle benutzen wollen, geben Aufschluss über die Anzahl der vorhandenen Funkzellen. So können in Städten, die Durchmesser der einzelnen Funkzellen nur wenige 100 Meter betragen, wobei Sie sich in ländlichen Gebieten über mehrere Kilometer erstrecken können.

Der IMSI Catcher hingegen ist in der Lage, sich mit dem Handy der vermissten Person zu verbinden und diese schließlich einzugrenzen oder idealerweise sogar direkt aufzufinden. Bei größeren Funkzellen kann es unter Umständen lange dauern, bis das gesuchte Endgerät sich mit dem IMSI – Catcher verbindet hat. Doch sobald eine sichere Verbindung hergestellt ist, dauert die genaue Peilung des Standorts meist nur wenige Minuten. Innerhalb einer Stadt, aufgrund einer dichten Vernetzung von

Funkzellen, kann die Arbeit mit dem IMSI – Catcher unter Umständen nicht möglich sein.

Da die Ortung eines Mobiltelefons auch bei Strafverfolgungen genutzt wird, muss auf eine detaillierte Ausführung der Handyortung verzichtet werden, um beispielsweise bei einem späteren Prozess das Verhalten der kriminellen Personen nicht zu ihren Gunsten zu beeinflussen. Daher werden Funktionsweisen einer solchen Ortung und konkrete Vorgehensweise nicht näher erläutert.

Polizeihubschrauber

Der Polizeihubschrauber ist ein Einsatzmittel der Polizei mit einem hohen einsatztaktischen Wert. Mit ihm lassen sich innerhalb kurzer Zeit große Geländeflächen nach vermissten Personen absuchen. Außerdem können Hubschrauber gerade in unwegsamem und unbegehbarem Gelände eingesetzt werden. Die Polizei in Deutschland verfügt landesweit über diverse Polizeihubschrauberstaffeln. Sie sind genauso bei der Landespolizei wie auch bei der Bundespolizei angesiedelt.

Je früher die Einbindung des Polizeihubschraubers in Vermisstensucheinsätzen erfolgt, desto größer sind die Erfolgschancen. Zu beachten ist, je nach Einsatzsituation des Polizeihubschraubers, dass Bodenkräfte mit Funk und zusätzlich in der Nacht mit Taschenlampen ausgerüstet sind, um eine Kommunikation mit der Hubschrauberbesatzung möglich zu machen. Nur so können die Einsatzkräfte unverzüglich zu einem möglichen Auffindeort geführt werden. Aufgrund des lauten Geräuschpegels des Polizeihubschraubers, kann sich allerdings der Gesuchte in Deckung bringen oder sich gegebenenfalls aus Angst verstecken (z. B. vermisste Kleinkinder) und auch suizidgefährdete Personen können gewarnt durch den Geräuschpegel ihr Vorhaben in die Tat umsetzen, ehe die Einsatzkräfte eintreffen. Ebenso wird durch die Rotoren bei einer Wassersuche das Gewässer stark aufgewirbelt, sodass eingesetzte Taucher Schwierigkeiten bekommen, im Wasser etwas zu erkennen. Hier wäre ein Copter mit eingebauter Wärmebildkamera die bessere Alternative. Ob ein Hubschrauber der Polizei nun sinnvoll eingesetzt werden kann, muss individuell entschieden werden. Der Hubschrauber ist aber auch in der Lage soweit in der Höhe zu fliegen, dass er praktisch am Boden nicht wahrgenommen wird. Besitzt er eine gute Kamera mit Zoom, kann er trotzdem den Boden beobachten.

Die Polizeihubschrauberstaffeln können durch jede örtliche Polizeidienststelle angefordert werden. Oftmals werden telefonische Vorabanfragen getätigt, um die Wettersituation an der Einsatzstelle genauso wie am Flughafen selbst zu prüfen sowie Einsatzvorbereitungen und Einsatzabsprachen durchzuführen.

16.2 Möglichkeiten der Polizei bei einer Vermisstensuche

Bild 62: *Einsatz eines Polizeihubschraubers (Quelle: Berufsfeuerwehr Trier)*

Polizeihubschrauber haben in der Vermisstensuche verschiedene Einsatzmöglichkeiten:

- Absuchen von großen Geländeflächen (z. B. Getreidefelder, Wiesen, Weinberge),
- Einsatzkräfte unterstützen, die am Boden im Fortkommen gehindert sind (z. B. Feldklippen zu gefährlich oder unmöglich abzusuchen),
- Lagefeststellung aus der Luft,
- Transport von Einsatzkräften,
- etc.

Zu beachten ist, dass bei der Suche in Waldgebieten je nach Jahreszeit und Baumbestand die Sichtverhältnisse stark eingeschränkt sind. Bei einer Suche über einem

16   Die Polizei im Vermisstensucheinsatz

Waldstück kann man allgemein festhalten, dass Laubwald im Herbst und Winter gut bis sehr gut einsehbar sind; im Frühjahr und Sommer tendenziell eher schlecht bis sehr schlecht. Ein Nadelwald ist ganzjährig sehr schlecht einsehbar. Trotzdem gilt, auch wenn die Voraussetzungen schlecht sind, ist es nicht unmöglich, gerade in Dunkelheit und in Verbindung mit einer Wärmebildkamera, etwas im Gelände zu erkennen (z. B.: weit auseinanderstehende Bäume).

Polizeihubschrauber sind sehr gut ausgerüstet und unterstützen so bspw. wie bereits schon erwähnt die visuelle Ortung durch die Einsatzkräfte mit hochauflösenden kreisgestützten Foto-/Videokameras. Die Ausstattung der Polizeihubschrauber ist insgesamt vielfältig und bietet je nach Ausstattung mehrere Einsatzmöglichkeiten:

- Absuchen mit Fernglas,
- Absuchen mit Hilfe der Wärmebildkamera im Dunkeln,
- Absuchen mit Hilfe eines Nachtsichtgerät im Dunkeln,
- Ausleuchten der Einsatzstelle bei Dunkelheit,
- Krankentransport,
- Kommunikation über Außenlautsprecher,
- Rettung über Schnellrettungsseil,
- Direkter Informationsaustausch (Video) mit den Einsatzkräften am Boden,
- etc.

Diensthunde der Polizei

Die Diensthunde der Polizei können auch bei einer Vermisstensuche eingesetzt werden. Gerade dann, wenn die Polizei Personenspürhunde (Vermisstenspürhunde) vorhält. Polizeihunde können neben der Vermisstensuche auch bei Fahndungen, also bei kriminellen Personen, eingesetzt werden. Dadurch wird dieser Hund vornehmlich Personenspürhund (PSH) anstatt (VSH) Vermisstenspürhund genannt, da er nicht nur vermisste Menschen suchen soll. Des Weiteren gibt es verschiedene Polizeihunde für unterschiedliche Arbeitsbereiche bei der Polizei. Wie zum Beispiel Drogenspür- oder Sprengstoffhunde. Manche dieser speziell ausgebildeten Hunde haben in ihrer Grundausbildung eine Schutz- sowie Fährtenhundausbildung absolviert, die auch ein Aufspüren von Menschen innerhalb eines begrenzten Gebietes oder Gebäude möglich machen. Es obliegt dem Hundeführer der Polizei, ob sein Hund bei einer Vermisstensuche mitarbeiten kann und in welcher Form. So gibt es Hunde, die frei mit anderen Hunden im Wald mitsuchen können. Andere Polizeihunde werden nur in Gebäuden und auf Wegen eingesetzt zum Teil auch nur allein oder mit Leine.

Zum Schluss soll noch kurz auf die Leichenspürhunde eingegangen werden. Dieser Polizeihund soll, wie es der Namen schon sagt, menschliche Leichen aufspüren oder auch nur Reste bzw. Körperteile einer Person. Wenn dieser Diensthund der Polizei zum Einsatz kommt, endet in der Regel die Zuständigkeit der Feuerwehr. Die Feuerwehr sucht grundsätzlich nur Personen, wenn davon auszugehen ist, dass diese noch gerettet werden können. Trotzdem kann die Feuerwehr zur Unterstützung im Rahmen der »Amtshilfe« eingesetzt werden (siehe dazu Kapitel 1.6 sowie 2).

Die Bundespolizei bei einem Vermisstensucheinsatz
Die Bundespolizei (früher Bundesgrenzschutz) ist eine Polizei der Bundesrepublik Deutschland. Ihre Aufgaben umfassen unter anderem folgenden Punkte:
- Grenzschutz (§ 2 BPolG),
- Unterstützung von Polizeikräften eines Landes (§ 11 BPolG) (z. B. Aufrechterhaltung oder Wiederherstellung der öffentlichen Sicherheit und Ordnung (Art 35 Abs. 2 Satz1 GG)).

In der Regel hat die Feuerwehr nur bei Einsätzen auf Bahnhöfen oder seltener bei schweren Unglücksfällen mit der Bundespolizei zu tun. Jedoch ist grundsätzlich eine Beteiligung der Bundespolizei bei einem Vermisstensucheinsatz möglich. Die Unterstützung begrenzt sich hierbei meist auf Suchmaßnahmen in Bahnhöfen oder durch den Einsatz des Hubschraubers der Bundespolizeifliegerstaffel. Sei es beispielsweise für Ortungsmaßnahmen aus der Luft durchzuführen und der schnelle Transport von speziellen Einsatzkräften. Außerdem sind auch Suchmaßnahmen im unwegsamen Gelände zur Unterstützung denkbar.

17 Mitwirkende Rettungshund-(Hilfs)organisationen

In der Vermisstensuche sind immer mehr Rettungshundeeinheiten aus verschiedenen öffentlichen, aber auch privaten Hilfsorganisationen vertreten. Damit der Einsatzleiter die vielen unterschiedlichen Rettungshundeeinheiten einordnen kann, werden in diesem Kapitel die bekanntesten Organisationen vorgestellt. Wenn es bei öffentlichen Rettungshundeeinheiten (Feuerwehr, THW) keinen besonderen Rechtsakt zur Mitwirkung der Gefahrenabwehr, hier in der allgemeinen Hilfe, bedarf, müssen die paritätischen Hilfsorganisationen und privaten Rettungshundeeinheiten ein besonderes Verfahren durchlaufen. Denn die öffentlichen Einheiten (auch die Polizei) sind Einheiten und Einrichtungen, deren Träger juristische Personen des öffentlichen Rechts im Sinne der Gesetzgebung sind. Das bedeutet, dass im Falle eines Vermisstensucheinsatzes bei eigener Zuständigkeit grundsätzlich immer eine Wahrnehmungspflicht besteht.

Die Gemeinde hat dabei die Möglichkeit zu entscheiden (Art. 28 Abs. 2 GG), in welchem Umfang sie tätig wird und welche taktischen Möglichkeiten am zweckmäßigsten sind. Grundsätzlich liegt somit die Entscheidung, wie bei einem Vermisstensucheinsatz vorgegangen wird und wer unter Umständen alarmiert werden soll, bei der Einsatzleitung. Art. 28 Abs. 2 Grundgesetz für die Bundesrepublik Deutschland (GG) führt hierzu aus:

»Den Gemeinden muss das Recht gewährleistet sein, alle Angelegenheiten der örtlichen Gemeinschaft im Rahmen der Gesetze in eigener Verantwortung zu regeln. Auch die Gemeindeverbände haben im Rahmen ihres gesetzlichen Aufgabenbereiches nach Maßgabe der Gesetze das Recht der Selbstverwaltung. (...)«

Aufgrund der immer zunehmenden Anzahl der Vermisstensucheinsätze und der Spezialisierung der paritätischen und anderen privaten Rettungshundeeinheiten in der Vermisstensuche, ist es von zunehmender Bedeutung, sie im Rahmen der allgemeinen Hilfe einzusetzen. Für die paritätischen und privaten Einheiten ist für die Mitwirkung in der allgemeinen Hilfe ein besonderes Verfahren der Anerkennung von den landesrechtrechtlichen Vorschriften des Katastrophenschutz erforderlich, so wie im Zivilschutzgesetzes § 26 Abs. 1 beschrieben. Die paritätischen Rettungshund-Hilfsorganisationen sind bei ihren eigentlichen Trägern der humanitären Einrichtung

17 Mitwirkende Rettungshund-(Hilfs)organisationen

angegliedert. Die Ausbildung, Ausstattung und Unterbringung findet auch in ihren eigenen Reihen statt (Zivilschutzgesetz § 26 Abs. 2):

»(1) Die Mitwirkung der öffentlichen und privaten Organisationen bei der Erfüllung der Aufgaben nach diesem Gesetz richtet sich nach den landesrechtlichen Vorschriften für den Katastrophenschutz. Für die Mitwirkung geeignet sind insbesondere der Arbeiter-Samariter-Bund, die Deutsche Lebensrettungsgesellschaft, das Deutsche Rote Kreuz, die Johanniter-Unfall-Hilfe und der Malteser-Hilfsdienst.
(2) Die mitwirkenden öffentlichen und privaten Organisationen bilden die erforderliche Zahl von Helferinnen und Helfern aus, sorgen für die sachgerechte Unterbringung und Pflege der ergänzenden Ausstattung und stellen die Einsatzbereitschaft ihrer Einheiten und Einrichtungen sicher.«

Ob es sich bei den regionalen Einheiten tatsächliche einsatzgeprüfte Einheiten handelt und diese rechtlich durch einen öffentlichen Rechtsakt durch die jeweilige Gefahrenabwehrbehörde auch wirklich im Rahmen der allgemeinen Hilfe mitwirken dürfen, muss im Vorfeld bevor es zu einer Alarmierung kommt, geprüft werden. Letztendlich darf aber der Einsatzleiter auch Privatpersonen oder komplette Einheiten einsetzen, wenn er sie für geeignet hält, auch wenn diese nicht durch die Gesetzgebung anerkannt sind (kommunale Selbstverwaltung). Neu gegründete Rettungshundeeinheiten, die ihre Einsatzbereitschaft suggerieren, müssen heutzutage leider mit Skepsis behandelt werden. Gerade dann, wenn über extrem hohe einsatzfähige Hundeteams berichtet wird. Leider hat sich in der Vergangenheit gezeigt, dass immer wieder Rettungshundeeinheiten entstehen und nach kurzer Zeit wieder verschwinden. Es gibt Personen, die als »Wanderer« von Einheit zu Einheit beziehungsweise Organisation zu Organisation wechseln oder neue Einheiten gründen. Von Einsetzen solcher privaten Einheiten, ohne ein voriges Kennenlernen, ist abzusehen. Es hat sich gezeigt, dass Einheiten ohne Erfahrung, oft falsche oder unrealistische Versprechungen machen und gegebenenfalls den Einsatz fehlleiten können. In Deutschland gibt es flächendeckend genügend Rettungshundeeinheiten, die eine Abhängigkeit einer einzelnen Einheit überflüssig machen. Besonders problematisch ist der Umgang mit privaten, meist einzelnen Personen, die ihre Dienste mit ihrem Hund (meist angeblich fertig ausgebildete Mantrailer) anbieten. Die Problematik wurde bereits im Kapitel 6.4 erläutert.

Um einen größeren Zeitverzug zu vermeiden oder durch allgemeine einsatztaktische Entscheidungen des Einsatzleiters, sollen bei Suchaktionen nach vermissten Personen nicht nur die örtliche Feuerwehr, sondern auch andere Hilfsorganisationen,

17 Mitwirkende Rettungshund-(Hilfs)organisationen

die für einen Vermisstensucheinsatz förderlich sind, frühzeitig alarmiert und eingesetzt werden.

> **Tipp:**
> Der Einsatzleiter sollte innerhalb seines Zuständigkeitsbereichs (nicht kommunal begrenzt!) die örtlichen Rettungshundeeinheiten kennen. Eine gemeinsame Übung kann ein Vertrauensumfeld schaffen, die bei einem Einsatz unentbehrlich ist.

Die nachfolgende Vorstellung zu den einzelnen Rettungshundeorganisationen erfolgt absolut neutral und soll keine der erwähnten öffentlichen oder privaten Rettungshundeeinheiten bevorzugen. Zuerst werden die öffentlichen, dann paritätischen und schließlich privaten Rettungshundeeinheiten in alphabetischer Reihenfolge vorgestellt. Nicht erwähnte Rettungshundeorganisationen wurden keinesfalls aufgrund ihrer Organisation oder Struktur nicht genannt, sondern waren dem Autor unbekannt. Es gibt mit Sicherheit regional bestimmte Organisationen, die sich auf die sportliche oder turnierähnliche Rettungshundearbeit konzentrieren und ausbilden (z. B. SV = Verein für Schäferhunde). Inwieweit diese (meist Hundeschulen) in realen Rettungseinsätzen eingebunden werden können und dürfen, muss vor Ort festgestellt werden.

17.1 Öffentliche rechtliche Rettungshundeeinheiten

RHOT Feuerwehr Facheinheit Rettungshunde/Ortungstechnik
Die RHOT ist eine öffentliche Rettungshundeeinheit und entweder kommunal (z. B. RHOT Roßtal) oder auf Länderebene (z. B. RHOT Trier) geregelt.

Bild 63: *Wappen der RHOT (Quelle: Internet www.rettungshundestaffel-trier.de)*

17.1 Öffentliche rechtliche Rettungshundeeinheiten

Insgesamt gibt es in ganz Deutschland 25 RHOT-Einheiten. Davon sieben allein in Rheinland-Pfalz. Die Ausbildung der Feuerwehrhundeführer ist je nach Gemeinde oder Bundesland unterschiedlich geregelt, jedoch müssen alle Mitglieder die Truppmann- sowie Sprechfunkausbildung als Mindestqualifikation besitzen. Außerdem muss eine Gesundheitsüberprüfung vorgewiesen werden und unter Umständen zahlreiche Impfungen (Einsatzbereitschaft fürs Ausland). Des Weiteren werden zusätzliche Ausbildungen verlangt wie beispielsweise »Technische Hilfe« oder eine Absturzsicherungsausbildung (Arbeiten im absturzgefährdeten Bereich) sowie zahlreiche rettungshundespezifische Ausbildungen (z. B. Hundekynologie etc.).

Jedes Mitglied der RHOT ist zusätzlich in einer gemeindlichen öffentlichen Feuerwehr aktiv tätig. Die Facheinheit besteht außerdem aus Mitgliedern ohne Hunde. Meist werden Sie als Ortungstechniker (technische Ortung), Maschinisten oder Suchtruppeinsatzkräfte eingesetzt. Der RHOT-Einheitführer oder eine andere ernannte Person (Mindestqualifikation: Gruppenführer) kann als Fachberater die Einsatzleitung unterstützen. Die RHOT können sowohl aus Freiwilligen Feuerwehrangehörigen, aber auch aus Hauptamtlichen und Angehörigen der Berufsfeuerwehr (z. B. RHOT Trier) bestehen. Innerhalb der Feuerwehr gibt es Trümmersuchhunde, Flächensuchhunde, Vermisstenspürhunde und Wassersuchhunde (z. B.: RHOT Frankenthal). In den Facheinheiten gibt es neben den Rettungshunden ebenfalls technische Ortungsgeräte, die bei der Suche nach vermissten Menschen helfen können (z. B. Copter). Es gibt auch private Vereine innerhalb der RHOT. Diese nennen sich RHOT für die Feuerwehr. Sie bieten ihre Dienste den regionalen Feuerwehren an. Die Ausbildung in den Vereinen ist hier unterschiedlich geregelt. Meist besitzen sie aber ebenfalls eine Truppmann Ausbildung der Feuerwehr und sind aktiv in einer Gemeindefeuerwehr tätig.

THW Technisches Hilfswerk
Das THW ist eine nicht rechtsfähige Bundesanstalt mit eigenem Verwaltungsaufbau im Geschäftsbereich des Bundesministeriums des Innern.

Das THW kann national bei Vermisstensucheinsätzen nur durch eine Anforderung an die zuständige Stelle (in der Regel über den Ortsbeauftragten oder des zuständigen Ortsverbandes), im Rahmen einer Amtshilfe, tätig werden. Das THW unterscheidet in der Fachgruppe Ortung zwischen zwei Ausstattungstypen.

- Typ A: Biologische Ortung
- Typ B: Technischer Ortung

Es gibt innerhalb des Bundes insgesamt 34 THW Typ A-Einheiten. Die Mindestausbildung für die Hundeführer ist einheitlich in den THW-Dienstvorschriften bundesweit geregelt und umfasst neben der Grundausbildung und Sprechfunk-

17 Mitwirkende Rettungshund-(Hilfs)organisationen

ausbildung die Fachausbildung Ortung sowie eine gültige Gesundheitsüberprüfung und verschiedene Impfungen. Auch hier kommen noch interne fachspezifische Ausbildungen für die Rettungshundearbeit hinzu. Neben der Beteiligung in der THW-Rettungshundeeinheit sind die THW-Mitglieder in den jeweiligen Ortsverbänden aktiv tätig. Die THW-Rettungshundeeinheiten bestehen aus ehrenamtlichen und hauptamtlichen Mitarbeitern, die auch als Sucheinsatzkräfte eingesetzt werden können. Das THW bildet sowohl Trümmersuchhunde, Flächensuchhunde und Vermisstenspürhunde aus.

17.2 Paritätische Rettungshundeeinheiten

Zu den paritätischen Organisationen gehören der Arbeiter-Samariter-Bund (ASB), die Deutsche Lebens-Rettungs-Gesellschaft (DLRG), das Deutsche Rote Kreuz (DRK), die Johanniter-Unfall-Hilfe (JUH) und der Malteser-Hilfsdienst (MHD). Alle diese Organisationen haben Rettungshundeeinheiten in ganz Deutschland verteilt. Die genaue Anzahl der jeweiligen Rettungshundeinheiten ist nicht eindeutig feststellbar, aber der ASB verfügt beispielsweise über 42 und der Malteser Hilfsdienst über 18 Rettungshundeeinheiten.

Bild 64a und b: *Exemplarische Wappen der paritätischen Rettungshundeeinheiten (Quelle: Deutsche Lebens-Rettungs-Gesellschaft e. V.; DRK)*

Auch die Mitglieder der paritätischen Rettungshundeeinheiten müssen aktiv bei ihren jeweiligen Trägern tätig sein und die interne Ausbildung durchlaufen sowie bestehende Vorschriften beachten. Außerdem wird auch hier Fachwissen im Bereich der Rettungshundearbeit vermittelt und erlernt. Die Mitglieder sind grundsätzlich ehrenamtlich tätig und bilden ihre Hunde in allen Facetten der Rettungshundearbeit aus. So gibt es neben den Flächensuchhunden auch Vermisstenspürhunde (Mantrailer),

Trümmersuchhunde und Wassersuchhunde. Zusätzlich gibt es auch hier Sucheinsatzkräfte, die die Suche unterstützen können.

17.3 Private Rettungshundeeinheiten

BRH Bundesverband Rettungshunde e. V.

Der BRH ist ein gut strukturiert aufgebauter Verband, den es seit vielen Jahren in Deutschland gibt. Mit über 82 Einheiten im ganzen Land verteilt, ist er auch die größte Rettungshundeorganisation.

In der BRH müssen ebenfalls zahlreiche Ausbildungen absolviert werden, bis ein Team, bestehend aus Hundeführer und Hund, in den Realeinsatz dürfen (z. B. Funkausbildung etc.). Auch hier gibt es eine unbestimmte Anzahl an Einsatzkräften die als Sucheinsatzkraft unterstützend tätig sind. Der BRH besteht ausschließlich aus freiwilligen Mitgliedern und muss in keiner weiteren Organisation mitwirkend sein. Jedoch sind innerhalb des Vereins viele der BRH Mitglieder mitunter in der Feuerwehr, DRK oder sogar Polizei tätig. Der BRH bildet genauso wie die anderen Organisationen Trümmersuchhunde, Flächensuchhunde und Vermisstenspürhunde (Mantrailer) aus. In den meisten Bundesländern sind die BRH-Einheiten in den regionalen Katastrophenschutz eingebunden und können bei der Gefahrenabwehr mitwirken.

DRV Deutscher Rettungshundeverein e. V.

Der DRV ist ebenfalls ein privat organisierter Verein, der auf Antrag an die Gefahrenabwehrbehörde innerhalb seines regionalen Einsatzgebietes in der Gefahrenabwehr mitwirken kann. In ganz Deutschland gibt es insgesamt nach eigenen Angaben des Vereins 35 Rettungshundeeinheiten.

Bild 65: *Wappen des DRV*

17 Mitwirkende Rettungshund-(Hilfs)organisationen

Die Ausbildung findet intern statt und deckt alle Felder der Vermisstensuche ab. Unter anderem werden Seminare für ihre Mitglieder angeboten (z. B. Mantrailer Seminar, Einsatzleiter Workshop, …). Innerhalb des DRV sind ausschließlich freiwillige Mitglieder tätig. Auch hier können von verschiedenen Behörden oder anderen anerkannte Hilfsorganisationen aktive Helfer zusammenkommen. Der DRV bietet sowohl Flächensuchhunde wie auch Trümmersuch- und Vermisstenspürhunde, aber auch Wassersuchhunde, für den Einsatz an.

Bild 66: *Gute regionale Zusammenarbeit zwischen den Rettungshundeeinheiten RHOT, THW, DRK und BRH im Raum Rheinland-Pfalz und Saarland*

17.3 Private Rettungshundeeinheiten

Bild 67: *Zusammenarbeit auch über Ländergrenzen hinaus. Hier die deutsche Feuerwehr RHOT mit der Luxemburger Feuerwehr Pompiers Groupe Cynotechnique Luxembourg (Quelle: Stefan May)*

18 Einsatz von freiwilligen Helfern bei der Vermisstensuche

Bei einem realen Sucheinsatz nach einer vermissten Person kann es dazu kommen, dass sich freiwillige Personen (Zivilisten) – oftmals sogar die nächststehenden Familienmitglieder oder Freunde und Bekannte – bei der Einsatzleitung melden und ihre Hilfe bei den Suchmaßnahmen anbieten. Grundsätzlich sind solche spontanen Angebote zur Mithilfe als positiv anzusehen und spiegeln die Hilfsbereitschaft unserer Gesellschaft wider. Trotzdem soll das Mitwirken in der Vermisstensuche von freiwilligen Mitbürgern kritisch beurteilt werden. Dies bezieht sich nicht auf die bereits im Kapitel 17.3 genannten privaten Rettungshund-Hilfsorganisationen, die meist gut organisiert und strukturiert sind.

Der Einsatzleiter muss Angebote zur Mithilfe von freiwilligen Privatpersonen mit Vorsicht behandeln, da gerade bei dieser Personengruppe die Emotionen extrem hoch sind. Sie stehen in der Regel mit dem Vermissten in einer engeren Verbindung. Gerade Nahverwandte könnten die Suche negativ beeinträchtigen, denn notwendige Pausen oder der ruhige Umgang unter den Einsatzkräften kann von den emotional betroffenen Angehörigen falsch aufgefasst werden. Außerdem könnte der Einsatz von Vermisstenspürhunden durch die Anwesenheit von ähnlich riechenden Verwandten unnötig erschwert werden. Der Vermisstenspürhund ist natürlich in der Lage die Gerüche zu unterscheiden, auch bei Nächstverwandten (auch bei eineiigen Zwillingen), jedoch erschwert es die Arbeit des Hundes unnötig. Außerdem fehlt bei diesen »Hilfskräften« die in den Ausbildungen vermittelte Disziplin zum Beispiel bei Bilden und Halten von Suchketten. Die mangelnde Ausrüstung (z. B: Taschenlampe, Funkgerät, Kartenmaterial, wetterfeste Kleidung, Kennwesten etc.) sowie die Gefahr, durch das Verlorengehen des Angehörigen einen weiteren Einsatz entstehen zu lassen, sprechen gegen eine Einbindung in die Suchaktion. Zudem muss bei Vermisstensuchen immer auch damit gerechnet werden, dass die gesuchte Person nicht nur in einer hilflosen Lage, sondern Tod gefunden wird. Ein solcher Anblick löst höchstwahrscheinlich bei Verwandten oder Bekannten einen großen Schock aus. Aber auch bei unvorbereiteten Laien, die sich vorher mit dieser Thematik nicht auseinandergesetzt haben, könnte ein solcher Anblick von Toten oder verletzen Menschen zu einem schweren Trauma führen. Trotzdem bleibt es für den Einsatzleiter schwierig, solche Personengruppen abzulehnen, da gerade in der heutigen Zeit der mediale Druck enorm hoch ist. Daher wird empfohlen, mit äußerster Vorsicht und Einfühlungsvermögen solche Angebote von den privaten freiwilligen Helfern ab-

18 Einsatz von freiwilligen Helfern

zulehnen oder sie nur auf das nötigste zu beschränken (z. B. Freunde oder Verwandte anrufen und informieren und ähnliche Aufgaben). Das Heranziehen von Dritten durch den Einsatzleiter muss von daher klar abgesehen werden.

19 Mythen und Legenden rund um die Vermisstensuche

Rund um die Vermisstensuche halten sich manche Falschaussagen, -annahmen und Behauptungen hartnäckig in den Köpfen der beteiligten Personen. Um diesen »Mythen und Legenden« entgegenzuwirken, soll dieses Kapitel aufklären.

»Ein Rettungshund ersetzt 50 Einsatzkräfte«

Die Aussage vieler Hundefachbücher oder Internetmeinungen, ein Flächensuchhund ersetzt 50 oder sogar 100 Einsatzkräfte ist nicht korrekt. Würde man nur ein einziges Suchgebiet mit einer vorgegebenen Fläche von 30 000 m² nehmen, braucht der Flächensuchhund 20 Minuten und die Gruppe der Feuerwehr 40 Minuten dieses abzusuchen. Eine einzelne Gegenüberstellung von einem einzigen Suchgebiet bedeutet also eine Verdopplung der Suchmannschaft, um die gleiche Zeit des Rettungshundes zu erreichen, also 16 Sucheinsatzkräfte. Die zwei Führungskräfte bzw. Einheitsführer, die den Suchablauf koordinieren, werden genauso wenig wie der Rettungshundeführer bei dieser Aufstellung beachtet. Sie haben die Aufgabe die Suche zu koordinieren sowie zu führen und sind an der eigentlichen Sucharbeit nicht beteiligt. Nimmt man den Faktor Zeit mit ins Spiel und begrenzt diese auf vier Stunden Arbeitszeit, kommt man laut der Tabelle im Kapitel 5.6 auf vier Suchvorgängen bei den Flächensuchhunden und drei Suchvorgängen bei den Einsatzkräften. Somit ist der Flächensuchhund schneller in der Ausarbeitung seines zugeteilten Einsatzgebietes. Berücksichtigt man diesen Faktor ersetzt ein Flächensuchhund schließlich etwa 22 Einsatzkräfte.

»Ein Rettungshund kann nachts nicht suchen«

Warum sich dieses Gerücht so hartnäckig hält, ist unklar. Gerade der Hund ist eher olfaktorisch orientiert und ist auf das visuelle Sinnesorgan nicht in dem Umfang angewiesen wie der Mensch. Es gibt kein Argument, warum der Hund nachts nicht suchen sollte. Im Gegenteil: Meist ist es nachts kühler und somit besser für den Hund. Erstens ist die kühlere Nacht besser für die Ausdauer des Hundes und zweitens ist der Temperaturunterschied zwischen Außentemperatur und Körpertemperatur größer und somit gibt der Körper mehr Witterung ab, was günstiger für die Arbeit des Hundes ist. Eine reflektierende Schicht im Augenhintergrund (*Tapetum udicum*) ermöglicht es dem Hund, bei Dämmerung und nachts besser zu sehen. Nachts sind zudem weniger Menschen unterwegs, die den Hund ablenken könnten.

Mythen und Legenden rund um die Vermisstensuche

»Desorientierte Personen biegen an Kreuzung immer in die Richtung ihrer dominanten Hand ab oder haben generell die Tendenz eher rechts bzw. links zu laufen obwohl sie versuchten geradeaus zu laufen«

Das würde bedeuten, dass orientierungslose Personen grundsätzlich ihrer dominanten Hand folgen und sich somit praktisch im Kreis bewegen würden. Rechtshänder würden generell rechts und Linkshänder generell links abbiegen oder beim Versuch geradeaus zu laufen tendenziell nach rechts bzw. links abdriften. In einer (SAR) Studie stellte Koester (2008) fest, dass die Richtung, in der sich eine demente Person bewegt, nicht vorhersehbar war. Sich für die dominante Seite zu entscheiden basiert auf der Prämisse, dass die Wahl gleich und neutral ist. Drehen in eine Richtung ist eine bewusste Entscheidung, jedoch ist zu vermuten, dass äußere Einflussfaktoren wie Sonnenlicht, Wind, Hangneigung, Vegetationsdichte eher den Menschen beeinflussen als seine dominante Hand. Dazu gibt es jedoch keine wissenschaftliche Studie. Oftmals ist es trotzdem so, dass orientierungslose Menschen nicht unweit von dem Ort der letzten Sichtung entfernt sind. Auch wenn die Suchmaßnahme bereits seit Stunden laufen. Das lässt vermuten, dass die Vermissten sich kreisförmig bewegen würden. Eine Untersuchung, warum orientierungslose Menschen sich kreisförmig bewegen wurde 1930 von Frederick Lund durchgeführt. Er fand heraus, dass Unterschiede in den Beinlängen ein kreisendes Verhalten in 80 % der Fälle bedingten (Personen mit verbundenen Augen sollten versuchen geradeaus zu laufen. Dabei gingen tendenziell 55 % nach rechts und 45 % nach links. In 80 % der Fälle erklärte sich das aus der Differenz in der Beinlänge). Je größer die Beinlängendifferenz, desto höher war die Abweichung von einem geraden Pfad. Er fand keinen Zusammenhang zwischen der dominanten Hand und einer Beinlängendifferenz. Lund maß die Unterschiede in der Länge der Beine mit Hilfe eines Maßbandes. Der Fachberater Vermisstensuche sollte sich nicht auf solche Zahlen stützen, sondern eher durch Terrainanalysen sowie andere Faktoren eine mögliche Vorhersage treffen, in welche Richtung sich die vermisste Person bewegt haben könnte.

»Vermisste Personen suchen sich nachts eine Übernachtungsmöglichkeit und bewegen sich nicht fort«

Auch für diese Aussage gibt es keine handfesten Beweise. Aus der Erfahrung heraus bewegten sich vermisste Personen, auch ältere oder demente, über Nacht und suchten nicht zwingend eine Unterkunft oder einen Unterstand zum Übernachten. Bei vielen Einsätzen in denen die Vermisstsein-Zeit in Bezug zur späteren Auffindestelle dokumentiert worden sind, kann ganz deutlich die Aussage getroffen werden, dass die Personen sich die Nacht über bewegt haben.

19 Mythen und Legenden rund um die Vermisstensuche

»Demente oder ältere Personen sind nicht in der Lage weite Strecken zu gehen«
Vermisste Personen, die sich aufgrund ihres physischen Zustandes in ihrem normalen Alltag langsam und nicht weit fortbewegen, können trotzdem in der Lage sein, weite Strecken zu gehen. Aussagen über den möglichen zeitbegrenzten Erschöpfungszustand sollten immer mit Skepsis betrachtet werden. Viele Personen wurden in einigen Kilometer Entfernung aufgefunden, in denen mit ihnen nicht gerechnet wurde.

»Als vermisst gilt eine Person erst nach 24 Stunden«
Die bekannte Aussage: »Eine Person muss 24 Stunden vermisst sein, erst dann gilt sie auch für die Polizei als vermisst!« ist unsinnig. Für die Polizei sind andere Parameter ausschlaggebend, die bereits im Kapitel 16.1 erwähnt worden sind. Für die Feuerwehr gilt im Allgemeinen eine Person als vermisst, wenn eine Gefahr für Leib und Leben vorliegt oder Gefahr in Verzug ist (siehe dazu Kapitel 1.3).

»Für die Vermisstensuche ist allein die Polizei zuständig«
Für jedes Bundesland muss separat die Zuständigkeit bei einer Vermisstenlage überprüft werden. Die Aussage stimmt so nämlich nicht. Eine ausführliche Klarstellung wurde bereits im Kapitel 1 beschrieben.

»Ein Mantrailer kann eine Spur auch noch nach Jahren verfolgen.«
Die Aussage ein Mantrailer könnte eine Spur noch nach vielen Wochen, Monaten, ja sogar Jahren verfolgen halten sich hartnäckig. Ob ein Hund letztendlich in der Lage ist, sehr alte Spuren sicher zu verfolgen, ist bis jetzt noch nicht wissenschaftlich untersucht wurden. Solche unrealistischen Aussagen sollten zudem mit berechtigter Skepsis betrachtet werden. Auch wenn die Spürnase eines Hundes schon für manche Überraschung gesorgt hat, kann sie keine Wunder vollbringen. Es gibt zu viele Faktoren, die den Geruch über einen solch langen Zeitraum zerstören, verändern oder verschwinden lassen.

»Vermisste Personen gehen eher Bergauf als Bergab«
Der Verdacht liegt nahe, dass aufgrund der neuen technischen Möglichkeiten, vermisste Personen eher einen Berg hinauf gehen als hinab. Gründe sind dafür, einen besseren Handy- oder GPS-Empfang zu bekommen oder markante Orientierungspunkte zu erblicken. Aus der statistischen Auswertung von Koester (2008) kann entnommen werden, dass demente Personen zu 39 % auf der gleichen Ebene geblieben waren, 42 % bergab und nur 19 % bergauf gingen. Noch deutlicher war es

19 Mythen und Legenden rund um die Vermisstensuche

bei dem Profil der Wanderer; hier gingen 52 % den Berg hinab und 32 % hinauf. 16 % verblieben auf gleicher Ebene. Bei den Jugendlichen betrug die Zahl der Bergaufgehern 37 % und Bergabgehern 43 % und bei 20 % war kein Höhenunterschied festgestellt worden.

Fazit

Vermissteneinsätze stellen für die Feuerwehr längst keine Selbstverständlichkeit dar. Dieses Fachbuch soll daher den Einsatzleiter oder die Führungskraft dabei unterstützen, trotz fehlender Einsatzerfahrung in der Vermisstensuche, diesen kompetent abzuarbeiten. So kann sich die Feuerwehr an dem empfohlenen 4-Phasenkonzept im Kapitel 12 orientieren und den Vermisstensucheinsatz schnellstmöglich einleiten. Planungen, wie eine sinnvolle Ausrückefolge oder die Anzahl von notwendigen taktischen Einheiten, sind nun ohne Vorkenntnisse möglich.

Die aufgeführten Suchtechniken für die Einsatzkräfte und Rettungshunde zeigen dem Einsatzleiter die vollständigen Möglichkeiten dieser taktischen Einheiten auf, sodass er diese effektiver einsetzen kann. Die angeführte Statistik unterstützt den Einsatzleiter in seiner Einsatzraumbestimmung, außerdem hilft sie bei der Entscheidung, wo gesucht werden soll. Denn nicht immer ist die Flächensuche in unwegsamem Gelände die beste Entscheidung. Durch die einzelnen Profile und dem angebotenen Fragenpool für die Vermissten können Erkenntnisse geschaffen werden, an die der Einsatzleiter vielleicht nicht gedacht hätte, die aber wichtige Erkundungsergebnisse bringen. Die vorgeschlagenen Einsatzleitungsebenen mit der Aufgabenbeschreibung der Einsatzabschnitte können die Führungskräfte entlasten und in der zeitkritischen Planungsphase Kapazitäten für andere wichtige Aufgaben schaffen. Die Übersicht der Organisationen, die als Unterstützung hinzugezogen werden können, wurde vorgenommen, um den einsatztaktischen Wert in dem mitunter übergroßen Angebot an Organisationen einschätzen zu können. Aber nicht nur die Führungskräfte profitieren von diesem Fachbuch, auch Einsatzkräfte in den Feuerwehren oder anderen Organisationen können nun Mithilfe der Beschreibung der verschiedenen Suchtechniken Übungen durchführen und sich für den Realeinsatz vorbereiten.

Literaturverzeichnis

ASB Statistik Rettungshunde, Stand 05.01.2017, Antwortschreiben am 20.02.2017von A. Albert nach offizieller Anfrage am 19.02.2017 per E-Mail nach der Anzahl der Rettungshundeeinheiten in der BRD.

M. Benedum: Flächensuchprojekt, 2017, online abrufbar unter: www.feuerwehr-vermisstensuche.de, letzter Zugriff: 12.06.020.

Guido Bersch – Ortung im GSM Netz und Einsatz des IMSI Catchers im Rahmen der Vermisstenfahndung – Hochschule der Polizei Rheinland-Pfalz 2016

BRH Bundesverband Rettungshunde e. V.: Bundesweite Prüfungsordnung des Bundesverbandes Rettungshunde e. V. Gemäß DIN 13050 (BwPO), verabschiedet vom Verbandstag März 2017, online abrufbar unter: https://www.bundesverband-rettungshunde.de/de/brh.html, letzter Zugriff: 03.04.2020.

Bundesamt für Bevölkerungsschutz und Katastrophenhilfe: Gesetz über den Zivilschutz und die Katastrophenhilfe des Bundes (Zivilschutz- und Katastrophenhilfegesetz – ZSKG), online abrufbar unter: https://www.bbk.bund.de/SharedDocs/Downloads/BBK/DE/FIS/Zivilschutz-Katastrophen¬hilfegesetz.pdf?__blob=publicationFile, letzter Zugriff: 03.04.2020.

Bundeskriminalamt: Die polizeiliche Bearbeitung von Vermisstenfällen in Deutschland, online abrufbar unter: https://www.bka.de/DE/UnsereAufgaben/Ermittlungsunterstuetzung/Vermisstensach¬bearbeitung/vermisstensachbearbeitung_node.html, letzter Zugriff: 07.02.2019.

Bundesministerium der Justiz und für Verbraucherschutz: Strafprozessordnung, online abrufbar unter: https://www.gesetze-im-internet.de/stpo/, letzter Zugriff: 03.04.2020.

Bundesministerium der Justiz und für Verbraucherschutz: Verwaltungsgerichtsordnung, online abrufbar unter: https://www.gesetze-im-internet.de/vwgo/, letzter Zugriff: 03.04.2020.

Bundesministerium der Justiz und für Verbraucherschutz: Bundespolizeigesetz, online abrufbar unter: https://www.gesetze-im-internet.de/bgsg_1994/, letzter Zugriff: 03.04.2020.

Bundesministerium der Justiz und für Verbraucherschutz: Soldatengesetz, online abrufbar unter: https://www.gesetze-im-internet.de/sg/__63.html, letzter Zugriff: 03.04.2020.

Bundesverband Rettungshunde: Homepage, online abrufbar unter: www.bundesverband-rettungs¬hunde.de. Stand: 08.02.2019.

Deutscher Feuerwehr Verband: Mindeststandards Rettungshunde – Ortungstechnik, online abrufbar unter: http://www.feuerwehrverband.de/fileadmin/Inhalt/FACHARBEIT/Arbeitskreise/DFV-Fach¬empfehlung_Mindeststandarts_Rettungshunde_V3.pdf, letzter Zugriff: 03.04.2020.

Deutscher Retttungshundeverein e. V.: Homepage, online abrufbar unter: www.drv-rettungshunde.de, Stand 08.02.2017.

A. Eisinger et al.: Brand- und Katastrophenschutzrecht Rettungsdienst mit Unfallverhütung und Unfallversicherung in Rheinland-Pfalz, 55. Ergänzungslieferung Neckar Verlag GmbH 2018.

Etges – Sachbearbeitung in Vermißtensachen – Landespolizeischule RP.

FCI, IRO: Internationale Prüfungsordnung für Rettungshunde der Fédération Cynologique Internationale FCI und der Internationalen Rettungshundeorganisation IRO, durch den FCI-Vorstand am 9.-10. November 2005 in Brüssel (Belgien) und durch die IRO-Generalversammlung am 19. April 2005 in Seoul (Südkorea), online abrufbar unter: https://www.vdh.de/tl_files/media/pdf/dl/in¬ternationale_pruefungsordnung_fuer_rettungshundepruefung.pdf, letzter Zugriff: 03.04.2020.

Feuerwehr-Dienstvorschrift 1 (FwDV 1): Grundtätigkeiten Lösch- und Hilfeleistungseinsatz.

Feuerwehr-Dienstvorschrift 7 (FwDV 7): Atemschutz.

Feuerwehr-Dienstvorschrift 100 (FwDV 100): Führung und Leitung im Einsatz

R. Fischer: Rechtsfragen beim Feuerwehreinsatz, 4. Auflage W. Kohlhammer Verlag 2017.

Gemeinsame Prüfungs- und Prüferordnung für Rettungshundeteams gem. DIN 13050 von ASB, Malteser, Deutsches Rotes Kreuz, Die Johanniter, 1. überarbeite Fassung vom 25.01.2010, online

Literaturverzeichnis

abrufbar unter: https://www.johanniter.de/fileadmin/user_upload/Dokumente/JUH/HRS/RV_Mittelhessen/RHS/GemPPO2013_-_Stand_01.01.2013.pdf, letzter Zugriff: 03.04.2020.

G. Gräff: Fachzeitschrift Brandhilfe – Mithilfe der Feuerwehr bei der Suche nach vermissten Personen – Ausgabe 12/2011 Neckar – Verlag GmbH.

A. Häger: Kartenkunde, Die Roten Hefte 34, 1. Auflage W. Kohlhammer Verlag 1997.

H. Janker: Straßenverkehrsrecht, 56. Auflage dtv Verlagsgesellschaft 2018.

H. Kemper: Einsatzplanung und -vorbereitung, 1. Auflage ecomed Sicherheit 2005.

H. Kemper: Führen und Leiten im Einsatz, 3. Auflage ecomed Sicherheit 2008.

K.-H. Knorr: Die Gefahren der Einsatzstelle, 9. Auflage W. Kohlhammer Verlag 2018.

R. Koester: Lost Person Behavior. A Search an Rescue Guide on Where to Look – for Land, Air and Water, 1. Auflage Dbs Production LLC 2008.

Landeszentrale für politische Bildung Rheinland-Pfalz: Grundgesetz für die Bunderepublik Deutschland, 51. Auflage Progressdruck GmbH 2009.

Malteser Hilfsdienst e. V. – Antwortschreiben am 20.02.2017 von H. Lewin nach offizieller Anfrage am 19.02.2017 per E-Mail nach der Anzahl der Rettungshundeeinheiten in der BRD.

Polizeihubschrauberstaffel Rheinland-Pfalz – Möglichkeiten des Einsatzmittels Polizeihubschrauber – 2011.

Dr. M. Pulm: Wärmebildkameras im Feuerwehreinsatz, 3., überarbeitete und erweiterte Auflage, W. Kohlhammer Verlag 2013.

J. Roos, T. Lenz:Polizeirecht kommentiert Polizei- und Ordnungsbehördengesetz Rheinland-Pfalz (POG), 4. AuflageBoorberg Stuttgart 2010.

D. Rühle, H. Suhr: Polizei- und Ordnungsbehördengesetz Rheinland-Pfalz Kommentar für Studium und Praxis, 5. Auflage Verlag Deutsche Polizeiliteratur GmbH Buchvertrieb 2012.

Schober: VGH: Mithilfe bei Vermisstensuche ist keine Amtshilfe, in: BayGTzeitung Ausgabe 09/2007.

J. Schwede: Aushangpflichtige Gesetze: Textsammlung wichtiger Vorschriften mit Einführungen, 30. Auflage ecomed Sicherheit 2017.

W. Syrotuck: Hund Geruch und Fährte, 1. Auflage Dr. Weidner Eigenverlag 1981.

J. Thorns: Einheiten im Lösch- und Hilfeleistungseinsatz. Die praktische Anwendung der FwDV 3, 7., erweiterte und aktualisierte Auflage W. Kohlhammer Verlag 2017.

Universitätsklinik Freiburg; Rettung nach 20 Minuten unter Wasser, online abrufbar unter: https://www.uniklinik-freiburg.de/nc/presse/publikationen/im-fokus/detailansicht/presse/992.html, letzter Zugriff:30.12.2018.

A. Wegmann, W. Heines: Such und Hilf. Hunde retten Menschenleben – Ein Handbuch für die Ausbildung und den Einsatz des Rettungshundes, 1. Auflage Kynos Verlag 1989.

T. Weigend: Strafgesetzbuch, 56. Auflage dtv Verlagsgesellschaft 2018.

S. Wicht: Erste Hilfe – Ein Lehrbuch für alle Ersthelfer!, 19. Auflage napaso® GmbH 2017.

S. Wilhelm: Belastung von Rettungshunden während einer dreitägigen Trümmersuche auf einem Katastrophenübungsgelände, Inaugural Dissertation – Institut für Tierschutz, Verhaltenskunde und Tierhygiene der Tierärztlichen Fakultät München 2007.

Anhang

Tabellen für die Vermisstensuche

Anhang

Quadratmetertabelle für Suchgebiete berechnet im Radius

Die senkrechte Spalte zeigt den Radius in Metern mit der jeweiligen Quadratmeterzahl des abzusuchenden Gebietes an. Die waagrechten Spalten zeigen den Anfangsradius der möglicherweise bereits abgesuchten Suchquadratfläche an.

Radius des abzusuchenden Gebiets in m	bereits abgesuchte Fläche in Quadratmeter										
	0	100	200	300	400	500	600	700	800	900	1000
100	31 416	0	0	0	0	0	0	0	0	0	0
200	125 664	94 248	0	0	0	0	0	0	0	0	0
300	282 743	251 327	157 079	0	0	0	0	0	0	0	0
400	502 655	471 239	376 991	219 912	0	0	0	0	0	0	0
500	785 398	753 982	659 734	502 655	282 743	0	0	0	0	0	0
600	1 130 973	1 099 557	1 005 309	848 230	628 318	345 575	0	0	0	0	0
700	1 539 380	1 507 964	1 413 716	1 256 637	1 036 725	753 982	408 407	0	0	0	0
800	2 010 619	1 979 203	1 884 955	1 727 876	1 507 964	1 225 221	879 646	471 239	0	0	0
900	2 544 690	2 513 274	2 419 260	2 261 947	2 042 035	1 759 292	1 413 717	1 005 310	534 071	0	0
1000	3 141 593	3 110 177	3 015 929	2 858 850	2 638 938	2 356 195	2 010 620	1 602 213	1 130 974	596 903	0

Anhang

Einsatzkräftebedarfsberechnung für die Flächensuche in m²

Die senkrechte Spalte zeigt die Gruppenanzahl an, die gleichzeitig eingesetzt werden. Die waagrechten Spalten zeigt die Minuten an für die Ausarbeitung der Flächensuche inklusive der Regenerationszeiten. Grob aufgerundet wurden zusätzlich die Stunden angegeben. Nicht einberechnet ist das Hineinbringen der Einsatzkräfte in das Suchgebiet.

(Siehe dazu Kapitel 5 oder die detaillierte Tabelle im Kapitel 5.6)

Einsatzkräfte (Gruppe)/Zeitansatz in Minuten	40 Minuten (~ 1 Stunde)	100 Minuten (~ 2 Stunden)	170 Minuten (~ 3 Stunden)	300 Minuten (~ 5 Stunden)	360 Minuten (~ 6 Stunden)	480 Minuten (~ 8 Stunden)
1 Gruppe	30 000 m²	60 000 m²	90 000 m²	120 000 m²	150 000 m²	180 000 m²
2 Gruppen	60 000 m²	120 000 m²	180 000 m²	240 000 m²	300 000 m²	360 000 m²
3 Gruppen	90 000 m²	180 000 m²	270 000 m²	360 000 m²	450 000 m²	540 000 m²
4 Gruppen	120 000 m²	240 000 m²	360 000 m²	480 000 m²	600 000 m²	720 000 m²
5 Gruppen	150 000 m²	300 000 m²	450 000 m²	600 000 m²	750 000 m²	900 000 m²
6 Gruppen	180 000 m²	360 000 m²	540 000 m²	720 000 m²	900 000 m²	1 080 000 m²
7 Gruppen	210 000 m²	420 000 m²	630 000 m²	840 000 m²	1 050 000 m²	1 260 000 m²
8 Gruppen	240 000 m²	480 000 m²	720 000 m²	960 000 m²	1 200 000 m²	1 440 000 m²
9 Gruppen	270 000 m²	540 000 m²	810 000 m²	1 080 000 m²	1 350 000 m²	1 620 000 m²
10 Gruppen	300 000 m²	600 000 m²	900 000 m²	1 200 000 m²	1 500 000 m²	1 800 000 m²

Anhang

Einsatzkräftebedarfsberechnung für die Wegsuche in km

Die senkrechte Spalte zeigt die taktische Einheit eines Selbstständigen Trupps an, die gleichzeitig eingesetzt werden. Die waagrechten Spalten zeigen die Minuten an für die Ausarbeitung einer Wegsuche inklusive der Regenerationszeiten. Grob aufgerundet wurden zusätzlich die Stunden angegeben. Nicht einberechnet ist das Hineinbringen der Einsatzkräfte in das Suchgebiet.

(Siehe dazu Kapitel 5 oder die detaillierte Tabelle im Kapitel 5.6)

Einsatzkräfte (Gruppe)/Zeitansatz in Minuten	40 Minuten (~ 1 Stunde)	100 Minuten (~ 2 Stunden)	170 Minuten (~ 3 Stunden)	300 Minuten (~ 5 Stunden)	360 Minuten (~ 6 Stunden)
1 Selbständiger Trupp	1 km	2 km	3 km	4 km	5 km
2 Selbständige Trupps	2 km	4 km	6 km	8 km	10 km
3 Selbständige Trupps	3 km	6 km	9 km	12 km	15 km
4 Selbständige Trupps	4 km	8 km	12 km	16 km	20 km
5 Selbständige Trupps	5 km	10 km	15 km	20 km	25 km

Rettungshundebedarfsberechnung für die Flächensuche in m^2

Die senkrechte Spalte zeigt die Rettungshunde an, die gleichzeitig eingesetzt werden. Die waagrechten Spalten zeigt die Minuten an für die Ausarbeitung der Flächensuche inklusive der Regenerationszeiten. Grob aufgerundet wurden zusätzlich die Stunden angegeben. Nicht einberechnet ist das Hineinbringen der taktischen Einheit in das Suchgebiet.

(Siehe dazu Kapitel 5 oder die detaillierte Tabelle im Kapitel 5.6)

Rettungshunde (Flächensuchhund)/Zeitansatz in Minuten	20 Minuten (~ 1/2 Stunde)	70 Minuten (~ 1 Stunde)	130 Minuten (~ 2 Stunden)	240 Minuten (~ 4 Stunden)
1 Rettungshund	30 000 m^2	60 000 m^2	90 000 m^2	120 000 m^2
2 Rettungshunde	60 000 m^2	120 000 m^2	180 000 m^2	240 000 m^2
3 Rettungshunde	90 000 m^2	180 000 m^2	270 000 m^2	360 000 m^2

Anhang

Rettungshunde (Flächensuchhund)/ Zeitansatz in Minuten	20 Minuten (~ 1/2 Stunde)	70 Minuten (~ 1 Stunde)	130 Minuten (~ 2 Stunden)	240 Minuten (~ 4 Stunden)
4 Rettungshunde	120 000 m²	240 000 m²	360 000 m²	480 000 m²
5 Rettungshunde	150 000 m²	300 000 m²	450 000 m²	600 000 m²
6 Rettungshunde	180 000 m²	360 000 m²	540 000 m²	720 000 m²
7 Rettungshunde	210 000 m²	420 000 m²	630 000 m²	840 000 m²
8 Rettungshunde	240 000 m²	480 000 m²	720 000 m²	960 000 m²
9 Rettungshunde	270 000 m²	540 000 m²	810 000 m²	1 080 000 m²
10 Rettungshunde	300 000 m²	600 000 m²	900 000 m²	1 200 000 m²

Rettungshundebedarfsberechnung für die Wegsuche in km

Die senkrechte Spalte zeigt den/die Rettungshund(e) an, die gleichzeitig eingesetzt werden. Die waagrechten Spalten zeigt die Minuten an für die Ausarbeitung einer Wegsuche inklusive der Regenerationszeiten. Grob aufgerundet wurden zusätzlich die Stunden angegeben. Nicht einberechnet ist das Hineinbringen der taktischen Einheit in das Suchgebiet.

(Siehe dazu Kapitel 5 oder die detaillierte Tabelle im Kapitel 5.6)

Rettungshunde (Flächensuchhund)/ Zeitansatz in Minuten	20 Minuten (~ 1/2 Stunde)	70 Minuten (~ 1 Stunde)	130 Minuten (~ 2 Stunden)	240 Minuten (~ 4 Stunden)
1 Rettungshund	1 km	2 km	3 km	4 km
2 Rettungshunde	2 km	4 km	6 km	8 km
3 Rettungshunde	3 km	6 km	9 km	12 km
4 Rettungshunde	4 km	8 km	12 km	16 km
5 Rettungshunde	5 km	10 km	15 km	20 km

David Marten

Feuerwehr in Polizeilagen

Einsatz bei Gewaltereignissen

2020. 251 Seiten. Kart. € 34,–
ISBN 978-3-17-034928-5
Besondere Gefahrenlagen

Große Polizeilagen, komplexe Einsatzlagen oder lebensbedrohliche Einsatzlagen: Solche Gewaltereignisse haben eine besondere Dynamik und sind keineswegs Routineeinsätze. Sie erfordern eine effektive und reibungslose Zusammenarbeit zwischen Feuerwehr, Rettungsdienst und Polizei. Zu diesem Zweck werden die Besonderheiten im Aufbau der Polizeibehörden, ihre Arbeitsweise sowie die wichtigsten Fachbegriffe erläutert.

Der Autor hat die Erfahrungen vieler Einsatzkräfte zusammengetragen sowie Entscheidungskriterien und Handlungsempfehlungen entwickelt, die den Leser dabei unterstützen, den Herausforderungen solcher Polizeilagen zu begegnen. Ein besonderer Blick auf Kommunikation und Zusammenarbeit mit Polizeibehörden, eine dafür geeignete Führungsorganisation sowie psychische und mediale Aspekte von lebensbedrohlichen Lagen runden den Titel ab.

David Marten (M.Sc.) ist Abteilungsleiter für Personal, Rettungsdienst, Ausbildung und Öffentlichkeitsarbeit bei der Feuerwehr Ratingen.

Digital-Ausgabe erhältlich in der BRANDSchutz-App und als E-Book.
Leseproben und weitere Informationen:
www.kohlhammer-feuerwehr.de

Jens-Peter Wilke

Fordern und Fördern – Führungspraxis für Feuerwehrleute

3., erw. und überarb. Auflage 2021
148 Seiten. Kart. € 26,–
ISBN 978-3-17-038618-1
Führung

Führen macht Spaß, es kann aber auch eine große Last sein. Welcher Führungsstil ist der richtige? Warum macht jeder was er will? Welche psychologischen Aspekte spielen im Einsatz eine Rolle? Wie löse ich Konflikte? Fragen, die viele Feuerwehrführungskräfte beschäftigen.

In diesem Buch wird die Anwendbarkeit moderner Führungstechniken sowohl für den Bereich der Freiwilligen Feuerwehren als auch für den Bereich der Berufs- und Werkfeuerwehren mit zahlreichen praktischen Beispielen und Illustrationen verständlich erklärt. Die dritte Auflage wurde komplett überarbeitet und um weitere Themen wie Diskriminierung oder sexuelle Belästigung am Arbeitsplatz erweitert.

Oberamtsrat Dipl.-Verwaltungswirt Jens-Peter Wilke ist seit über 30 Jahren bei der Berliner Feuerwehr in verschiedenen Funktionen tätig und zwar nicht nur als Führungskraft, sondern immer auch als „Geführter".

Digital-Ausgabe erhältlich in der BRANDSchutz-App und als E-Book.
Leseproben und weitere Informationen:
www.kohlhammer-feuerwehr.de

Ralf Fischer

Rechtsfragen beim Feuerwehreinsatz

4., erw. und überarb. Auflage 2017
273 Seiten. Kart. € 15,–
ISBN 978-3-17-026263-8
Führung

Einsatzkräfte und insbesondere Führungskräfte stehen im Einsatzfall oft unter hohem Zeit- und Erfolgsdruck. Dabei haben sie Entscheidungen zu treffen, die auch späteren gerichtlichen Nachprüfungen standhalten müssen. Deshalb sind im Einsatzgeschehen rechtliche Grundkenntnisse erforderlich, insbesondere dann, wenn in die Rechte unbeteiligter Dritter eingegriffen wird. Der Autor erörtert anhand zahlreicher Beispielfälle systematisch rechtliche Fragen des Feuerwehreinsatzes und berücksichtigt dabei die aktuelle Gesetzgebung.

Ralf Fischer ist Direktor des Amtsgerichts Schmallenberg, stellv. Bezirksbrandmeister a.D. und Pressesprecher sowie Führungskraft einer Freiwilligen Feuerwehr. Er ist Vorsitzender des AK Recht des VdF NRW und darüber hinaus als Dozent am Institut der Feuerwehr NRW und am Institut für öffentliche Verwaltung in Hilden des Ministeriums des Innern NRW tätig.

Digital-Ausgabe erhältlich in der BRANDSchutz-App und als E-Book.
Leseproben und weitere Informationen:
www.kohlhammer-feuerwehr.de